살아있는 자연사 박물관

대암산 용늪

Museum of Alive Nature History

Yongnup(High Moor) of Mt. Daeam san in Korea

강상준 · 조규송 · 최기룡

살아있는 자연사 박물관 대암산 용늪

2010년 6월 10일 초판 인쇄
2010년 6월 15일 초판 발행

지은이 | 강상준, 조규송, 최기룡
발행인 | 김도연
발행처 | UUP(울산대학교출판부)

출판등록 | 제 370-1996-000001호(1996.3.13)
홈페이지 | http://uup.ulsan.ac.kr
주소 | 680-749 울산광역시 남구 대학로 93(무거동) 울산대학교 출판부
전화 | (052) 259-2488
팩스 | (052) 277-3011

값 16,000원
ISBN 978-89-7868-214-5 93480

이 도서의 국립중앙도서관 출판시도서목록(CIP)은 e-CIP 홈페이지(http://www.nl.go.kr/ecip)에서 이용하실 수 있습니다.
(CIP제어번호: CIP2010001902)

남쪽 사면에서 본 용늪의 여름 전경
(Overall view of Yongnup moor seen from south-facing slope in summer, July 6, 2004)

가운데 둑으로 둘러싸인 부분이 소위 스케이트장으로 맨땅이 드러나 있었으나, 30여년이 지난 지금은 자연적으로 재생이 되어 중간습원의 대표적 습지식물인 진퍼리새가 우점하고 있다. 자연의 회복력에 감탄할 뿐이다.

고층습원에서만 볼 수 있는 특징의 하나인 물웅덩이(Pool, watery patch, which is one of the characteristics of high moor or bog)

습원의 오아시스(oasis)로 불리는 물웅덩이. 처음 만들어질 때에는 얕지만 물가에 사는 사초과 식물이 죽어서 이탄으로 쌓이게 되면서 상대적으로 웅덩이는 깊어진다. 물은 투명하나 옅은 갈색을 띄고 강한 산성이다. 용늪 안에는 수심 0.5m 전후의 조그마한 물웅덩이(영 watery patch 또는 pool, 독 blaenke)가 여기 저기 있고, 부도(浮島, floating island)라고 하는 물에 떠있는 사초기둥(tussock) 이 보인다 훼손지가 재생되고 있는 지역(Areas disturbed by construction of skating rink were regenerated. July 6, 2004)
진퍼리새군락(회색의 잎)과 삿갓사초군락(연두색 잎). 멀리 기상관측 기구가 설치되어 있음을 볼 수 있다.

용늪 중앙에 침입한 철쭉(여름)(The shrubs of *Rhododendron schlippenbachii* invaded into the middle area of Yongnup moor in summer)

남쪽 사면에서 본 용늪의 늦가을 전경(Overall view of Yongnup moor seen from south-facing slope in late autumn, Oct. 4, 1994)

늦가을의 고사(枯死)한 사초기둥(Dead tussock in late autumn, Oct. 4, 1994)

이른 봄 발엽(發葉)한 사초기둥(Leafing tussocks distributed at Yongnup moor in early spring)

지난 가을 추위를 못 견디어 얼어 죽은 삿갓사초 더미의 머리위에서 새로운 생명, 싹이 트고 있다.

물이끼군락(*Sphagnum palustre* community, bog mosses mat)

물이끼 매트에서 자라는 끈끈이주걱
(*Drosera rotundifolia*, round-leaved sundew or lustwort, inhabited on peat moss mat)

물이끼 매트위에 핀 가냘픈 기생꽃
(*Trientalis europaea*, white flower, inhabited on peat moss mat)

물이끼 매트위에 핀 비로용담(*Gentiana jamesii* are blooming beautifully on peat moss mat of Yongnup)

이른 봄의 얼레지군락(Beautiful *Erythron -ium japonicum*, red-purple color, community in early spring).
흰 꽃은 들바람꽃(*Anemone amurensis*, amur anemone), 넓고 큰 타원형 잎은 박새(*Veratrum patulum*)

얼레지의 예쁜 자태(*Erythronium japonicum*, Dog's tooth violet, in early spring)

백합과의 여러해살이풀로 야생화의 여왕이라 부르는 얼레지는 〈가재무릇〉이라고도 한다. 한눈에 넋을 잃게 하는 여인처럼 매혹적인 자태를 지니고 있어 그런지 꽃말도 「질투」, 「바람난 여인」이다. 영어로는 〈Dog's tooth violet(개이빨 바이올렛)〉이라 한다. 이는 연분홍빛 꽃잎이 활짝 젖혀졌을 때 보이는 W자의 가지 빛 무늬가 서양인들에게는 개 이빨같이 보였던 모양이다. 얼레지는 우리나라 국민의 기질처럼 은근과 끈기가 있는 식물이어서 5년 동안은 뿌리를 땅 속으로 깊이 내리는데 보내고 6년째 접어들면서 부터 줄기 하나에 꽃이 한 송이씩 핀다. 해가 뜨기 전에는 꽃잎을 다물고 있다가 해가 뜨면 꽃잎이 벌어져서 뒤로 젖혀진다. 그 모습은 마치 귀부인이 선녀의 옷을 입고 사랑하는 임을 기다리는 것 같다.

주변 습한 곳에 군락을 이루고 있는 동의나물(*Caltha palustris* var. *membranacea* inhabited at wettish margin sites of Youngnup)

주변 숲속에 핀 영령초(*Trillium kamtschaticum* blooming in nearby forest of Yongnup in summer)

책머리에

지금까지 버려진 땅, 쓸모없는 땅으로 생각되었던 습지에 대한 관심이 급속히 바뀌고 있다. 습지란 사전적 의미로 보면 「물기가 있는 촉촉한 땅」으로 물과 수생생물이 살고 있는 땅일 뿐이다.

개발논자들의 눈으로 보면 빨리 매립하여 아파트를 짓거나 농토를 만들거나 공장 등 건물을 지어서 쓸모 있는 용도로 사용해야 할 땅이지만, 자연의 눈으로 보면 습지는 다양한 유전자원을 갖고 있는 생물 다양성의 보고이며 생태계를 구성하는 물질의 원천이고 지구온난화의 주범인 이산화탄소의 저장고로서 역할을 하는 귀중한 땅인 것이다.

필자는 1960년 후반부터 대암산 용늪에 대한 희소성과 학술적 가치를 인식하고 이 고층습원을 연구 대상으로 삼고 살아왔다. 그러니까 벌써 40여년은 족히 지난 셈이 된다.

그동안 필자를 비롯하여 몇몇 연구자들이 연구한 결과를 체계적으로 정리해 보고 싶은 마음은 일찍부터 가지고 있었지만 쉽게 다가갈 수 있는 대상이 아니었다.

그러던 중 2008년 10월 28일~11월 4일 까지 경남 창원에서 『건강한 습지 (Healthy Wetland)』, 『건강한 인간(Healthy People)』이란 주제로 제10차 람사르협약 당사국총회(COP, The Conference of the Contracting Parties) 개최를 계기로 집필을 서둘렀다. 이것이 이 책을 내게 된 출발점이다.

용늪은 우리나라에서 오직 하나밖에 없는 유일한 물이끼 고층습원이다. 외국에서 볼 수 있는 넓은 면적의 습원에 비하면 그 크기가 작아 크게 자랑할 것은 못 되지만, 차곡차곡 쌓인 <이탄>이라고 하는 퇴적물은 과거의 식생 변천과정은 물론 한반도의 기후변화까지도 그 속에 기록되고 있는 고문서이며, 그 곳을 생활 터전으로 살아가는 생물들의 소리로 가득 차 있는 살아있는 자연사 박물관이라고 할 수 있다. 이런 희귀성 때문에 대암산 용늪은 1997년 3월 28일 우리나라에서는 첫 번째로 람사르 협약(Ramsar Convention)에 등록되었다.

우리나라는 12개의 습지를 국제적으로 중요한 람사르 협약에 등록하고 있으나 습지를 공부한 노학자의 눈으로 보면 이들 습지 가운데 국제적 협약에 등록할만한 생태학적 기능과 가치가 미미한 습지도 들어있어 안타까울 뿐이다.

이 책의 구성은 용늪의 발견 역사에서 부터 용늪의 형성과정, 습지 유형분류에서 본 용늪의 위치, 살아있는 자연사 박물관, 기상과 토양 및 지하수 환경, 생태학적 접근, 훼손 및 복원 노력 등 8개 부분으로 되어 있고 앞뒤에 프롤로그와 에필로그를 첨가했다.

이들 내용의 대부분은 지금까지 발표된 필자들의 연구 결과를 중심으로 기술하였지만 그 외 필자와 공동조사를 했던 몇몇 학자의 결과 및 외국의 사례를 인용하였으므로 잘못되었거나 부실한 내용이 있다면 전적으로 필자의 책임이다. 그리고 「습지 유형분류에서 본 용늪의 위치」는 습지연구가 활발한 외국의 습지분류 및 검색표를 제시함으로서 우리나라 습지의 유형을 분류, 구분하는데 참고가 될까하여 포함시켰다.

이 소책자가 우리나라 습지연구에 활력을 주고 습지에 관심을 가지고 공부하려는 사람은 물론 일반 독자들에게도 습지의 가치와 중요성을 깨닫는 계기가 되어 준다면 필자는 더 이상 고마움이 없겠다.

막상 원고를 탈고할 때가 되자 그동안 미처 생각하지 못한 내용들이 떠오르기도 하고 책에 다 포함시키지 못한 주제들이 마음에 걸려 아쉬움이 적지 않다. 필자의 부족함을 절감한다. 기회가 있으면 나중에 차츰 수정·보완할 것을 스스로 다짐해 본다.

이나마 이 책이 나올 수 있게 된 것은 평소 제가 존경하는 공동저자이신 전 강원대학교 교수 조규송 박사님과 울산대학교 최기룡 교수님의 채찍질 덕분이다. 그리고 미발표 자료를 흔쾌히 제공해 주신 한국식물사회학연구소 류새한 박사님, 귀한 사진을 제공해주신 한국양서파충류생태연구소 심재한 박사님, 곤충류의 동정을 해주신 충북대학교 식물의학과 조수원 교수님, 원고를 하나하나 깔끔하게 정리해 준 청주 대성여자상업고등학교 윤기정 선생님께 고마운 말씀을 전한다.

그동안 민간인 출입통제구역인 용늪의 조사를 위한 출입 허가와 편의를 제공해 준 국방부, 환경부 및 원주지방환경청 담당자들에게도 특별한 감사를 드린다. 끝으로 어려운 제반 여건에도 불구하고 쾌히 출판을 맡아준 울산대학교 출판부 박삼수 교수님께 감사드린다.

2009. 7. 1.

저자 대표 강 상 준

Preface

Recently the interest in the wetlands have changed rapidly. In the past, wetlands had been considered as abandoned and useless lands. According to the definition of dictionary, wetlands are "wet and spongy soil" where are only water and aquatic organisms.

From the developer's view, wetlands are the lands which should be reclaimed for building apartments or factories or making farm lands. To the nature's eyes, however, wetland are the treasure-house for biodiversity which has diverse genetic resources, the source for the materials which compose ecosystem, and the storage for carbon dioxide which is the main gas of global warming or climate change.

Since the late 1960s, I have recognized the rarity and academic value of Yongnup of Mt. Dae-am san and studied this high moor(raised bog). Since then, some scholars including me had a mind to systemize the results of our research, it was not so easy task. The RAMSAR COP 10(The 10th Meeting of the Conference of the Contracting Parties to the Convention on Wetlands) was held from October 28 to November 4, 2008 in Changwon City, Kyungnam Province, Korea. The meeting whose theme were 'Healthy Wetlands, Healthy People" gave me the occasion to prepare this book.

It was known that Yongnup is the only high moor or bog in Korea. When compared with the extensive moors of other countries, it is a small wetland. But Yongnup, where peat is accumulated compactly is the living archive which records the climatic changes of Korean peninsular as well as processes of past vegetational changes. And it is the museum of alive nature history which is filled with the sounds of living organisms. It is registered in Ramsar Convention on March 28, 1997, for the first time in Korea.

Though twelve wetlands in Korea are registered in Ramsar Convention, to the old scholar's eyes it is pity that among them there are wetlands of not so much ecological functions and values.

This book consists of 8 chapters: Prologue, Discovery and formation process of Yongnup, Position of Yongnup in the classification of wetlands, Museum of alive nature history, Climatic and edaphic conditions, Ecological features of Yongnup, Disturbances and restoration efforts, and Epilogue. The chapter 'Position of Yongnup in the classification of wetlands' is included with 'Key of wetland classification' by way of suggestion for Korean wetland study.

The greater part of this book is the result of my studies and those of my colleagues, so I am responsible for the errors and insufficient parts. As far as the opportunity permits, I would like to revise and supplement the contents. I hope this book can be an occasion for students, scholars, and general readers to recognize the importance and value of wetlands.

I should thank Prof. Kyu-Song Cho, Kangwon National University and Prof. Kee-Ryong Choi, University of Ulsan, my co-authors, for their encouragement. I also thank Dr. Sae-Han Ryou, Seowon University for allowing me to use her unpublished data, Dr. Jae-Han Shim, Ecological Institute for Amphibia and Reptilia of Korea for offering the valuable photos, Prof. Soowon Cho, Department of Plant Medicine, Chungbuk National University for identification of insects and Mr. Ki-Jeung Yoon, Dae-Seong Girl's Commercial High School for his practical assistance in preparing the manuscript.

In addition, I greatly appreciate the authorities concerned of Ministry of National Defence, Ministry of Environment and Wonju Regional Environmental Office for their helps in surveying and studying Yongnup since the late 1960s.

Finally, I wish to thank Prof. Sam-Soo Park, University Press Director, University of Ulsan for the publication of this book.

July 1, 2009

KANG Sang-Joon

목 차

프롤로그 : 얼레지 타령에 담긴 애환

높은 산과 깊은 골자기로 이루어진 척박한 환경, 깊은 산골에서 한 뼘도 안 되는 하늘만 쳐다보며 살았던 강원도 사람들. 그들의 생활터전이었던 산(山)은 이들의 명(命)을 이어주는 고마운 자연의 선물이었다. 산을 생명줄로 여기면서 소박하게 살던 그들이 일상생활에서 겪었던 삶의 애환과 정서는 소박한 곡조의 민요나 타령으로 승화시켜 노래되었고 오늘날에도 면면히 전해져 내려오고 있다.

그 중 대표적인 것이 "정선 아라리", 일명 "정선 아리랑"으로 이 민요는 세계적으로 주목받으며 문학적으로도 매우 뛰어난 가치를 지니고 있다.

강원도 최북단의 양구지방(楊口地方)에도 나물을 뜯던 처녀와 땔나무를 하던 총각이 서로 주고받던 사랑의 노래, 시집살이에 지친 며느리들의 하소연을 담은 고달픈 노래인 「얼레지 타령」이라는 것이 있다.

「대바우(대바위, 大岩) 용늪에 얼레지가 나거든
너하고 나하고 얼레지 캐러 가자

돌산령 샛바람이 휘몰아치니
신곡사 풍경소리 요란도 하구나

산이야 높아야 골도나 깊지
얼었다 살짝 녹으니 봄철이구나

노랑두 대머리 뒤범벅 상투
언제나 길러서 내 낭군 삼나
저것을 길러서 낭군을 삼느니
솔 씨를 뿌렸다 정자(亭子)를 삼자
....

얼레지 나물은 당신이 뜯고
나는 꼴비며 단줄이나 가자
산천에 올라가 님 생각을 하니
풀잎의 마디마디에 찬 이슬이 맺혀
....
문바위 용늪에
얼러지 돋거든
우리나 삼동세
나물 가세
...............」

양구지방의 민요인 「얼레지 타령」에 대암산(大岩山) 용늪이 등장한다. 「얼레지(*Erythronium japonicum*)」는 백합과의 다년식물로서 산골 처녀처럼 청초하고 깨끗하며 단정하고 요염한 자태를 뽐내는 것이 특징이다.

「얼레지」는 주로 높은 산악지대의 비옥한 땅에서 자라지만 대암산 용늪 주변의 숲속에는 지천으로 깔려있다. 옛날에는 배고픈 춘궁기를 견디기 위한 구황식물(救荒植物)로서 우리 조상들의 생명줄을 이어 준 식물이었다.

그림 1. 대암산 정상과 능선에 노출된 대암(大岩) 큰 바위들 (The summit and big rocks exposed on the ridge of Mt. Dea-am san)

또한 옛날 양구지방의 촌로들은 대암산 용늪에 올라가 용연기우제(龍淵祈雨祭)를 올리며 풍년과 가족의 건강을 기원했다고 하며 여러 가지 산나물도 많이 나서 굶주린 배도 채울 수 있도록 빌기도 했을 것이다.

그렇지만 용늪은 그런 민요와 전설만을 담고 있는 대상만 되는 게 아니었다. 산골 사람들의 평범한 일상생활의 터전이요 명줄을 이어주던 평화롭던 이 강산. 조용한 대암산(그림 1)에 경천동지(驚天動地)한 전란(戰亂)이 일어남으로서 이 지역을 피로 물들이는 격전지로 변하고 말았다. 아이러니하게도 1950년 6월 25일 새벽에 일어난, 기억하고 싶지도 않은 한국전쟁 (6·25전쟁)은 구전으로만 전해오던 대암산 용늪이 세상 밖으로 알려지는 계기가 되었다.

1장 용늪의 발견

1953년 7월 27일 6·25전쟁이 마무리되면서 휴전이 되었고 정치적으로도 안정이 되면서 휴전 후 10여년 이상 사람의 발길이 미치지 않은 비무장지대(DMZ)는 동식물의 보고가 되었다. 인간의 비극이 여타 생명체에게는 천혜의 축복의 땅으로 작용한 셈이다.

이러한 학술적 중요성을 간파한 우리나라 생물학자들이 중심이 되어 1963년 12월 24일『한국자연 및 자연자원보존학술조사위원회』가 창립되었고(회장 고려대학교 생물학과 조복성 교수), 1965년 8월 11일 개칭된『한국자연보존위원회』(이사장 서울대학교 문리과대학 동물학과 강영선 교수, 이 위원회는 1974년 2월 5일『사단법인 한국자연보전협회』라는 이름을 거쳐서 2006년 1월 1일부터 현재의『사단법인 한국자연환경보전협회』로 명칭이 변경되고 체제도 바뀌었음)와 1846년 창립된 미국 스미소니언 연구소(Smithsonian Institution)가 공동으로 1966년~1968년 3년 동안 휴전선 인접 지역에 대한 학술조사를 실시하게 되었다. 이 때 DMZ 학술조사의 백미는 뭐니 뭐니 해도 1967년 용늪의 발견이라고 할 수 있다.

양구지방의 촌노(村老)들에 의해 수 백년 구전되어 오던 대룡포(大龍浦)라는 용늪은 바로 1967년 여름 DMZ 학술조사단에 의해 고층습원(高層濕原, high moor, raised bog)이란 현대적 이름으로 개명되어 세상에 알려지기 시작하였다.

양구지방 촌노들의 구전으로만 전해오던 용늪의 존재를 확인한 학술조사단은 흥분의 도가니 그 자체였다.

당시 학술조사단의 식물생태 분야 책임자였던 서울대학교 사범대학 생물교육과 김준민 교수(2007년 제8회 대한민국 과학문화상 수상)께서 용늪이 고층습원임을 여러 가지 과학적 근거 및 일본의 고층습원과 비교, 설명하면서 확인시켜 주었고, 식물분류 분야 책임자였던 서울대학교 문리과대학 식물학과(현 자연과학대학 생물학과) 정영호 교수는 "비무장지대의 동·식물 생태, 특히 식물학적 견지에서"라는 제하의 글을 서울대학교 신문(1968년 3월 18일자)에 투고하여 <고층습원 남한선 처음 발견>이라고 한 것이 용늪의 희귀성과 중요성에 대한 인식을 높이는 계기가 되었으며 본격적으로 용늪에 대한 연구를 시작하는 효시가 되었다(그림 2).

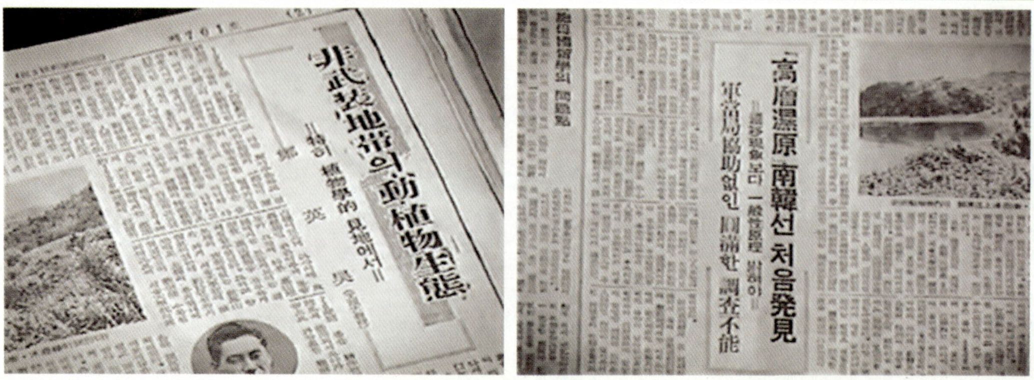
非武裝地帶의 動植物生態
=특히 植物學的 見地에서=
高層濕原 南韓선 처음発見

그림 2. "비무장지대의 동·식물 생태, 특히 식물학적 견지에서"라는 제하의 글(서울대학교 대학신문, 1968년 3월 18일자)(Contribution entitled "Ecology of plants and animals in DMZ from botanical viewpoint" on The Daehak Shinmoon, Seoul National University, by Prof. Young-Ho Chung, March 18, 1968)

1969년부터 당시 춘천교육대학의 조규송 교수(강원대학교)와 강상준 교수(충북대학교), 서울대학교 정영호 교수, 춘천제1고등학교(현 강원대학교 사범대학 부설고등학교) 김두영 교사 및 한상화 교사 등이 팀을 이루어 용늪에 대한 학술조사를 할 기회가 있었다(그림 5).

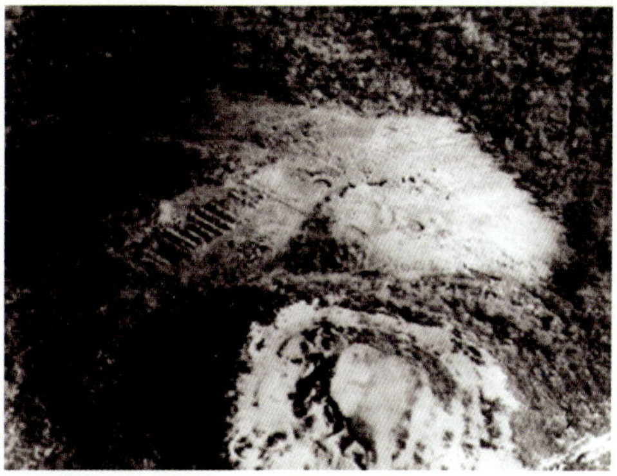

그림 3. 하늘에서 본 대암산 용늪(1969)(An aerial photograph of Yongnup of Mt. Dae-am san, 1969).
왼쪽에 보이는 계단 모양의 것은 주둔부대 장병들이 영점 조준 훈련장으로 사용되었던 곳으로 건조한 상태였으며, 이 때만해도 1977년 조성된 스케이트장 모습은 보이지 않는다. 중앙부위에 위치하고 있는 물웅덩이를 중심으로 오른쪽의 밝은 지역 대부분은 순전히 고층습원의 특징을 간직하고 있었다. 앞의 이중 원형 부분은 헬기 착륙장이다. 이 당시에는 헬기 착륙장 주변의 나무들의 크기가 매우 작아서 이곳 바위 위에 앉아서도 큰 용늪의 전경을 쉽게 볼 수 있었다.

그림 4. 1969년 당시의 교란되지 않은 용늪(1969)(Undisturbed state of Yong-nup high moor, May 1969)
1969년 학술조사를 위해 용늪을 방문했을 때만해도 거의 교란되지 않는 상태로 고층습원의 특징을 그대로 간직하고 있었다. 고층습원 특징의 하나인 크고 작은 물웅덩이(pool)도 40여개가 있었으며 그 중 폭이 5m이상인 것도 11개나 있었다. 또 다른 특징인 큰 물길(深溝, ditch, rüllen)도 4개가 있었다. 좌하단의 토양이 드러나 있는 헬기 착륙장에서 용늪 전경을 쉽게 조망할 수 있었고 헬기 착륙장 주변의 나무들도 크게 자라지 않아서 직접 용늪 안으로 내려갈 수 있었으나 지금은 거대한 나무로 성장해서 용늪을 조망할 수도 없고 내려 갈 수도 없다.

그림 5. 학술조사팀의 기념사진(1969)(A souvenir photograph of field survey in May, 1969)
왼쪽에 서 계신 분이 서울대학교 정영호 교수(대암산 용늪을 서울대학교 신문에 처음으로 소개하다), 그 옆 첫 번 째 앉은 분이 김두영 선생(옛 춘천 제1고등학교), 서울대학교 식물학과 계응서 선생, 춘천교육대학 강상준 교수(현 충북대학교 명예교수), 한상화 선생(옛 춘천 제1고등학교), 춘천교육대학 조규송 교수(현 강원대학교 명예교수) 그리고 우리들의 경계를 맡았던 성명 미상의 사병과 장교(중위).

이와 때를 같이하여 각종 메스·컴에서는 앞 다투어 특집 또는 자연다큐멘타리 형식의 방송이나 취재를 하기 시작하면서 오늘에 이르고 있는 것이다.

용이 하늘로 승천했다고 전해지는 용늪, 하늘로 올라가는 용이 쉬었다 가는 곳 용늪, 옛날 어르신들의 구전에 따르면 대암산 위에는 명주실 한 타래가 다 들어갈 정도로 깊은 용늪이 있다고 전한다(전 강원도 양구군 군수 故 임경순님의 말씀). 이 용늪은 외국에서 볼 수 있는 넓은 면적의 습원에 비하면 그 크기가 보잘 것은 없지만 생명의 소리로 가득 차 있는 살아있는 늪이다(그림 3, 그림 4).

습원 면적 7,490㎡, 장경(長徑) 약 320m, 단경(短徑) 약 180m로 규모는 크지 않으나 용늪이 만들어진 역사는 매우 오래다. 분해가 덜된 식물유체(植物遺體)가 해마다 조금씩 쌓이면서 성장하는 이탄[1](泥炭, peat)이란 퇴적물은 자연의 변천사, 식생의 변화과정 및 한반도의 기후변화까지도 그 속에 기록된 자연사의 고문서(古文書), 혹은 생태계의 타임캡슐 이라고 할 수 있으며, 지표면의 미지형(微地形), 이탄 속을 흐르는 수분의 산성조건, 영양분이 없는 빈영양성(貧榮養性, oligotrophic) 등 고층습원만이 갖는 독특한 특성 때문에 희귀식물이 서식하고 있는 점 등으로 볼 때 용늪은 살아있는 자연사박물관(自然史博物館, Museum of alive nature history)이라고 할 수 있는 것이다.

---

1) 이탄(peat) : 습원, 습지, 소택지 등에 죽은 식물체가 바닥에 퇴적되어 산소가 없거나 모자라는 환경 속에서 분해가 잘 되지 않아 육안으로도 식물의 조직을 확인할 수 있는 검은색 또는 갈색을 띈 부식질의 흙

1. 구름속의 대암산 그리고 해안분지

강원도 양구군 동면 팔랑리, 해안면 만대리, 그리고 인제군 서화면 서흥리 경계의 분수령에 자리 잡고 있는 대암산(1,316m)은 오래전 1759년(영조 35년)의 기묘장적(己卯帳籍)에도 기록되어 있을 정도로 성스러운 산이며 경외하던 산이다.

'커다란 바위 산'이란 뜻의 이름처럼 대암산은 산자락부터 정상에 이르기 까지 집채만 한 바위들이 펼쳐진 험준한 산으로 양구읍을 지나 해안면(亥安面)으로 가는 이정표를 따라 길을 가다보면 주변의 산들은 하늘이 푸르고 맑은데 홀로 구름을 머리에 이고 있는 높은 산을 볼 수 있다. 이 산이 바로 대암산인데 항상 구름에 가리는 날이 많아 아랫마을에서는 정상이나 능선을 거의 볼 수 없는 날이 많다(그림 6).

그림 6. 구름에 가려진 대암산과 그 능선
(The ridges of Mt. Daeam-san being covered with heavy clouds)

대암산 북쪽 약 1km 건너 능선 아래에는 흔히 펀치·볼(Punch bowl)이라 부르는 해안분지(亥安盆地)가 있다. 해안분지는 지질학적으로 보면 풍화에 단단한 편마암과 연약한 화강암사이에 풍화나 침식되는 정도에 차이가 있어 생긴 차별침식(差別侵蝕, differential erosion) 때문에 만들어진 것으로 해석하고 있다(원종관 1988, 그림 7).

그림 7. 화채 그릇을 닮았다는 펀치·볼(Punch Bowl)인 해안분지(Haean Basin being quite alike in shape of a punch bowl).

그러나 전 한국과학기술원(KAIST) 이형호 박사(원자력공학)는 분지의 형태가 우주에서 지구로 날아 온 운석(隕石, meteorite), 소위 별똥별(meteor)이 지면과 충돌하여 그 충격으로 파인 큰 웅덩이라고 주장하기도 했다(강상준 교수와의 personal communication).

펀치·볼이라는 이름은 한국전쟁이 붙여준 또 다른 이름이다. 한국전쟁 당시 이곳에서 전투를 하던 미국 해병대 종군기자들이 보았을 때 땅이 움푹 파인 것이 그 생김새가 마치 화채 그릇 같다고 해서 붙여진 이름으로 이제는 별명처럼 사용되고 있다.

해안(亥安) 이야기를 해 보자. 해안이라고 하면 얼핏 듣기에 우리들은 동해안이나 서해안의 해수욕장과 같은 은빛 모래의 바닷가를 연상한다. 그러나 이곳 대암산 인접지역의 해안은 바닷가가 아니라 마을 이름이다.

옛날 옛적 이곳은 해발 600m까지 물이 차 있었다고 한다. 그 때의 습한 기운이 남아있어 이 마을에는 뱀이 많아서 마을 사람들은 항상 불안해하면서 이를 퇴치할 방법을 찾고 있었다. 어느 날 이 마을을 지나던 한 스님이 말하기를 뱀들을 없애려면 마을 안에 돼지를 기르라고 했다. 스님의 말씀에 따라 집집마다 돼지를 키우게 되었는데 돼지가 뱀들을 다 잡아 먹어 치웠기 때문에 주민들은 안심하고 살 수 있었다고 해서 붙여진 이름이라고 한다.

어떤 문헌에 의하면, 옛날 중국의 어느 마을에서도 뱀이 너무 많아서 집안으로 들어와 돌아다닐 정도였다고 한다. 그래서 사람들은 뱀에 물리지 않기 위해 지혜를 짜내었는데 그것은 돈책(豚柵)을 둘러서 돼지 집을 먼저 짓고 그 위에 한 층을 더 올려 2층 집을 지어서 생활하는 것이었다.

왜냐하면 돼지우리(豚舍)에 사는 돼지가 집 밑에서 돌아다니는 뱀을 다 잡아먹기 때문이다. 동물의 특성상 천적 관계 혹은 상극 관계에 있는 동물들이 있다. 예를 들면, 올빼미와 들쥐, 사자와 얼룩말, 거미와 잠자리 등이 그것이다. 그 스님은 경험적으로 오늘날의 생물학적 용어인 천적(天敵, natural enemy) 관계에 대해 알고 있어서 그런 조언을 해 주었을 것이다. 돼지 해(亥)자와 편안할 안(安)자를 쓴 것을 보면 그럴듯하다.

양구읍에서 출발하여 팔랑리를 지나 해안(亥安)으로 가는 국도 43번 길을 따라서 올라가다가 옆으로 빠지는 꼬불꼬불한 453번 지방도로의 중간 지점에서 우측으로 들어가는 길목에 보면, 민간인의 출입을 통제하는 철조망으로 만들어진 출입문인 "대암통문(大岩統門)"이 열쇠로 잠겨 있다(그림 8).

그림 8. 453번 지방도로 중간 지점의 용늪 출입제한 <대암통문> (Confined gateway made of barbed wire in the entrance of Yongnup)

2008년 9월 22일자로 <대암산 용늪 습지보호지역>이 민간인 출입 통제선(민통선)에서 제외됨에 따라 대암통문에서 출입자를 통제할 근거가 없어졌으므로 출입자를 효율적으로 관리하기 어렵게 되었고 그에 따른 용늪 훼손이 우려된다.

원주환경청에서는 주민감시단을 구성하여 용늪 출입자를 감시하는 한편, 무단출입을 실시간으로 감시하기 위하여 용늪 인근에 CCTV를 설치하고 군부대 상황실에서 모니터링을 실시할 계획이다.

용늪의 희귀성을 관찰, 체험하려는 생태학습을 위한 탐방자도 있겠지만, 우려되는 것은 이른 봄 인근지역 주민은 물론 타 지역 사람들이 자동차를 타고 입산하여 용늪 내외의 산나물을 캐갈 것이 더 걱정이 된다. 봄철 용늪에는 곰취(*Ligularia fischeri*)나 얼레지(*Erythronium japonicum*) 등 소위 웰빙식물(wellbeing wild greens)들이 많이 서식하고 있기 때문이다.

지금까지 환경청과 제21보병사단과 협의된 적법한 방문목적이나 사람에게만 출입하도록 통제되고 있는데도 불구하고 용늪 훼손이 진행형임을 고려할 때, 현행대로 출입을 통제, 관리하는 것이 우리의 자랑스러운 자연유산(自然遺産, nature heritage), 용늪을 지키는 최상의 방법 중 하나이다.

대암통문을 지나 울퉁불퉁한 비포장 길을 한참 오르다보면 "지뢰"라는 경고문이 녹 쓴 철망에 걸려있고, 길 우측의 협곡에는 인간의 발걸음조차 거부한 신갈나무군락이 원시림을 이루고 있으며 좌측에는 아름드리 신갈나무 틈에 20여 미터 이상의 고로쇠나무(*Acer mono*)가 듬성듬성 보인다.

고로쇠나무의 수액(樹液)은 웰빙 식품으로 이용되는데 이른 봄이 되면 이 지역 주민들, 특히 양구군 남면 두무영농조합회원들은 수액 채취에 바쁘다. 우리 조상들은 고로쇠나무 수액을 골리수(骨利水·뼈에 이로운 물)라 불렀는데, 최근 2008년 3월 25일 국립산림과학원의 연구에 의하면 골다공증 예방과 개선에 탁월한 효과가 있으며, 특히 수액에 들어있는 높은 칼슘함량(90ppm)은 혈중 칼슘농도를 증가시켜 뼈의 두께와 밀도뿐만 아니라 뼈 성장을 크게 돕는 것으로 밝혀졌다.

곽애경 박사(1995)는 그의 박사학위 논문 "고로쇠나무군락(*Acer mono* community)의 수액

출수에 관한 생태학적 연구"에서 수액이 나오는 시기는 일교차가 18℃ 때 가장 많이 출수(出水)되고 수액 채취 기간은 남부지방이 43일~52일인데 비하여 대암산에서는 짧아 19일~20일 정도밖에 되지 않으며 2월초가 최적기라고 하였다. 말로만 전해지던 조상들의 지혜를 새삼 되새기게 한다.

드디어 대암산 능선 위에 도착한다. 신분증과 출입허가 여부의 확인을 받은 뒤, 군부대의 안내를 받으면서 운동장을 지나 대암산 정상 쪽으로 내려가면, 대암산 서북사면 1,280m(동경 128° 07' 북위 38° 13')의 허리에 미국 서부의 초원을 옮겨 놓은 듯, 습원에서 자라는 식물들이 바람 때문에 항상 누어있어 멀리서 보면 마치 잔디 깔린 축구장처럼 보이는 남한의 대표적인 고층습원, 소위 큰 용늪(大龍浦)이 자리하고 있다.

2. 용늪을 왜 고층습원이라 하는가?

습원이라고 할 때 떠오르는 이미지(image)는 크게 두 가지가 아닐까? 하나는 음침하고 습한 불모의 땅, 다른 하나는 식물, 새와 같은 동물, 물고기가 많이 살고 있는 생물의 낙원. 환경의 세기인 오늘날은 후자의 이미지가 강하다고 생각되지만 전자와 같은 불모의 땅만으로 보던 시대도 있었다.

사람들은 높은 산악 지역에 있는 습지를 고층습원(高層濕原, high moor, bog, raised bog), 낮은 지역에 있는 습지를 저층습원(低層濕原, low moor, swamp, marsh, mire)이라고 잘못 알고 있다. 대암산 용늪은 높은 산위에 있기 때문에 고층습원이라 하는 것이 아니다.

습원은 그곳에 살고 있는 식물의 종류와 지하수위(地下水位)에 대한 이탄 표면의 상대적인 위치 관계에 따라 저층습원과 고층습원 또는 중간적인 성질을 갖고 있는 중간습원(中間濕原, intermediate moor)의 3개 유형으로 나눈다(矢野 등 1983).

여기에서 사용하는 고(高)와 저(低)라고 하는 접두어는 그 토지(土地)의 지하수면에 대한 이탄지 표면 혹은 습지 표면의 상대적 위치 관계를 표현한 것이지, 지리학적 의미의 해발이나 표고인 높고(高) 낮음(低)을 의미하는 것이 아니라는 점이다.

그리고 지질학적 용어인 고위이탄지(高位泥炭地), 저위이탄지(低位泥炭地) 및 중간이탄지(中間泥炭地)라는 용어는 형태학적 및 수문학적 두 가지 의미가 내포되어 있다. 고위이탄지는 일반적으로 이탄지의 중앙부가 주변부에 비하여 높으며 전체적인 형태는 볼록한 형태를 가지는 경우가 대부분이다. 지질학적 관점에서 보면 용늪은 고위이탄지라고 할 수 있겠다(辻井 1987).

저위이탄지는 지표면이 거의 평탄한 형태이며, 중간이탄지란 고위이탄지와 저위이탄지의 중간의 형태를 가지고 있다는 뜻에서 이러한 용어나 명칭이 붙여진 것이다.

한편, 이탄지 주변을 포함한 지역에서 지하수위와 이탄지 표면과의 관계를 보면, 저위이탄지의 경우에는 이탄지의 표면은 주변의 지하수면보다 낮거나 거의 일치하는데 반하여, 고위이탄지에서는 이탄지 표면은 주변의 지하수면보다도 높게 솟아올라 있다. 따라서 저위, 고위라는 것은 지하수면에 대한 이탄지 표면의 위치관계를 나타내는 것이다.

습원이란 한마디로 말하면 수분이 많기 때문에 육상에서 일반적으로 자라는 식물은 살아가기 어려운 자연초지라 할 수 있겠다. 육상식물이 죽으면 지표면에 쌓이면서 썩게 되는데 썩으면서 유리되어 나오거나 용출되는 영양분, 즉 영양염류는 식물에 다시 이용이 된다.

그러나 습원은 지하수위가 높을 뿐 아니라 수분이 너무 많고 또 기후가 한랭하기 때문에 매년 죽은 식물체는 분해속도가 느려서, 소위 이탄(peat)이란 퇴적물 형태로 차곡차곡 쌓이게 된다. 그러므로 영양분이 환원되지 않는 것이다.

특히 용늪과 같은 고층습원은 식물의 생육에 필요한 수분이나 영양염류는 주로 빗물(비, 안개, 눈 등)에 의해서 공급되므로 강수함양성(降水涵養性, ombrogenic) 습지인 것이다. 쉽게 말하면 빗물 속에 들어있는 영양분만으로 유지되는 습지란 뜻이다.

습원의 화학적 환경(chemical environment)은 독특하다. 습원의 이탄을 두 개의 층, 즉 지하수위 위의 산화층인 Acrotelm(acrotelm horizon)과 그 이하 영구적으로 물로 포화되는 혐기성층인 Catotelm(catotelm horizon)로 구분한다. Catotelm 층은 용존산소(dissolved oxygen) 함량이 적은 물로 포화되어 있고 환원층(reducing horizon)이며 pH가 낮고 영양염 함량이 적은 것이 특징이다(Damman & French 1987, Ingram 1978).

이와 같은 고층습원에 생육하는 식물은 영양분이 거의 없는 빈영양 상태(貧榮養狀態, Oligotrophic)에서도 충분히 자랄 수 있거나 개미, 파리 등 작은 곤충이나 소형 동물을 포획하여 영양원(營養源)으로 하는 식충식물(食虫植物, Carnivorous plant, Insectivorous plant), 그리고 물이끼와 같이 몸속에 다량의 물을 저장하여 습원을 더욱 습윤하게 하는 식물 등 각각 특수한 성질을 갖고 있는 식물이 서식한다.

식물이 필요로 하는 3대 기본 영양분은 질소(N), 인(P) 및 칼륨(K)이다. 대부분의 생태계에서 이들 염류는 재순환(recycling)한다. 즉 식물체가 죽어서 분해 될 때 용출(leaching)되고, 용출되어 나온 이들 영양분은 다시 살아있는 식물에 의해서 이용이 된다. 그러나 고층습원 환경(bog environment)에서는 이들 영양분은 고층습원 자체의 화학적 및 생물학적 성질(chemical and biological properties) 때문에 영양분 순환이 제한된다. 고층습원에서는 죽은 식물체의 분해와 영양분 용출이 서서히 일어나게 되는 것이다(Eslick 2001).

불완전한 영양분의 순환에 대하여 질소(nitrogen)를 예로 들어 보자. 식물이 흡수, 이용할 수 있는 가장 일반적인 질소 형태는 질산 음이온(nitrate, NO_3^-)이다. 산소가 결핍된 상태에서, 예를 들면 가변적(可變的)인 세균(facultative bacteria *Pseudonomas*)은 전자수용체(電子受容体, electron acceptor)로 질산 음이온(nitrate, NO_3^-)을 사용하기 시작한다. 에너지원으로 탄수화물(CH_2O)이 공급되면 질산 음이온은 다음과 같은 반응을 통하여 질소가스(nitrogen gas, N_2)로 환원된다(Chapelle 2001, Manahan 1991).

$$4\ NO_3^- + 5\ (CH_2O) + 4\ H \rightarrow 2\ N_2 + 5\ CO_2 + 7\ H_2O$$

이 반응에서 질소가스(N_2)와 이산화탄소(CO_2)는 대기로 방출이 되는데 이런 반응은 혐기적 환원환경(嫌氣的還元環境, anaerobic reducing environment)에서만 일어난다.

이와 같이 죽은 식물체는 분해 속도가 느리고 영양분 환원이 잘 되지 않기 때문에 이탄

속에는 영양염류가 적으며 또 식물체가 분해될 때 휴민산(Humic acid)이나 풀빅산(Fulvic acid)과 같은 유기산(有機酸)이 만들어지므로(그림 9, 그림 10) 고층습원의 물이나 이탄은 산성이 되는 것이다(Eslick 2001, 鈴木靜夫, 1994).

전형적인 습원의 pH 범위는 pH 3.3~5.5이지만 기후, 계절, 물이끼의 활성 및 이탄표면으로 부터의 깊이 등에 따라 다르다.

고층습원에 물이끼류(*Sphagnum* sp.)가 생장하게 되면 pH가 낮아지며, 또한 이탄이 분해되면서 나오는 여러 가지 물질, 특히 탄닌(Tannin) 때문에 물 색깔이 갈색(Brown)을 띄게 되고 식물체로부터 유리되어 나오는 탄닌 역시 pH를 낮춘다(Davis, 1946). 이런 갈색의 물을 띈 생태계를 특히 부식영양계(腐植榮養系, Dystrophic system)라 부른다(Smith & Smith 1998).

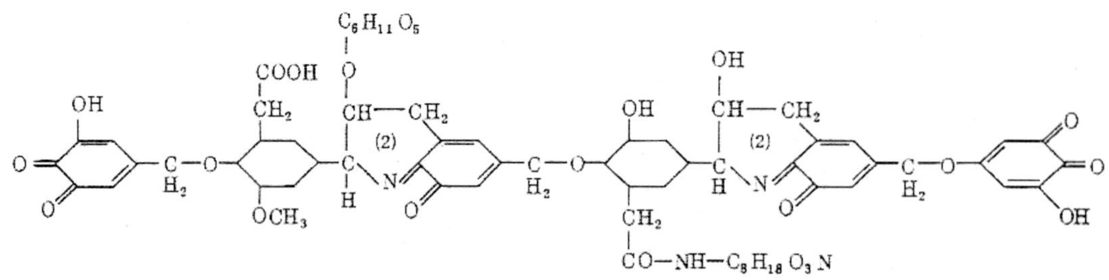

그림 9. 휴민산(Humic acid)의 추정 화학구조(Inferred chemical structure of humic acid)

훼손되기 전 용늪의 경우, 장소에 따라 다르기는 하지만 총 11개 장소에서 이탄을 채취하여 pH를 측정해 본 결과, 강한 산성조건인 최소 pH 3.4인 곳이 있는가 하면 최고 pH 5.7에 이르는 곳까지 있어 측정 장소마다 산성도가 일정하지가 않았다(강 1987).

전형적인 고층습원의 특징을 보이는 중앙부분 이탄의 pH는 대개 3.9~4.6로 낮은 산성, 다른 말로 표현 하여 강한 산성조건을 띄고 있고 이런 장소에서는 주로 물이끼, 끈끈이주걱, 기생꽃 등 고층습원에서만 사는 특수한 식물이나 희귀식물이 서식하고 있다. 그리고 pH가 5.3~5.7인 곳은 습원을 출입할 때 주로 이용되는 입구 쪽의 남단으로 유역으로부터 토사가 유입되어 얇게 피복된 곳이고 주로 산새풀군락이 침입한 곳이었다(강 1987).

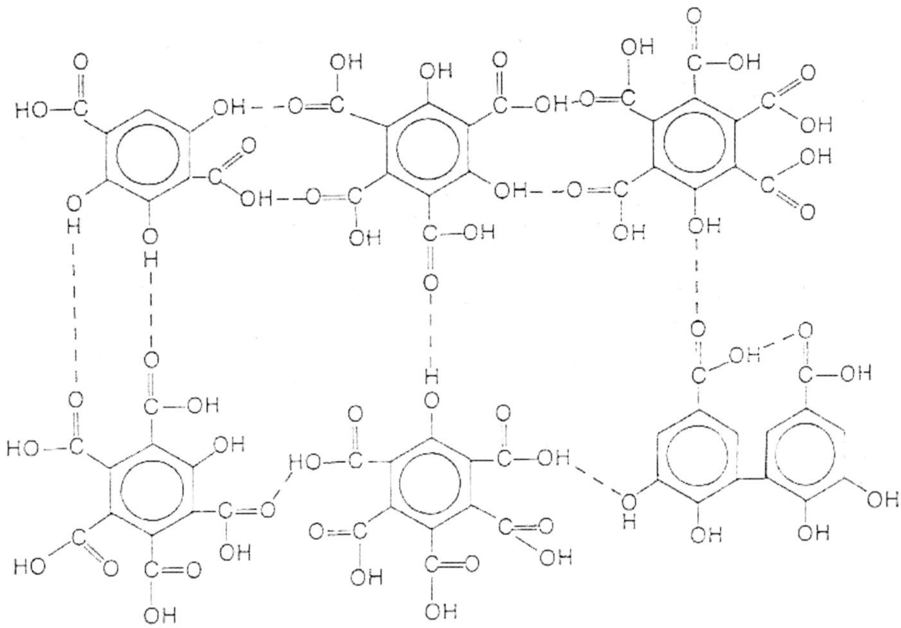

그림 10. 풀빅산(Fulvic acid)의 추정 화학구조(Inferred chemical structure of fulvic acid)

3. 물이끼와 주기적 천이

고층습원의 이탄지 표면에는 볼록 튀어나온 습지구(濕地丘, 소철지 小凸地, 소융기 小隆起, 영 Hummock, 독 Bulte)와 움푹 들어간 습지요지(濕地凹地, 소요지 小凹地, 소요 小凹, 영 Hollow, 독 Schlenke)라고 부르는 미지형(微地形)이 교대로 반복되는 것이 다른 습지에서는 볼 수 없는 독특한 현상이며, 이러한 습지구와 습지요지가 마치 물고기의 비늘처럼 교대로 만들어지는 재생복합체(再生複合體, regeneration complex)가 반복되면서 마치 볼록렌즈(convex)모양 혹은 돔(dome) 모양으로 부풀어 오르는 것이 고층습원만의 특징인 것이다(그림 11).

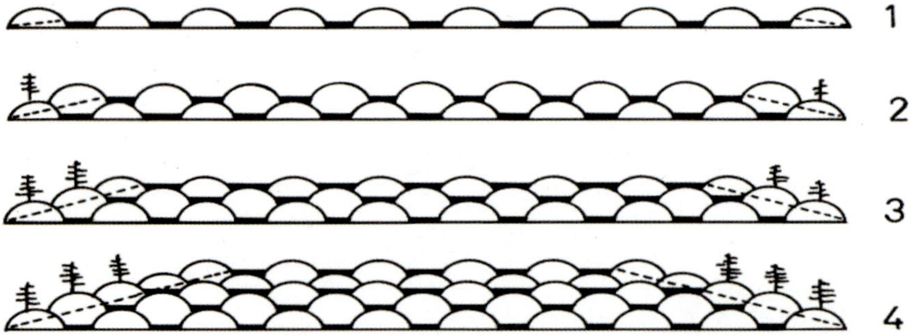

그림 11. 재생복합체에 의한 볼록렌즈 모양 이탄지의 형성과정(강상준 1988)(Diagram of peat accumulation by the processes of regeneration complex. M. St. Kulczynski 1949, 강상준 1988)
검은 부분: 습지 요지(Hollow), 반원형 부분: 습지구(Hummock), 점선: 지하 수면

이러한 볼록렌즈 모양을 만드는 식물은 물이끼류(*Sphagnum* mosses)이다(그림 12). 물이끼는 다른 식물과 달리 물이나 양분의 통로가 되는 관(管)모양의 통도조직(通導組織, Conductive tissue)이 없다.

그림 12. 용늪의 물이끼와 끈끈이주걱(*Sphagnum palustre*, bog moss and *Drosera rotundifolia*, round-leaved sundew)
물이끼는 자기 몸무게의 19~31배나 되는 물을 흡수, 저장하는 보수력(保水力)이 있으므로(Overbeck & Happach, 1956, 1957), 물이끼로 덮힌 용늪의 이탄 표면은 거의 질척질척한 물기가 남아 있게 된다. 물이끼가 물을 다량 보유하거나 건조에 강한 이유는 특수한 형태와 조직의 구조 및 생육 상태 때문이다. 즉 물이끼는 빽빽하게 밀생해서 자라는데 각 식물체 사이의 틈새(빈틈)가 모세관이 되어 보수능력을 높여주기 때문이다(Watson 1918).

물이끼는 가느다란 가지와 가지 사이에 만들지는 공간을 통하여 모세관 작용으로 물을 끌어 올려서 가지와 잎 사이의 공간에 물을 저장하는 것이다. 겉으로 보면 함수량은 윗부분(頭部)쪽이 아랫부분(下部) 보다 많지만, 물이끼 1개체에서만 보면 윗부분이 보수력이 낮다. 이것은 가지와 잎에 투명세포가 충분히 발달되어있지 않기 때문이다.

가지는 크게 횡출지(橫出枝, divergent branches)와 수하지(垂下枝, pendent branches)로 되어있고 잎은 엽록세포(葉綠細胞)와 투명세포(透明細胞, hyaline cell)로 되어 있으며 투명세포에는 구멍이 있어 물의 출입을 쉽게 한다.

물이끼는 덩어리 형태로 모여 있어 스펀지처럼 물을 흡수, 저장하는데 살아있는 물이끼는 수분 함량이 98%이상이나 된다(van Breeman 1995). 물이끼는 뿌리가 없으며 윗부분 부터 생장하는데 새로 자라는 부분은 햇빛을 계속적으로 차단하게 되므로 밑의 오래된 부분은 죽게 되는 것이다(Clymo 1987). 또한 물이끼의 21.5%(건중량)는 펙틴(pectin)의 주성분인 다당류 Polygalacturonic acid(PGA)라는 섬유상 및 나선상 구조로 되어 있다(그림 13).

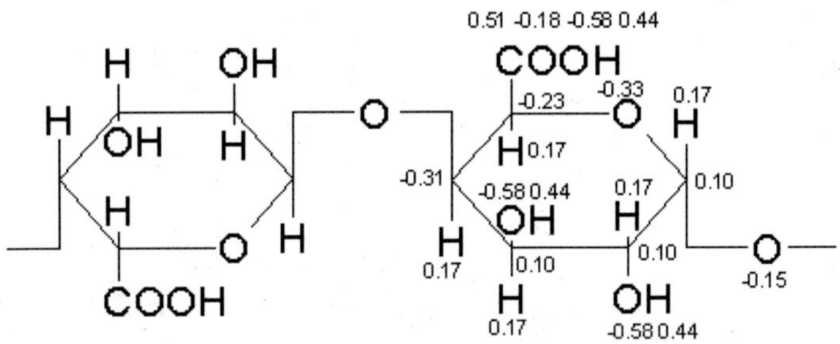

그림 13. 물이끼의 구성성분인 Polygalacturonic acid(PGA)의 구조(Schematic representation of polygalacturonic acid chain)

용늪의 고층습원에서 이러한 미지형을 형성하는 식물은 주로 물이끼(*Sphagnum palustre*), 대암물이끼(*Sphagnum fuscum*), 자주물이끼(*Sphagnum magellanicum*)등이고 기타 사초과 식물인 삿갓사초, 산사초, 벼과 식물인 진퍼리새, 산새풀, 왕미꾸리광이, 껍질용수염 등이 함께 서식한다.

빈영양성인 고층습원에서 물이끼로 구성되어있는 볼록한 습지구(濕地丘, 독 Bulte, 영 Hummock)

와 오목한 습지요지(濕地凹地, 독 Schlenke, 영 Hollow)의 복합체와 관련된 재생주기(再生週期, regeneration cycle) 또는 주기적인 천이(cyclic succession)에 대한 이론이 있다(Kulczynski 1949, 阪口 1974).

즉, 습지구가 점점 발달하고 커져서 지하수위 이상으로 높아져 건조하게 되면 육상식물(예, *Calluna*)이 침입하게 되는데, 침입한 육상식물은 이탄형성이 불량하므로 습지구가 더 이상 발달하거나 커지지 않아 붕괴되면서 침식하기 시작한다. 반면에 습지요지는 계속적으로 침수되어 있었으므로 많은 양의 이탄이 퇴적되면서 오목한 곳을 차차 채우게 된다.

결과적으로 습지요지는 이전의 습지구 수준으로 높아질 것이고 이전의 습지구는 침수가 되어 습지요지가 된다. 이전에 습지요지였던 곳은 계속 자라서 습지구가 되는 것이다(그림 11).

그림 14. 용늪 중앙의 습지구에 침입한 철쭉 (The shrubs of *Rhododendron schlippenbachii* invaded on the hummock in middle area of Yongnup moor)
강상준 등(1998)에 의하면, 용늪의 육화에 따라 침입한 것이든 또는 습원의 천이계열(遷移系列, sere)에 따른 것이든 습원 안에 침입(invasion), 정착(ecesis)한 목본식물은 총 15종이다(표 1).

이 이론에 따르면, 용늪 내에 많은 개체의 진달래과 식물인 철쭉이 침입한 것은 습지구가 점점 커지거나 발달하면서 지하수위 이상으로 높아져 건조해졌기 때문에 육상식물인 철쭉이 침입한 것으로 생각된다(그림 14).

전형적인 습원이라고 할 수 있는 곳의 습지구에는 철쭉, 사스래나무, 버드나무, 청괴불나무 등 몇 종이 침입했는데 이것은 습지구가 점점 커지고 지하수위 이상으로 높아져서 건조해졌기 때문일 것이다. 답압(踏壓, trampling)이 심하거나 이탄이나 토양이 나출된 곳에는 철쭉과 사스래나무들이, 스케이트장 안의 재생되고 있는 곳에는 철쭉, 사스래나무, 버드나무, 청괴불나무, 떡버들 및 붉은병꽃나무 등 6종이나 침입하였다. 기타 아교목성이나 교목성 목본은 출현하기도 하고 출현하지 않기도 한다(그림 15, 그림 16).

그림 15. 침엽수인 전나무가 습원가에 서식하고 있으며(가운데) 그 왼쪽에 넘어져 뿌리 전체가 드러난 도목된 전나무가 보인다 (Coniferous *Abies holophylla* growing at the edge of the moor and the uprooted tree)

그림 16. 용늪의 주위에 침입한 자작나무과의 사스레나무 (Trees of *Betula ermani*, birch, invaded at the edge of Yongnup moor)

숲속의 귀부인(lady of forest) 또는 수목의 여왕(queen of trees)으로 불리는 자작나무는 태울 때 "자작자작"하는 소리가 난다는 데서 따 온 의성어에서 붙여진 이름이다. 중국의 시인 소식(蘇息)의 시에 보면, "송객림중 화촉향(送客林中 樺燭香)"이라는 구절이 나온다. <그대를 보내는 숲속에서 화촉(자작나무 껍질의불)을 밝히고 있는데, 타는 불꽃 향기 아름답구나"라는 뜻으로 고요한 숲속에서 이별의 정을 나누면서 화촉의 불을 밝힌다는 것은 정감적이 아닐 수 없다.

시인 최원정씨는 <자작나무 사이로 부는 바람>에서 자작나무를 하얀 바람을 부르는 나무라 했다.

『햇살은 눈부신데 잔설은 산등성이마다 겨울을 깔아 놓았다.
철마다 갈아입던 옷 벗어 놓고 하이얀 속살을 드러내며 수줍어함일까....
자작나무 사이로는 하얀 겨울 바람이 분다.
이 추운 겨울에 나목(裸木)이 된 것이 어디 자작나무 뿐이랴
은빛 감도는 자작나무의 속살에 취해 겨울도 하얀 바람을 부른다.』

표 1. 용늪 내에 침입한 목본식물(List of trees invaded into interior area of Yongnup moor)

국 명	학 명
소나무과	Pinaceae
전나무	*Abies holophylla* MAX.
버드나무과	Salicaceae
떡버들	*Salix hallaisanensis* LEV.
버드나무	*S. koreensis* ANDERSS.
자작나무과	Betulaceae
사스래나무	*Betula ermani* CHAM.
장미과	Rosaceae
조팝나무	*Spiraea prunifolia* var. *simpliciflora* NAKAI
참조팝나무	*S. fritschiana* SCHNEID.
꼬리조팝나무	*S. salicifolia* L.
노박덩굴과	Celastraceae
미역줄나무	*Tripterygium regelii* SPRAGUE et TAGEDA
단풍나무과	Aceraceae
당단풍	*Acer pseudo-sieboldianum* (PAXTON) KOM.
진달래과	Ericaceae
산철쭉	*Rhododendron yedoense* var. *poukhanense* (LEV.) NAKAI
철쭉나무	*R. schlippenbachii* MAXIM.
흰철쭉나무	*R. schlippenbachii* MAXIM. var. *albiflorum* UYEKI
물푸레나무과	Oleaceae
물푸레나무	*Fraxinus rhynchophylla* HANCE
인동과	Caprifoliaceae
붉은병꽃나무	*Weigela florida* (BUNGE) A. DC.
청괴불나무	*Lonicera subsessilis* REHDER

습원가에 넘어져 도목(到木, uprooting)이 된 전나무(*Abies holophylla*)를 보면 근계(根系, root system)와 함께 이탄 매트(peat mat)가 붙어 있어 천막을 친 것처럼 보인다(그림 15). 이것은 전나무의 근계가 이탄 속으로 원뿌리(primary root)는 물론 측근(lateral root)까지도 깊숙이 뿌리를 내리지 못했기 때문이다.

즉 침입한 나무는 뿌리호흡(root respiration)을 해야 하는데 이탄은 물로 채워져 토양의 공극(空隙)에 산소가 없거나 부족하므로 뿌리호흡을 하기 위하여 이탄 표면층인 Acrotelum horizon, 즉 살아있는 식물 matrix로 되어있는 이탄 표면(surface layer of peat with a live matrix of growing plant material)으로만 뿌리를 뻗게 된다. 즉 높은 지하수위는 수목의 뿌리호흡을 방해하기 때문이다(Black 1957, Fay and Lavoie 2009).

치수(稚樹, sapling)나 유수(幼樹, juvenile)의 경우에는 지상부의 무게가 적으므로 지탱할 수 있으나 어느 정도 크기 이상의 성숙목(成熟木, mature tree)이 되면 겨울철 지상부의 나뭇가지와 잎에 차곡차곡 쌓인 눈의 무게 때문에 또는 여름철 장마 때 빗물의 무게 때문에 도목이 되는 것이다. 활엽수보다는 상록침엽수에서 주로 나타나는 현상이다.

용늪에서 교목성(큰키나무) 목본은 전나무, 신갈나무, 사스래나무 등이, 관목성 목본은 철쭉, 버드나무, 청괴불나무 등이 습원 여기저기에 흩어져 서식하고 있는 것을 볼 수 있다.

용늪과 같은 고층습원의 특징을 요약하면 다음과 같이 정리할 수 있겠다.

㉮ 이탄이 퇴적되어 있다.

㉯ 이탄 표면(peat surface)이 볼록렌즈처럼 여기저기에서 부풀어 오른다.

㉰ 주로 반 정도 분해된 물이끼로 되어 있으나 사초과 또는 벼과식물의 죽은 식물유체도 들어 있다.

㉱ 지하수위는 지표면에 또는 지표면 약간 아래에 있다.

㉲ 강수함양적(ombrogenous), 즉 빗물만으로 영양분이 공급된다.

㉳ 주로 물이끼(*Sphagnum* spp.)가 우점하고 있으나 사초과, 벼과식물, 관목, 아교목 또는 교목이 침입하기도 한다.

현재 환경부에서는 람사르 협약 (Ramsar Convention)에 따라 습지에 대한 개념의 정리를 위하여 연구를 의뢰한 바 있으나, 아직까지 습지에 대한 유형 분류가 만족스럽게 정리되어 있지가 않다. 2008년 환경부 UNDP/GEP 국가습지보전사업관리단의 "국가습지유형분류체계연구"가 있지만 만족할 만한 분류체계가 아니어서 오히려 혼란만을 야기하고 있다. 대암산 용늪은 오래전인 1960년대부터 독일, 캐나다, 영국 및 일본 등의 습지 유형 분류를 참고하여 습지 전문가들은 고층습원(high moor, raised bog, bog)이라 분류하고 있는 것이다.

4. 사초기둥(tussock)

용늪에는 늦가을이 시작되면서 삿갓사초 더미가 마치 벼 낟가리를 세워 놓은 듯, 여인이 머리를 풀어 놓은 듯, 또는 여인의 젖가슴을 펼쳐 놓은 듯 규칙적으로 분포하고 있는 특이한 모양의 사초기둥(tussock)이 있다. 일본에서는 곡지방주(谷地坊主, yachibozu, 습지대머리), 중국에서는 탑두(塔頭)라고 한다(그림 17).

그림 17. 늦가을의 고사(枯死)한 사초기둥 (Dead tussock in late autumn)
겨울의 용늪은 황량하고 적막뿐이다. 늦가을이 시작되면서 죽은 삿갓사초 더미가 마치 벼 낟가리를 세워 놓은 듯, 여인이 긴 머리를 풀어 놓은 듯, 또는 여인의 젖가슴을 펼쳐 놓은 듯 규칙적으로 분포 하고 있다. 삿갓사초 뿌리가 이탄 속으로 뻗어 다져진 후, 표면으로 드러나서 특유의 미지형(微地形)을 만든다. 중국에서는 탑두(塔頭), 일본에서는 습지대머리(谷地坊主)라고 한다.

이들 사초기둥이 만들어지는 과정은 다음과 같이 설명할 수 있다. 즉 사초과 식물의 뿌리가 마구 엉겨 붙어 이탄을 포착하고 있는 상태에서 지상부의 식물체는 생장기 동안 자라게 되고 가을이 되어 기온이 낮아지면 고사하게 된다. 6개월 이상의 냉혹한 겨울동안 고사한 식물위에 쌓였던 눈은 이른 봄이 되면 녹아내린다. 눈 녹은 물이 위에서 바닥으로 흘러내리면서 엉겨 붙은 이탄 주위를 침식, 씻어 내림에 따라 사초기둥이 발달되는 것이다.

사초기둥의 높이는 20.6~30.6cm, 두부(頭部) 직경 27.7~37.2cm 이었다(표 2). 사초기둥을 파내어 삽으로 잘라보면 사초기둥 안은 사초과 식물이 엉켜있는 뿌리가 매트(mat)나 스폰지(sponge)처럼 되어있음을 확인할 수 있다. 20~30cm 이상의 높이가 되면 우선 수분상승이 잘되지 않게 되므로 사초과식물의 생육은 나빠지게 되고 사초과 이외 식물이 침입하여 다시 이탄을 단단하게 붙잡게 되지만 물리적으로 안정이 되지 않기 때문에 사초기둥은 넘어지거나 붕괴되어 버린다.

필자(강상준)가 Tussock을 <사초기둥>이라고 최초로 명명한 것은 “사초과 식물의 뿌리가 이탄과 엉겨 붙어 벼 낟가리처럼 습원 표면에 불룩불룩 튀어나와 흩어져 있는 모양이, 마치 로마의 비너스 신전(Temple of Venus), 폼페이(Pompeii)의 아폴로 신전(Temple of Apollo) 또는 영국 솔즈베리 평원(Salisbury plain)의 스톤헨지(Stonehenge) 고인돌과 같은 유적에서 보는 기둥처럼 보여 그런 이름을 붙인 것이다”.

표 2. 사초기둥의 높이, 둘레, 장경, 단경, 거리, 물의 깊이 및 체적(강상준 1988)(Height, perimeter, major axis, minor axis, distance, water depth and volume of tussock)

조사 지점	제 1 지점	제 2지점	제3 지점
높이(㎝)	29.9±6.7	20.6±4.9	30.6±2.2
둘레(㎝)	83.4±22.2	94.6±28.4	87.8±24.2
장경(㎝)	27.7±7.4	37.2±15.2	30.9±10.9
단경(㎝)	22.3±4.6	23.6±2.3	22.1±4.5
거리(㎝)	47.4±24.2	23.4±14.4	22.3±8.5
물의 깊이(㎝)	-	7.3±2.3	6.3±2.6
체적(㎥)	0.08±0.04	0.18±0.05	0.94±0.07

5. 저층습원과 중간습원

그러면 저층습원이란 어떤 습지일까? 고층습원과 대비되는 저층습원(low moor)이란 주위로 부터 유입되는 지표수나 지하수에 의해서 함양되는 습원으로 비교적 영양분이 풍부하다. 예를 들면 소택지(fen), 늪(swamp), 습지(marsh)등이 그것이다.

우리들 주변에서 흔히 볼 수 있는 물이 고여 있는 연못가, 호수가 또는 하천의 배후지역에 만들어진 습지에는 갈대, 부들, 줄 등 수생식물이 자라고 있다. 가을이 되어 죽게 되면 연못 바닥에 쓰러져서 물속이나 바닥의 흙속에 사는 미생물에 의해서 분해되는 것이 일반적인 과정이다.

그러나 물이나 습기가 많은 곳에서는 분해에 필요한 산소가 부족하기 때문에 미생물 활성이 미약하여 분해가 덜된 식물체는 그 자리에 차곡차곡 쌓이게 되어 연못이나 호수의 수심은 얕아지면서 부들, 줄 등이 군락을 이루게 된다(그림 18).

그림 18. 충청북도 충주댐 하류에 있는 조정지(調整池)의 전형적인 부들군락(좌)과 줄군락(우)(Typical *Typha orientalis* and *Zizania latifolia* communities invaded at edge of the regulation lake down the Chungju Dam, Chungbuk Province)

해마다 이런 과정이 반복되면 바닥에 쌓이는 죽은 식물체의 퇴적물은 조금 씩 조금 씩 수면 가까이로 올라오게 되고 이런 퇴적과정은 물기가 점점 적어질 때 까지 계속 일어난다.

식물이 죽은 뒤 썩으면서 만들어지는 이탄과 비슷한 흑니[2](黑泥, muck)라고 부르는 유기

2) 흑니: 이탄의 일종이지만 죽은 식물체의 분해가 많이 진행되어 육안으로는 식물의 조직을 확인할 수 없는 검은 부식질의 흙으로 식물조직을 육안으로 확인할 수 있는 이탄과는 다르다.

퇴적물은 연못의 바닥 토양, 즉 저니(底泥)와 접촉하는 부분에서 부터 만들어지기 때문에 이렇게 만들어지는 습지를 저층습원이라고 하며, 퇴적물 표면이 평평하므로 평지습원(平地濕原, flatland moor)이라고도 한다.

이탄지의 형성과 이탄지의 성질을 지배하는 최대인자는 '물'이다. 이탄지를 함양하는 물은 크게 강수(降水) 즉 빗물과 눈이 녹은 물, 지표수, 지하수로 나눌 수 있는데 저층습원(저위이탄지)에서는 이들 3가지의 물이 모두 함양수(涵養水)가 되나, 지표수와 지하수에 비하여 강수의 역할은 매우 작다. 지표수와 지하수는 이탄지에 영양염류를 운반함으로 습지식물은 부영양성이다.

이에 반하여 강수는 바닷물의 증발로 염류가 보급되는 해안지대를 제외하면 일반적으로 영양염류가 적은 까닭에 강수의 함양을 받는 고층습원(고위이탄지)의 식물은 빈영양성이 된다.

이와 같이 이탄지를 함양하는 '물'은 동시에 이탄지의 식생을 결정한다. 그러므로 이탄지를 빈영양성(貧榮養性, oligotrophic), 중영양성(中榮養性, mesotrophic), 부영양성(富榮養性, eutrophic) 이탄지로 구분할 수 있다. 빈영양인 강수로 함양되는 물이끼류가 우점하는 고층습원, 상류 또는 유역으로부터 영양염이 유입되어 갈대, 부들, 줄 등이 서식하는 저층습원, 그 중간의 성질을 가지는 진퍼리새(*Molinia japonica*)로 대표되어지는 중간습원(中間濕原)으로 구분 짓고 있다(辻井 1987, 北海道濕原研究 Group 1997).

6. 용늪의 구성

오래전부터 용늪은『큰 용늪』과『작은 용늪』의 2개로 되어 있다고 알려졌다. 작은 용늪은 한국전쟁 후 그 지역에 주둔하고 있던 군부대의 작전상 필요에 의해서 다른 용도로 이용되었기 때문에 이미 원형이 소실되어 산지초원이나 덤불숲으로 변해 버렸지만, 큰 용늪은 주둔 부대의 부주의와 1977년경 습원 중앙부에 가해진 인위적 교란, 즉 스케이트장 조성에 의한 훼손의 상흔은 남아 있으나 이런 일부 지역을 제외하고는 대암산 능선 쪽 지역은 비교적 습원의 독특한 성질이나 특성이 유지되고 있다고 할 수 있다.

특히 훼손된 지역에서는 몇몇 특정한 지역, 즉 심한 강우 때 다량의 물을 흘러 보내는 유로(流路) 역할을 하는 지역을 제외하면, 스케이트장 조성 직후 맨땅이 드러나 식물 한포기, 식생 한 무더기 없었던 나지와 같은 상태에서 지금과 같은 형상으로 재생되었다는 것은 그나마 큰 다행이 아닐 수 없으며 자연의 복원력에 놀랄 따름이다.

큰 용늪의 유역 면적은 79.32ha이고 유량의 대부분은 용늪의 우측을 통과하여 북북동의 계곡으로 흘러간다. 큰 용늪의 크기는 북북동의 계곡 방향을 따라 직선거리 320m, 동서 방향 직선거리 180m의 계란 모양을 하고 있는 7,490㎡에 불과한 작은 늪이지만 한반도의 기후 특성상 만들어지기 어려운 조건에서 형성되었다는 것은 다행한 일이고, 한반도의 과거의 식생과 기후변천을 알아 볼 수 있는 자연사의 고문서이기에 더욱 중요한 우리나라 자연 유산의 하나라고 할 수 있다.

지금까지 대암산 용늪은 큰 용늪과 작은 용늪의 2개로 알려져 있었으나, 2004년 7월 27일 "대암산 용늪 토사 유입 방지를 위한 정밀조사"를 하던 중 헬기장(Heliport) 남서쪽 비탈면 아래쪽에 또 다른 소형 늪의 존재를 확인할 수 있었다(그림 19).

그러나 최근에 발표된 보고서(대암산 용늪 토사유입 방지시성 설치를 위한 모니터링 2005)에 보면, 이 소형 늪을 작은 용늪이라고 표시하고 있는데 이는 큰 착각이며 잘못 알고 있다. 작은 용늪의 위치는 용늪 주둔부대에서 큰 용늪으로 가는 군사도로 왼쪽의 비교적 평탄한 지역의 하류역(下流域)에 있었다.

군사작전상 필요에 따라 1960년대 초 이곳에 포진지(砲陣地)를 만들었고(1969년 조사 때 이미 포진지가 구축되어 있었으며 105mm 포(砲)를 설치하여 위장망을 덮어 위장하고 있었음), 그 포진지 축조과정에서 발생된 토사에 의해 매몰되거나 깊이가 얕은 이탄층은 강우 때 빠른 유속 때문에 침식, 유실되어버린 탓에 작은 용늪은 그 원형이 상실되어 버린 것이다.

1970년대 조사 때 필자를 비롯한 조사단 일행이 작은 용늪에 들어가서 조사를 하였으나 습원 특유의 식생조성이 아님을 알고 구체적인 조사가 이루어지지 않았지만, 필자는 작은 용늪에서 이탄을 채취한 일이 있다. 이 포진지는 1990년대까지 존재했었으나 2004년 조사 때부터 이들 포진지는 보이지 않았다.

그러므로 헬기장(Heliport) 남서쪽 비탈면 아래쪽의 이 소형 늪은 2004년 7월 27일 처음으로 습지 전문가에게 모습을 드러낸 늪으로서, 40여년간 「큰 용늪의 생태」를 연구한 충북대학교 강상준 교수의 아호(雅號)를 따서 가칭 『백담(栢潭) 용늪』이라고 명명하자고 제안한 바 있다(대암산 용늪 현장 답사 의견서, 2004. 9.13).

이 소형의『백담 용늪』은 제1작전 도로(큰 도로)로 부터 유입된 거친모래(粗砂, Coarse sand), 가는모래(細砂, Fine sand), 미사(微砂, Silt)와 점토(粘土, Clay)에 의해 늪 표면에 10-20cm 정도로 토사가 퇴적되어 있는데 헬기장 쪽의 상류에는 산새풀군락이, 큰 용늪과 이어지는 하류에는 달뿌리풀군락이 넓은 면적에 걸쳐 침입, 분포하고 있었다(그림 19).

그림 19. 새로 발견된 가칭 "백담 용늪" (New finding small moor below Heliport in 2004, tentatively named "Baek-Dam Yongnup"). 헬리콥터 이착륙장 바로 아래쪽에 있는 늪으로 군사작전 도로로부터 유입된 토사에 의하여 거의 매몰되어 있고 그 위에는 산새풀군락(앞의 연한 갈색)과 달뿌리풀군락(멀리 숲가에 보이는 녹색)이 우점하고 있으며 앞의 중앙에 보이는 큰 나무는 신갈나무임. 이 늪은 2004년 7월 27일 용늪 답사 때 새로 찾아낸 것으로 40여년 동안 큰 용늪을 연구한 충북대학교 강상준 교수의 아호를 따서 백담(栢潭)용늪이라고 부르기를 제안했다. 당시에 이탄 채취 전용기구인 Hiller type borer를 이용하여 이탄을 채취하고자 했으나 이탄채취가 어려울 정도로 표면에 토사가 다량 쌓여 있어 이탄 채취가 불가능하였다. 이 소형 늪을 <작은 용늪>이라고 착각하는 사람도 있는데 잘못 알고 있으므로 혼동하지 않도록 당부한다.

7. 람사르 협약에 등록된 용늪

대암산을 포함한 대우산(1178.5m), 도솔산(1147.9m), 가칠봉(1242.2m) 등 30,743,940㎡ 면적의 이 지역은 1973년 7월 10일 천연보호구역 제 246호로 지정·보호되고 있으며, 1989년 12월 29일 생태·경관보전 지역으로 그리고 1997년 3월 28일 우리나라에서는 첫 번째로 람사르 협약 습지로 지정되었음은 물론 1999년 8월 9일에는 습지보호지역으로 지정 관리하고 있는 문화유산 못지않게 학술적 가치가 뛰어난 우리의 자연 유산이다.

람사르 협약(Ramsar Convention)이란 최초의 국제 환경 협약으로서 생태·사회·경제·문화적으로 중요한 가치를 지니고 있는 습지에 대한 인식을 높이고, 습지의 생태학적 특성을 훼손하지 않는 현명한 이용(wise use)을 확산시키기 위하여 1971년 이란의 해안 도시인 람사르에서 채택된 국제 협약으로 사무국은 스위스의 글랑에 두고 있다. 현재 국제적으로 158개국이 이 협약에 가입되어 있으며 1,704개소가 람사르 협약 습지로 등록되어 있는데 우리나라에서는 내륙습지 9개소가 등록되었다.

그림 20. 2008년 제10차 창원 람사르 총회 로고 (Official Logo of The 10th Meeting of the Conference of the Contracting Parties to the Convention on Wetlands)
람사르 협약의 약식 영문명인 "RAMSAR"를 새, 물고기, 사람으로 형상화하고 어린이의 밝고 순수한 터치로 표현하여 『건강한 습지(Healthy Wetlands), 건강한 인간(Healthy People)』이라는 총회의 주제가 쉽고 친절하게 전달되도록 디자인되었다(The Logo has each letter of Ramsar depicting a bird, fish or person in friendly design to express the messages of harmony between humans and wetlands).

그림 21. 경남 창원 컨벤션센타에서 열린 제10차 람사르협약 당사국총회(2008. 10. 28)
(The 10th Meeting of the Conference of the Contracting Parties to the Convention on Wetlands held in CECO Center, Changwon, Kyungnam Province, Oct. 28. 2008)

2008년 10월 28일부터 11월 4일까지 8일간 경남 창원에서 『건강한 습지(Healthy Wetlands), 건강한 인간(Healthy People)』이란 주제로 제10차 람사르협약 당사국 총회(The Conference of the Contracting Parties, 약칭 COP)가 환경부와 경상남도 주관으로 열렸다(그림 20, 그림 21).

전술한바와 같이 1997년 3월 28일 처음으로 『대암산 용늪』이 람사르 협약에 등록되었으며, 용늪 외에도 1998년 3월 2일에 등록된 경남 창녕군 대합면, 이방면, 유어면, 대지면 일원의 우리나라 최고(最古)의 원시 자연늪인 『우포늪』, 2005년 3월 30일에 등록된 전남 신안군 흑산면 비리의 도서지역 최초의 산지습지인 『신안 장도(長島) 습지』, 2006년 10월 18일에 등록된 제주도 서귀포시 남원읍의 기생 화산구의 원형 늪인 『물영아리 습지』, 2007년 12월 20일에 등록된 충남 태안군 신두리 사구(砂丘) 내에 형성된 『두웅 습지』와 2007년 12월 20일 지정된 울산시 울주군 삼동면 조일리 일원의 희귀야생동식물이 서식하는 산지 습지인 『무제치늪』, 2008년 10월 13일 등록된 강화도 『매화마름군락(3015㎡)』, 강원도 오대산 『질뫼늪, 소황병산 늪 및 조개동 늪』 3곳(17,641㎡), 제주도 한라산국립공원 내의 물장오리 오름의 『물장올 습지(63만 8,989㎡)』 등 9개의 내륙습지, 그리고 2006년 1월 20일에 등록된 전남 순천시 별

양면, 해룡면 도사동 일대의 『순천만 갯벌』, 전남 보성군 호동리, 장양리, 영등리, 장암리, 대포리 일대의 『보성 벌교 갯벌』, 그리고 2008년 1월 14일 지정된 전남 무안군 해제면, 현강면 일대의 『무안 갯벌』등 3개의 연안습지, 총 12개의 습지가 람사르 협약에 등록되었다(환경부 2008).

이외에 한강 하구, 낙동강 하구, 담양 하천습지, 화엄늪, 신불산 고산습지, 신들늪 고산습지인 내륙습지, 옹진 장봉도 갯벌, 줄포만 갯벌, 고창 갯벌, 진도 갯벌인 연안습지가 습지보호 지역으로 관리되고 있다(그림 22).

그림 22. 우리나라의 습지보호지역(Wetland Conservation Sites in Korea). 출처: 환경부<습지를 찾아서. 2008>
람사르 협약에 등록된 내륙습지는 강원도(대암산 용늪, 소황병산 습지), 경남(우포늪), 충남(두웅습지), 울산(무제치늪), 제주(물영아리 오름, 물장올 습지), 전남(신안 장도 습지), 경기(강화도 매화마름군락)이고 연안습지는 전남 순천만 갯벌, 보성 벌교 갯벌 및 무안 갯벌이다.

2장 용늪은 살아있다

1. 습원의 형성과정과 용늪

습원의 생성 원인은 여러 가지로 분류할 수 있다. 규모가 크고 지질시대에 걸쳐 계속적으로 퇴적이 일어난 습원은 지체구조적(地体構造的)으로 약한 지역에서 지표(地表)가 침강(沈降, depression)하면서 형성된다.

이러한 습원은 화산이나 지진 활동이 빈번히 일어나는 지역에 주로 발달하는데 일본에서 규모가 큰 습원, 예를 들면 군마현(群馬縣)의 오제가하라(尾瀬ケ原, Ozegahara)습원(그림 23), 북해도의 구시로(釧路, Kushiro)습원(그림 24)이나 사로베쓰(Sarobetsu)습원, 나가노현(長野縣)의 야시마가하라(八島ケ原, Yashimagahara)습원(그림 25), 아오모리현(青森縣) 하코다산(八甲田山)의 습원(그림 26) 등이 있는 것은 이런 이유 때문이다(菊地 및 須藤 1996).

그러나 한반도는 지체구조적(地体構造的)으로 대체로 안정지대에 해당하기 때문에 이와 같은 지표침하(地表沈下)에 의한 습원은 발달되어 있지 않으며, 그 대신 차별침식(差別侵蝕)에 의한 분지(盆地)의 발달이 가능한 지역이다(원종관 1988, 이동영 등 1997).

한편 고도(高度)가 높은 정상 부근에 발달한 고층습원은 대암산의 용늪(그림 27, 그림 28)과 울산광역시 정족산(鼎足山)의 무제치늪(그림 29)이 우리나라에서는 대표적인 고층습원이다.

그림 23. 일본 후꾸시마(Fukushima), 군마(Gunma) 및 니이가다(Niigata)의 3개현에 걸쳐있는 일본의 대표적인 오제가하라 습원(尾瀨ヶ原, Ozegahara high moor)(The representative Ozegahara high moor located at Fukushima, Gunma and Niigata Prefectures in Japan)
중심 지역의 이탄은 약 10,000년전에 형성된 것으로 알려져 있으며 멀리 至佛山(Shibutsu-san)이 보이고 목도(wooden path)가 놓여 있다.

그림 24. 일본 북해도 구시로 습원(釧路濕原)(Kushiro mire of Hokkaido, Japan)
구시로 습원은 면적 17,674.7 ha로 저층습원, 중간습원 및 고층습원 3개형이다 있는데 저층습원이 80%를 점유한다.

그림 25. 일본 나가노현(長野縣) 기리가미네산(霧ヶ峰, 1925m)에 있는 야시마가하라 습원(八島ヶ原 濕原)(Yashimagahara high moor of Kirigamine Mountain, 1,925m, in Nagano Prefecture, Japan)
고층습원의 특징인 습원 표면이 돔(Dome)모양으로 되어 있는 가장 전형적인 고층습원으로 알려져 있다. 저 멀리 지평선으로 보이는 부분이 볼록렌즈(Convex lens)모양으로 부풀러 올라와 있다. 앞에는 큰 물웅덩이와 부도(浮島, Floating island)가 있다. 필자(강상준)가 직접 찍은 사진이다.

그림 26. 일본 아오모리현(青森縣) 하코다산(八甲田山, 1,584.6m)의 가미게나시다이(上毛無岱) 습원(Kamikenashitai high moor of Hakkoda Mountain in Aomori Prefecture, Japan).
필자(강상준)는 1980년대 초 이 고층습원을 직접 조사 연구하였으며 사진은 필자가 찍은 것이다.

그림 27. 서북쪽의 능선 사면에서 본 용늪 여름 전경(2004. 7. 6.)
(Overall view of Yongnup from northwest-facing slope in summer, July 6, 2004)
서북쪽 능선 위에서 찍은 사진은 이것이 처음이다. 일반적으로 남쪽의 경계 초소에서 찍은 사진과는 그 모습이 다르다. 사람의 발길을 거부했던 원시상태의 신갈나무 숲으로 둘러싸인 이곳 큰용늪의 이탄 속에는 5,000년의 긴 자연변천사를 기록한 고문서가 들어있어 과거의 식생과 옛 기후의 변화 모습을 간직하고 있는 생태계의 타임 · 캡슐이라 할 수 있다.

그림 28. 부대 앞 도로에서 바라본 작은 용늪이 있었던 지역(2008. 8. 8.)
(So-called "Small Yongnup moor" viewed from road in front of military camp, Aug. 8, 2008)
좌우 양 능선 사이 중앙 부분의 하부 쪽에 있었던 이 작은 용늪은 오래 전에 훼손되어 이제는 늪의 흔적조차 찾을 수 없고 천이단계를 거치면서 현재 관목의 덤불숲으로 서서히 변하고 있어 머지않아 삼림으로 변하게 될 것이다. 멀리 왼쪽 대암산 정상이 보인다. 1960년대 이곳에는 105mm 포가 설치된 포진지(砲陣地)였다.

2. 용늪의 형성과정

그러면 용늪은 어떻게 만들어졌는가? 앞에서 말한 울산광역시 정족산(鼎足山) 무제치늪(그림 29)의 해발고도 520m인 늪 주변의 모암은 화강암으로 구성되어 있어 화강암의 특징인 풍화의 발달과 침식에 의해서 완만한 지형 경사를 만들었고 이런 곳에 습지가 발달할 수 있으나, 용늪은 무제치늪보다 해발고도가 훨씬 높을 뿐 아니라 정상부 전체가 편마암으로 구성되어 있어 차별침식의 결과로 해석될 수 없다(이동영 등 1997).

용늪이 자리 잡고 있는 대암산은 식물 생육이 가능한 평균 기온 5℃ 이상인 달(月)은 5월에서 9월까지 5개월간이며 나머지 7개월 동안은 거의 영하의 기온이고 연중 175일(48%) 동

그림 29. 울산광역시 정족산의 고층습원인 무제치늪(Mujechi bogs located at Mt. Jeongjok-san, Ulsan metropolitan city)
1995년 울산대학교 최기룡 교수가 발견, 학계에 알려졌고, 면적은 0.18㎢(약 56,000평)이며 2007년 12월 20일 우리나라에서 6번째로 등록된 람사르협약 습지이다. 8,000년전-10,000년 전에 만들어진 고층습원으로 물이끼(*Sphagnum palustre*, bog moss), 이삭귀개(*Utricularia racimosa*), 땅귀개(*Utricularia bifida*), 끈끈이주걱(*Drosera rotundifolia*, round-leaved sundew) 등 총 110종류의 습지식물이 서식한다.

안 안개가 끼는 독특한 지형적 특성을 갖고 있다(강상준 1988).

이러한 5개월 이상의 영하 기온과 동해에서 불어오는 습한 바람 때문에 안개일수가 175일 이상인 습하고 한랭한 기후 때문에 지표면에 드러난 암석들 사이로 수분이 스며들어 가 얼었다 녹았다 반복하는 과정에서 잘게 부스러지는 기계적 풍화작용이 활발히 일어날 수 있는 지역이다.

이러한 작용에 의해 부서진 큰 바위나 사력(砂礫)들은 홍수나 큰비가 올 때 다량의 빗물과 함께 하부로 이동하면서, 굴러가는 동안 땅 표면이 조금 씩 조금 씩 깎이거나 파이면서 경사면을 더욱 완만하게 만들어 습지가 형성될 수 있는 지형 특성을 보인 것으로 해석된다(그림 30).

그림 30. 용늪의 발달과정(강 2003)(Development process of Yongnup bog)

실제로 경사가 완만해진 정상부의 지형에 비하여 계곡 사면은 경사가 갑자기 급해지면서 계곡의 폭도 좁아지고 있다. 좁은 계곡에 일시적인 홍수 등으로 밀려 온 커다란 바위들이 물의 출구를 막게 되면 상대적으로 위쪽 지역은 지표수나 지하수의 유출 속도가 저하되게 된다.

실제적으로 용늪의 지하수 출구 지역에는 커다란 암편(岩片, boulder)들이 많이 쌓여있는 것을 확인 할 수 있다. 또한 바닥에는 큰 자갈이나 거친 모래 등 사력(砂礫)이나 점토가 퇴적되어 다져져 땅속으로 물의 침투를 차단하게 되면서 물이 고이게 된 것이다.

이렇게 지표수나 지하수의 유입량은 많아지고 유출량이 적어지면 물이 고이게 되고 물이 고여 차게 되면서 그곳에 물이나 습한 곳을 좋아하는 식물들이 침입했고 이들 식물이 자라서 죽는 과정이 수천년 간 반복되면서 바닥에 죽은 식물체 퇴적물인 이탄이 쌓이게 된 것이다(그림 31).

그림 31. 고층습원 형성과정 (강 2003)(Formation process of Yongnup bog)

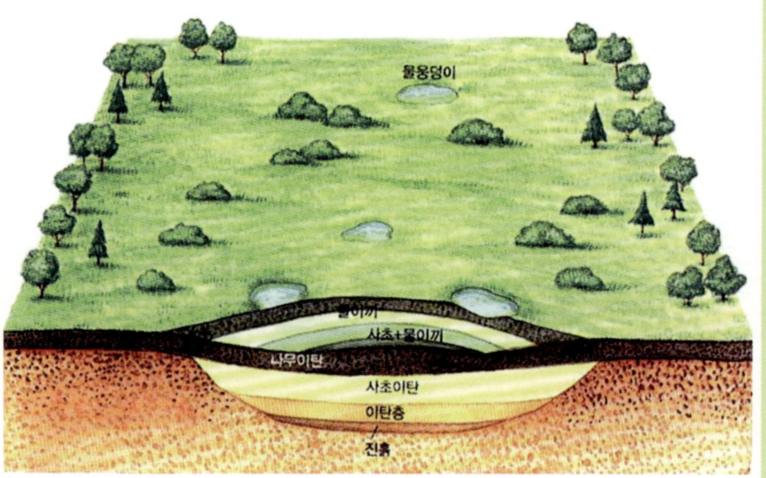

식물체의 퇴적물은 일년 중 7개월 이상 계속되는 영하의 낮은 기온과 습기 때문에 완전히 분해되지 않으며, 분해가 된다 하더라도 분해되는 동안 방출되는, 소위 분해 중간 생성물질인 유기산(有機酸) 때문에 습원은 산성(酸性)으로 변하게 된다.

그리고 습원 퇴적물의 표면이 부풀어 오른 것처럼 볼록 볼록해져서 지하수나 지표수 공급이 차단되거나, 유입되는 물의 양이 줄어들기 때문에 습원에 사는 식물들은 오로지 빗물만으로 영양분을 공급받으면서 살아가야 한다.

이런 상태를 빈영양(貧榮養)이라고 하는데 이러한 조건에서 비교적 잘 자라는 식물인 물이끼(*Sphagnum*)가 침입하게 되고 이들 물이끼가 매년 생장과 고사, 퇴적이 반복되면서 물이끼 이탄(*Sphagnum* mosses peat)이 만들어진 것이다.

물이끼는 자기 몸무게의 19-31배나 되는 물을 흡수, 저장하는 보수력(保水力)이 있으므로(Overbeck & Happach, 1956, 1957), 물이끼로 덮힌 이탄 표면은 거의 질척질척한 물기가 남아있게 된다. 물이끼가 물을 다량 보유하거나 건조에 강한 이유는 특수한 형태와 조직의 구조 및 생육 상태 때문이다. 즉 물이끼는 빽빽하게 밀생하여 자라는데 각 식물체 사이의 틈새(빈틈)가 모세관(毛細管, capillary tube)이 되어 보수능력을 높여주기 때문이다(Watson 1918).

이러한 과정을 거쳐서 지금의 큰 용늪이 만들어진 것으로 해석되며 습원 표면이 돔(dome) 모양으로 생긴 곳이 많이 존재하고 여기 저기 물웅덩이와 같은 연못이 있기 때문에 우리들은 대암산 용늪을 고층습원(高層濕原, high moor, raised bog)이라고 부르는 것이다.

이와 같이 학술적으로 중요하고 희소성의 가치가 충분한 대암산 용늪에 대한 조사는 1969년 춘천 제1고등학교(현 강원대학교 사범대학 부설고등학교)의 김두영 교사와 한상화 교사가 “전국과학전람회”에 출품하여 국무총리상을 수상한 작품 <대암산 고층습원의 종합조사-강원도 인제군 DMZ 부근- 1969>이 학술조사 보고서로서 처음이었고, 당시 이 조사에 여러 차례 동행하면서 적극적인 자문과 자료 해석에 도움을 주었던 춘천교육대학 조규송 교수(현 강원대학교 명예교수)와 강상준 교수(현 충북대학교 명예교수)가 그 뒤를 이어 본격적인 학술조사를 행함으로서 대암산 용늪의 생태학적 비밀이 서서히 밝혀지기 시작하였다(그림 32, 그림 33, 그림 34, 그림 35, 그림 36, 그림 37, 그림 38, 그림 39).

그 후 젊은 학자들(울산대학교 최기룡 교수, 건국대학교 박종관 교수, 충남대학교 김성덕 교수, 중앙대학교 류새한 박사, 울산대학교 장병오 박사 등)에 의하여 정밀한 연구가 지금까지 계속되어지고 있다(그림 39). 최근 용늪의 건조화 내지는 군사 작전 도로로 부터 강우 시

유입되는 무기토양 퇴적이 큰 문제가 되면서 해마다 그 변화에 대한 모니터링이나 방지대책에 대한 조사가 이루어지고 있다(환경부·UNDP/GEP국가습지보전사업단 2005).

그림 32. 1970년 이른 봄 대암산 용늪의 수질분석을 위한 물 채취(아직 전설이 남아있고 군인 2명이 조사팀을 경계하였다)(Collection for water samples in early spring, 1970. Guard soldiers for the safety of the survey participants)
왼쪽부터 춘천 제1고등학교 김두영 교사, 춘천교육대학 재직 중이던 강상준 교수, 성명 미상의 경계 군인 육군 중위와 사병.

그림 33. 1969년 여름(왼쪽)과 봄(오른쪽) 대암산 용늪 조사(군인 4명이 조사팀을 경계하고 있다)(Peat collection by shovel in 1969. Guard soldiers for the safety of the survey participants. Left: Summer, Right: Spring)
당시에는 출입이 허가되더라도 반드시 군인들의 경비와 통제 하에 조사가 이루어졌는데 오른쪽 사진에서 총을 매고 서 있는 사람은 통제관인 성명 미상의 육군 중위, 중앙은 당시 춘천 제1고등학교 김두영 교사, 오른쪽은 춘천교육대학 재직 중이던 강원대학교 조규송 교수. 왼쪽의 사진에는 3명의 군인이 조사과정을 보고 있다.

그림 34. 1970년 5월 25일 대암산 용늪 조사 때 삽을 이용하여 이탄을 채취하는 모습(Peat collection by shovel in May 25, 1970). 서있는 사람은 당시 춘천 제1고등학교 김두영 교사, 삽질하는 사람은 당시 춘천교육대학 재직 중이던 강상준 교수.

그림 35. 1970년 5월 25일 초여름 대암산 용늪 조사 때 삽을 이용하여 이탄을 채취하는 모습(Peat collection by shovel in May 25, 1970)
이 때만해도 이탄 채취용 "힐러형 이탄채취기(Hiller-type borer)"가 없었으므로 삽을 이용하여 채취할 수밖에 없었다. 약 80cm 깊이까지 이탄 채취가 가능하였고 꽃가루 분석용 이탄 시료를 10cm 간격으로 채집하고 있다. 삽을 들고 서있는 사람은 당시 춘천 제1고등학교 김두영 교사, 이탄의 깊이를 측정하면서 시료 채취하는 사람은 당시 춘천교육대학 재직 중이던 강상준 교수.

그림 36. 백두산 부대장(사단장)과 용늪조사단의 기념촬영(1969년 5월 26일)(A souvenir picture of Division Commander, Baekdusan Army Infantry Corps, and Ecological Survey Members on Yongnup Bog taken in front of Divisional Headquarter. May 26, 1969)
아래 왼쪽부터 춘천제1고등학교 한상화 교사, 서울대학교 故 정영호 교수, 사단장(성명 미상), 춘천교육대학 조규송 교수(현 강원대학교 명예교수), 춘천제1고등학교 故 김두영 교사(전 춘성고등학교 교장). 뒷줄 왼쪽에서 부관 장교 3명(성명 미상), 춘천교육대학 강상준 교수(현 충북대학교 명예교수), 서울대학교 문리과대학 식물학과 계응서 선생(안경 쓴 사람)

그림 37. 용늪이나 용늪 주위에 매설되었던 지뢰가 남아있을 개연성이 있었기 때문에 이 때 까지만 해도 국군장병의 경계와 안내 없이는 용늪 안으로 출입하기 어려웠다(1988년 7월 25일) (A souvenir photograph of field survey on Yongnup bog in July 25, 1988. Guard soldier for the safety of the survey participants) 우측에서 첫 번째 환경청 환경생태과 신관호 과장, 두 번째 강원대학교 조규송 교수, 세 번째 충북대학교 강상준 교수, 네 번째 강원대학교 대학원생 최종성 군, 다섯 번째 충북대학교 대학원생 신재하 군 그리고 조사팀의 안전을 위해 경계에 참여한 군인. 대암산은 비가 오거나 안개 끼는 날이 많아서 모두 비옷(雨衣)을 입고 있다.

그림 38. 2004년 7월 27일 대암산 용늪조사 기념사진(필자 강상준 교수)(A souvenir photograph of the author, Prof. S. J. Kang, in field survey on Yongnup bog in July 27, 2004)

그림 39. 2008년 8월 8일 대암산 용늪조사 기념사진 (A souvenir photograph of field survey on Yongnup bog in Aug. 8, 2008) 우측에서 부터 울산대학교 최기룡 교수, 충북대학교 강상준 교수, 류새한 박사 및 울산대학교 장병오 박사

3장 습지 유형 분류에서 본 용늪의 위치

1. 습지의 분류

우리나라는 지각이 비교적 안정했기 때문에 지진, 화산, 습곡, 단층 활동이 적었으며 대륙빙하에 덥힌 적이 없었고, 따라서 빙퇴석(氷堆石, moraine)의 전진, 후퇴가 없었으므로 자연호 혹은 습지가 형성될 수 있는 조건을 갖지 못하였다.

일제시대 조선총독부의 조사에 의하면, 우리나라에는 주위의 길이가 2km 이상인 자연호(自然湖)가 81개나 있었고 물가의 연안대에는 수생식물군락이 형성되어 있었다고 하며, 이런 자연 호수 중에 둘레가 4km 이상인 것만도 30개나 있었다고 한다(강상준 2002).

이러한 자연호는 유역으로부터 유입되는 흙과 모래 같은 토사의 퇴적이나 기타의 원인(개발, 농경지, 도로 등)으로 말미암아 지금은 습지의 형태나 기능이 멸실되어 버렸거나 혹은 거의 사라져 그 수가 급격히 줄어들었다.

1) 물의 유입과 유출에 따른 습지 분류

습지의 유형을 보면, 연중 항상 물에 잠기는 습지부터 계절적으로 또는 주기적으로 토양이 수분으로 포화(飽和)되는 습지에 이르기까지 수분이 많고 적음에 따라서, 즉 수분경도(水分傾度)에 따라 그 종류나 범위가 다양하다.

1998년 Dobson과 Frid는 호수나 연못 등에서 볼 수 있는 습지를 다음과 같이 간단하게 4가지 형으로 구분하였다

① 물가의 습지 또는 수변 습지(水邊濕地, fringe wetland): 그림 40 a

② 하천의 홍수터(범람원)에 만들어진 홍수터 습지(범람원 습지, 汎濫原 濕地, flood wetland): 그림 40 b

③ 무기영양염이 풍부하며 물이 알카리성인 소택지(沼澤地, Fen): 그림 41 a

④ 영양염류가 거의 없어 빈영양성(貧榮養性, oligotrophic)이며 물의 공급은 빗물에 의해서만 이루어지는 강수함양성(降水涵養性, ombrogenic)인 고층습원(高層濕原, Bog, High moor): 그림 41 b

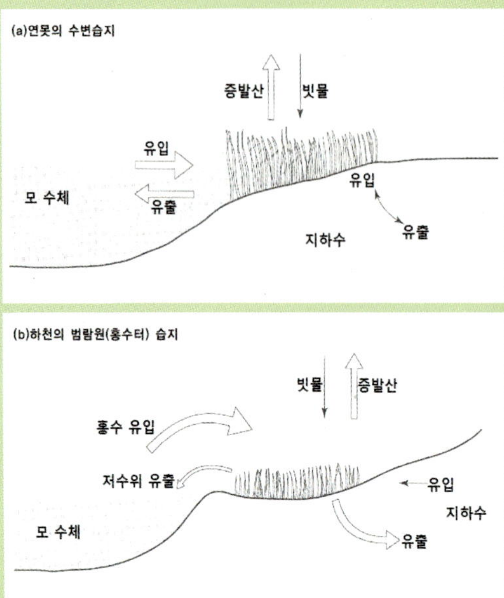

그림 40. 수분의 유입과 유출에 따른 습지 분류 (Dobson & Frid 1998)(Inputs and outputs of water in (a) a fringe wetland and (b) a flood wetland.)

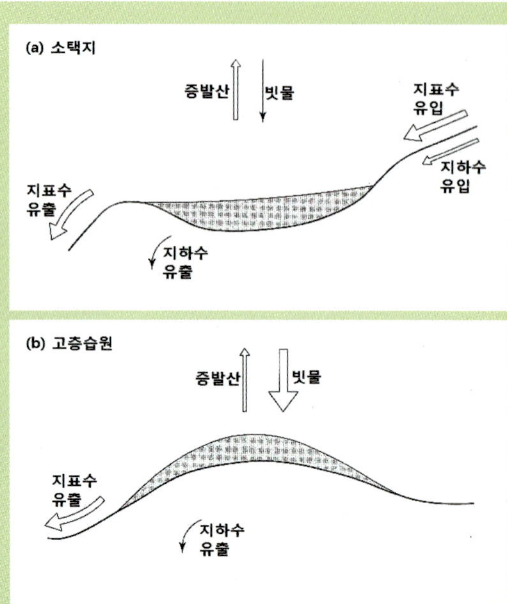

그림 41. 수분의 유입과 유출에 따른 습지 분류(Dobson & Frid 1998)(Inputs and outputs of water in (a) a fen and (b) a bog)

수변습지(물가 습지)란 계속적으로 또는 빈번하게(최소 하루 한번 이상) 연못이나 하천의 모수체(母水體, parent water body)와 연결이 된다. 연못이나 유속이 느린 하천변에 형성되는 습지가 전형적인 예로서 이런 곳에는 갈대, 부들, 줄과 같은 정수식물(挺水植物, emerged plant)이 자란다.

범람원 습지(홍수터 습지)는 일년 중 많은 기간 동안 하천을 흐르고 있는 수체(水體, water body)와 떨어져 있어서 비교적 건조한 상태로 남아 있게 되지만, 홍수가 나거나 또는 상류에 저수지나 댐이 있어 일시에 물을 방류함으로서 물이 갑자기 불어날 때에 수체와 연결이 되어 물에 잠기게 된다.

하천의 홍수터(범람원, 흔히 「둔치」라고도 하지만 옳은 용어는 아니다. 「둔치」란 호수, 하천 등 물이 있는 곳의 가장자리를 뜻한다)에서 흔히 볼 수 있는 습지가 대표적인 예인데, 이런 유형의 내륙습지를 영어로 Marsh(습지)라 하는 것이다. 가끔 침수가 되지만 장마철과 같은 우기에는 오랫동안 침수가 되기도 한다. Marsh라는 용어는 저층습원을 의미하지만 어감(語感)은 소택지에 가깝고, 갯벌에서 염습지(鹽濕地, salt marsh)라고 해서 사용되기도 한다.

이러한 범람원 습지는 홍수 때가 아닌 다른 계절에는 배수(排水)가 되어 버리거나 토양속의 수분 증발과 식물 자체의 증산(蒸散, transpiration), 즉 증발산(蒸發散, evapotranspiration) 때문에 어느 시기에는 완전히 건조되는 경우도 있다. Brinson(1995)이 말하는 물가 습지(riverine wetland)나 Mitsch(1996)가 말하는 하천변 습지(riparian wetland)라는 것은 이런 홍수터(범람원) 습지에 해당되는 것이다.

한편 영어의 Mire(이탄지, 이탄 퇴적지)라고 하는 소택(沼澤) 혹은 소택지(沼澤池)는 하천이나 호수 등의 모수체(母水體)와는 독립적인 것으로서 지하수(地下水, ground water), 지표수(地表水, overland runoff) 및 강우(降雨, precipitation)에 의하여 유지되는 습지를 말하지만, Peatland(이탄지)와 동의어로 쓰는 국가도 있다. 일본 북해도의 구시로 습원(釧路 濕原)을 영어로 Kushiro mire라 표기한 것은 그 좋은 예이다.

Moore와 Bellanmy(1974)에 따르면, 이탄 퇴적지(Mire)라는 소택을 크게 두 가지로 다시 구분하였는데, 첫째 광물질영양성(鑛物質榮養性, minerotrophic) 혹은 유수영양성(流水榮養性, rheotrophic)인 소택, 둘째 강수함양성(降水涵養性, ombrotrophic)인 소택으로 나누었는데, 전자를 소택지(沼澤地, fen), 후자를 고층습원(高層濕原, bog)이라 구분하고 있다.

소택지(沼澤地, fen)는 계곡성(溪谷性, stream valley), 폐쇄성(閉鎖性, closed) 또는 요면성(凹面性, concave)등이 있는데 유역으로부터 유입되는 지표수와 지하수로 부터 물과 영양염류가 끊임없이 공급되므로 영양염류가 풍부한 광물질영양성(minerotrophic)이다(Damman & French 1987). 고층습원(bog)과 소택지(fen)의 차이는 그림 42와 같이 비교될 수 있다.

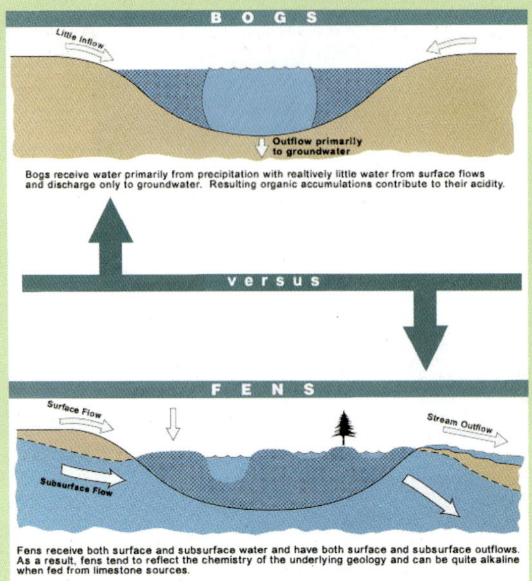

그림 42. 고층습원과 소택지의 차이(Bogs versus fens)
고층습원은 약간의 지표수가 유입되지만 주로 강우에 의해 물이 공급되고, 배수는 기본적으로 지하수로만 유출된다. 그러므로 퇴적된 유기물은 산성을 띄게 된다. 한편 소택지는 지표수와 지면 바로 아래의 유입수(subsurface flow)가 공급원이고 유출 역시 지표수와 지면 아래에서 일어난다. 그 결과 소택지는 그 지역 지질의 화학적 성분을 반영하게 되고 특히 석회암 지역에서는 알칼리성이 된다.

한라산 물영아리 습지와 물장오리 습지는 가장 대표적인 폐쇄성 소택지(closed fen) 또는 요면성 소택지(concave fen)라고 할 수 있겠다(그림 43, 그림 44).

물영아리와 물장오리 습지는 화산폭발 후 능선부의 커다란 화산 쇄설물(火山 瑣屑物, volcaniclastic rock fragments), 잘게 부서진 물질(detrital materials), 화산 먼지(volcanic dust)들이 요

그림 43. 한라산 물영아리 오름 습지(Mul-Young -Ari-Orum fen of Mt. Halla, Jeju Island, July 13, 2008)
물영아리 습지의 우점식물은 "세모고랭이"이고 기타 물고추나물, 보풀, 고마리가 분포하고 있다. 수심은 평균 40cm, 퇴적물의 깊이는 270cm이상 이다.

그림 44. 한라산 국립공원 물장오리 오름(939m)의 물장올 습지(사진 제공: 정상배 박사)(Mul-Jang-Oul fen of Mt. Halla National Park, Jeju Island)
큰고랭이, 세모고랭이, 골풀, 기장대풀 등이 서식하고 송장헤엄치게, 물방개 등이 서식한다.

지(凹地)인 화구(火口, crater)로 들어가 쌓이면서 바닥의 공간을 차곡차곡 메우게 되었고, 화구에 채워진 이들 물질들이 재배치(혹은 再加工, reworked dust)되면서 유역으로부터 흘러든 지표수(surface water)가 지하수(ground water)로 되어 땅속으로 침투(infiltering)되는 것을 막음으로써 화구에 서서히 물이 차이면서 지금의 화구호(火口湖, crater lake, caldera lake)가 만들어지게 되었으며 여기에 수생식물이 침입, 성장, 고사, 퇴적되면서 물영아리와 물장오리(물장올) 특유의 습지가 형성된 것으로 해석된다(이동영 등 1998).

한편 고층습원은 지하수위(地下水位, water table)이상에 출현하며 빗물이나 대기강하물(大氣降下物, aerial deposition)에 의해서만 함양되므로 영양염이 거의 없는 빈영양성이다. 대표적인 것이 강원도 양구군과 인제군의 경계지역에 있는 대암산 용늪과 울산광역시의 정족산 무제치늪이다.

소택지나 고층습원은 영구적으로 침수되어 있고 식물체의 분해율(分解率)이 매우 낮아서 분해가 덜된 죽은 식물유체는 이탄(泥炭)의 형태로 차곡차곡 퇴적이 된다.

2) 물의 공급 체제, 염류의 공급, 퇴적물 및 지형 등에 따른 습지 분류

습지 유형에 대한 구분은 세계 각국에서 지형적 특성과 독특한 환경 때문에 다양한 기준에 의하여 구분되고 있으며, 영어권에서도 용어(用語) 자체가 다양하므로 동일한 기준을 적용하기는 어렵다.

그러나 물의 공급 체제(water regime), 영양염류의 공급(nutrient supply), 주요한 식생(main plant forms) 및 퇴적물(sediments)에 의하여 습지유형을 구분하는 국가가 대부분이다. 람사르의 습지 분류체계를 비롯하여 습지의 유형 분류를 체계적으로 확립한 국가-미국, 영국, 캐나다, 일본-의 예를 소개함으로서 우리나라의 습지를 분류하는데 타산지석의 도움이 되었으면 한다.

(1) 람사르 협약의 습지 분류

람사르 습지 정보지(Information Sheet on Ramsar Wetlands, RIS, 2006~2008 Version)의 부속서 Ⅰ(Annex Ⅰ, Ramsar Classification System for Wetland Type)에는 습지를 연안습지(Marine/coastal wetlands), 내륙습지(Inland wetlands) 및 인공습지(Human-made wetlands)로 크게 구분한 뒤, 다음과 같이 연안습지 12개, 내륙습지 20개 그리고 인공습지 10개로 세분하고 있다.

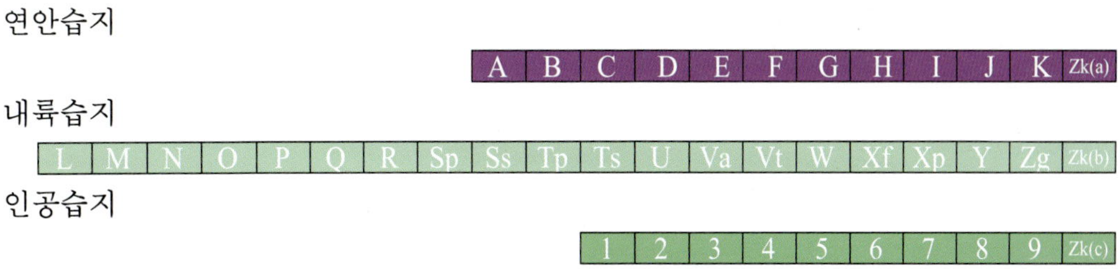

① 연안습지

A - 썰물 때 수심 6m 이하의 영구적인 연안; 만(sea bays, 灣)이나 해협(straits, 海峽) 포함

B - 조수의 영향을 받는 해초 서식지(subtidal aquatic sea-grass bed); 미역/다시마 양식장(kelp bed), 김 양식장(sea-grass bed) 포함

C - 산호초(coral reefs)

D - 바위로 되어있는 해안(rocky marine shore); 해안에서 떨어진 바위섬(rocky offshore islands), 해안 절벽(sea cliffs)

E - 모래(sand), 자갈(shingle) 또는 호박돌(pebble)이 많은 해안; 사주(sand bars), 모래섬(sand islets), 사구(dune systems) 등

F - 기수(estuarine water); 기수지역의 영구적인 기수(permanent water of estuaries) 및 삼각주가 형성되어 있는 기수지역(estuarine system of delta)

G - 간조선과 만조선 사이의 진흙 뻘(intertidal mud), 물의 증발로 침전된 소금으로 뒤덮인 평지(salt flats)

H - 간조선과 만조선 사이의 습지(intertidal marsh); 염성습지(salt marsh), 염성초원(salt meadow), 조간(潮間)육지(saltings), 즉 만조시에 바닷물이 드는 습지 등

I - 간조선과 만조선 사이에 숲이 형성된 습지(intertidal forested wetland); 맹그로브 습지(mangrove swamp), 니파야자 습지(nipah swamp) 등

J - 연안 기수 혹은 염수의 석호(brackish/saline lagoons); 적어도 바다와 연결된 비교

적 좁은 수로 하나가 있는 석호(lagoon with at least one relatively narrow connection to the sea)

K - 연안의 담수 석호(coastal freshwater lagoon); 담수로 채워져 있는 삼각주의 석호(freshwater delta lagoon)

Zk(a) - 카르스트 지형(karst), 기타 지하수계(subterranean hydrological system)

② 내륙습지

L - 영구적인 내륙의 삼각주(permanent inland deltas)

M - 영구적인 강, 하천, 샛강(permanent river/stream/creek); 폭포(waterfall) 포함

N - 계절적(seasonal), 간헐적(intermittent), 부정기적(irregular)인 강, 하천 및 샛강

O - 면적 8 ha 이상인 영구적 담수호(permanent freshwater lakes over 8 ha); 대형 우각호(large oxbow lakes)

P - 면적 8 ha 이상인 계절적, 간헐적 담수호(seasonal/intermittent freshwater lakes over 8 ha); 홍수터(고수부지)의 웅덩이나 못(floodplain lakes)

Q - 영구적인 염수호(saline lakes), 기수호(brackish lakes), 알칼리성호(alkaline lakes)

R - 계절적, 간헐적 염수호, 기수호, 알칼리성 호 및 물의 증발로 침전된 소금으로 뒤덮인 평지(salt flats)

Sp - 영구적인 염성습지(saline marshes), 기수호 습지(brackish marshes), 알칼리성 습지(alkaline marshes) 혹은 웅덩이(pools)

Ss - 계절적인 염성습지, 기수호 습지, 알칼리성 습지 혹은 웅덩이

Tp - 영구적인 담수 습지와 웅덩이(permanent freshwater marshes/pools); 8 ha 이하의 연못(ponds below 8 ha), 무기토양위에 형성된 습지와 늪(marshes and swamps on inorganic soils)으로 최소한 식물의 생장기간 동안은 침수되고 정수식물이 자라는 습지(emergent vegetation water-logged for at least most of growing season)

Ts - 무기토양위에 형성된 계절적/간헐적인 담수 습지와 웅덩이(seasonal/intermittent freshwater marshes/pools); 갈대가 무성한 연못(sloughs)과 하천 바닥이 파여서 원통모양으로 생긴 구혈(甌穴, potholes), 계절적으로 홍수가 지는 초원(seasonally flooded meadows), 사초과 식물이 우점하는 습지(sedge marshes)

U - 삼림이 형성되지 않은 이탄지(non-forested peatland); 관목(shrub)이 침입하고 있는 개활지의 습원(open bog), 늪(swamp) 소택지(fen) 포함

Va - 산악습지(alpine wetlands); 산악초원(alpine meadow), 눈 녹은 물이 고여 형성된 일시적인 웅덩이(temporary waters from snowmelt)

Vt - 툰드라 습지(tundra wetlands); 툰드라 연못(tundra pools), 눈 녹은 물이 고여 형성된 일시적인 웅덩이

W - 관목이 우점하고 있는 습지(shrub-dominated wetlands); 관목만 서식하고 있는 늪(shrub swamps), 관목이 우점하는 담수 습지(shrub-dominated freshwater marshes), 관목의 Carr(shrub carr), 무기토양위에 형성된 오리나무 덤불 숲(alder thicket on inorganic soils)

Xf - 담수이며 교목이 우점하고 있는 습지(freshwater, tree-dominated wetlands); 교목이 서식하는 담수성 늪(freshwater swamp forests), 교목이 자라며 계절적으로 홍수에 의해 침수되는 습지(seasonally flooded forests), 무기토양위에 나무들이 서식하는습지(wooded swamps on inorganic soils)

Xp - 삼림으로 변한 이탄지(forested peatlands); 이탄이 퇴적된 늪에 삼림이 형성되어 있는 습지(peatswamp forests)

Y - 담수 온천(freshwater springs); 오아시스(oases)

Zg - 지열 습지(geothermal wetlands)

Zk(b) - 카르스트(karsts)와 지하 수문계(subterranean hydrological system)

③ 인공습지

1 - 양식장(aquaculture), 예를 들면 물고기와 새우 양식장(fish/shrimp ponds)

2 - 연못(ponds); 면적 8 ha이하의 양식장(farm ponds, stock ponds, small tanks)

3 - 물대기하는 땅(irrigated land); 관개용수로(irrigation channels) 및 논(rice fields)

4 - 계절적으로 물에 잠기는 농경지(seasonally flooded agricultural lands), 관리가 잘 되는 목장과 목초지(intensively managed or grazed wet meadow and pasture)

5 - 소금을 개발하는 장소(salt exploitation sites); 천연 염전(salt pans), 염호(salines)

6 - 물을 저장하는 지역(water storage areas); 면적 8 ha이상의 저수지(reservoir)/보(barrages)/댐(dam)/대형 인공 저수지(impoundments)

7 - 인공적인 굴착에 의해 만들어진 움푹 패인 곳(excavations); 광물 채광(採鑛) 때 들어진 연못(mining pools)

8 - 폐수처리 지역(wastewater treatment areas); 산화지(oxidation ponds), 침전지(settle ponds) 등

9 - 운하와 배수로(canals and drainages), 도랑(ditches)

Zk(c) - 카르스트와 지하 수문계(水文系)

표 3. 내륙 습지형의 특징(Characteristics of inland wetland types, Information Sheet on Ramsar Wetlands, RIS, 2006~2008 Version)

<table>
<tr><td rowspan="18">담수(민물)</td><td rowspan="4">흐르는 물</td><td rowspan="3">영구적</td><td>강, 하천, 샛강</td><td>M</td></tr>
<tr><td>삼각주</td><td>L</td></tr>
<tr><td>온천, 오아시스</td><td>Y</td></tr>
<tr><td>계절적/간헐적</td><td>강, 하천, 샛강</td><td>N</td></tr>
<tr><td rowspan="4">호수와 연못</td><td rowspan="2">영구적</td><td>> 8 ha</td><td>O</td></tr>
<tr><td>< 8 ha</td><td>Tp</td></tr>
<tr><td rowspan="2">계절적/간헐적</td><td>> 8 ha</td><td>P</td></tr>
<tr><td>< 8 ha</td><td>Ts</td></tr>
<tr><td rowspan="4">무기토양위의 습지</td><td>영구적</td><td>초본식물 우점</td><td>Tp</td></tr>
<tr><td>영구적/계절적/간헐적</td><td>관목식물 우점</td><td>W</td></tr>
<tr><td rowspan="2">계절적/간헐적</td><td>교목식물 우점</td><td>Xf</td></tr>
<tr><td>초본식물 우점</td><td>Ts</td></tr>
<tr><td rowspan="2">이탄토양 위의 습지</td><td rowspan="2">영구적</td><td>삼림 미형성 습지</td><td>U</td></tr>
<tr><td>삼림 형성된 습지</td><td>Xp</td></tr>
<tr><td rowspan="2">무기토양 혹은 이탄위의 습지</td><td colspan="2">높은 고도(산지)</td><td>Va</td></tr>
<tr><td colspan="2">툰드라</td><td>Vt</td></tr>
<tr><td rowspan="4">염수호/기수호/알칼리성 호</td><td rowspan="2">호 수</td><td colspan="2">영구적</td><td>Q</td></tr>
<tr><td colspan="2">계절적/간헐적</td><td>R</td></tr>
<tr><td rowspan="2">습지 및 연못</td><td colspan="2">영구적</td><td>Sp</td></tr>
<tr><td colspan="2">계절적/간헐적</td><td>Ss</td></tr>
<tr><td rowspan="2">담수/염수/기수/알칼리성 호</td><td colspan="3">지열 습지</td><td>Zg</td></tr>
<tr><td colspan="3">지하 수문계</td><td>Zk(b)</td></tr>
</table>

(2) 미국의 습지 분류

미국의 Corwardin 등(1979)이 제시한 "미국의 습지와 심수서식지(深水棲息地)의 분류" <Classification of Wetlands and Deepwater Habitats of the United States>를 보면, 분류체제는 크게 5가지의 계(System), 즉 연안(marine), 하구(estuarine), 하천(riverine), 호소(lacustrine) 및 소택(palustrine)의 5계(系)로 나누었다. 연안과 하구는 조하대(潮下帶, subtidal)와 조간대(潮間帶, intertidal)의 2개 아계(subsystem)로, 하천은 감조하천(感潮河川, tidal river), 영속적으로 물이 흐르는 지대(lower perennial), 연중 물이 흐르지 않은 지대(upper perennial) 및 그 중간 지대(intermittent)의 4개 아계(亞系)로, 호소는 연안(littoral)과 담수대(limnetic)의 2개 아계(亞系)로, 그리고 소택은 아계(亞系)를 두지 않고 있다.

그 이하의 강(綱, Class)은 바닥 물질(substrate material), 홍수 체제(flooding regime) 및 수생식물의 우점형(優占形, dominant type)에 따라 다시 56개 강(綱)으로 구분했고, 기타 수분체제(water regime), 물의 화학(water chemistry), 토양 화학(soil chemistry) 등으로 다시 세분하여 습지를 분류하였다(표 4).

Corwardin 등(1979)의 습지분류는 수생식물(hydrophyte), 습윤 토양(hydric soil) 및 홍수 빈도(frequency of flooding)에 의해서 분류한 것이 특이하고 또 심수생태계(deepwater habitat)를 포함시킨 것이 특징적이다.

이 분류방식은 람사르 습지 분류체제와 비슷하다거나 상관적 유사성(physiognomic similarity)에 의해 그룹화(grouping)하는데 편리하다는 등 몇 가지 장점도 있으나, 습지 식물군락을 분류한 것이지 습지를 분류한 것이 아니라거나, 계 수준(System level)에서 군락을 분류하는데 많은 정보가 필요하다거나 하는 등 적용하기가 어렵다는 단점도 있어 다른 나라에서는 채택하기가 쉽지 않다.

Corwardin 등(1979)의 습지분류체계에 따른 계(System)와 강(Class)의 검색표는 다음과 같다(표 4).

표 4. 습지분류체계에 따른 계(系)와 강(綱)의 검색(Key of System and Class in Classification of Wetlands and Deepwater Habitats of the United States. Corwardin et al. 1979)

계(系)의 검색표(Key to the System)

1. 해양의 조류(tide)에 의해 영향을 받는 수분제제 및 염분농도 1.5% 또는 그 이상

  2. 육지에 의해 반 정도 둘러싸여 있고 바다 쪽으로 개방되어 있으나 고립된 경우도 있다. 육상에서 유입되는 민물과 바닷물이 섞여있으며 증발로 인하여 염성(鹽性, halinity)이다 .... 하구(estuarine)

  2. 바다 쪽으로 개방되는 경우가 있지만 거의 없는 경우도 있다. 일반적으로 광염성(廣鹽性, euhaline)이고 민물이 조금 섞인다 3

    3. 정수식물(emergent), 수목(tree), 저목(shrub)이 있다 .... 하구(estuarine)

    3. 정수식물(emergent), 수목(tree), 저목(shrub)이 없다 .... 연안(marine)

1. 해양의 조류에 의해 영향을 받지 않는 수분체제, 만일 조수에 의한 영향을 받더라도 염분농도는 0.5% 이하

  4. 영속적인 정수식물(persistent emergents), 수목, 저목 또는 이끼류(mosses)가 30% 이상 피복 .... 소택(palustrine)

  4. 영속적인 정수식물(persistent emergents), 수목, 저목 또는 이끼류(mosses)가 30% 이하 피복 되거나 혹은 연중 어느 계절에는 비영속적(nonpersistent) 정수식물이 광범위하게 분포 5

    5. 수로(channel)에 위치: 일반적으로 물이 흐름(water flowing)........ 하천(riverine)

    5. 유역(basin)에 위치: 평지 혹은 경사지로 통상 물이 흐리지 않음(not flowing) 6

      6. 면적은 8헥타르(ha) 또는 그 이상 .... 호소(lacustrine)

      6. 면적은 8헥타르(ha) 이하 7

        7. 연안에 파도(wave-formed)가 생기고 수심은 2m 이상 .... 호소(lacustrine)

        7. 파도가 생기지 않으며(no wave formed) 수심 2m 이하 .... 소택(palustrine)

강(綱)의 검색표(Key to the Class)

1. 식물의 생장기에 식생의 피복 면적 30% 이하

  2. 산호(coral), 굴(oyster)등이 colony를 형성하고 있는 기질(substrate) .... 암초(reef)

  2. 기질이 바위(rock)로 되어 있으나 무척추동물이 colony를 형성하지 않음 3

    3. 조하대(subtidal)로 항상 물에 잠겨있으며 기질은 토양(soil)이 아님 4

      4. 기질은 기반암(bedrock)이나 호박돌(boulder)이고 전체 면적의 70% 이상 점유 .... 단단한 돌바닥(bed rock)

      4. 기질은 자갈(gravel), 모래(sand), 진흙(clay), 큰돌(大礫, cobble)이고 피복 면적이 70% 이하 .... 연한 기질로 된 바닥(unconsolidated bottom)

    3. 수분체제(water regime)는 정기적, 부정기적, 또는 계절적으로 토양이 침수 5

      5. 항상은 아니지만 물이 흐르지 않은 수로가 있다(간헐하천, intermittent riverine) .... 하상(streambed)

      5. 사철 흐르는 물이 있는 수로가 있거나 없다(channel with or not perennial water) 6

6. 돌바닥(bed rock), 호박돌(boulder) 등이 있고 면적의 75%를 피복하고 있다
.... 단단한 바위 연안(rocky shore)

6. 기질(substrate)은 자갈, 모래, 진흙, 유기물이고 호박돌, 대력이 75%이하 피복하고 있다
.... 연한 기질로 된 바닥(unconsolidated bottom)

1. 식물의 생장기에 식생의 피복 면적 30% 이상

7. 기질 바닥이 노출될 때 일년생 또는 다년생 식물의 유묘(seedling)로 식생이 형성된다. 수생식물 (hydrophyte)은 아니다 8

8. 항상 물이 흐르는 수로(water channel)가 있다. ....
.... 하상(streambed)에는 식생이 서식

8. 항상 물이 흐르는 수로가 있거나 또는 없다 ....
.... 연질의 바닥(unconsolidated bottom)으로 식생이 존재

7. 식생은 조류(algae), 이끼류(mosses/ lichen) 혹은 수생 관속식물(vascular hydrophyte)로 조성되어 있다
.... 9

9. 식생은 항상 비관속식물(nonvascular plants)로 조성 10

10. 물속 또는 물가 질퍽한 곳에 대형조류(macrophytic algae), 이끼류(moss-lichen)가 있는 식생, 수생식물이 서식하는 바닥(aquatic bed)

10. 유기물 토양(organic soil)이며 질퍽질퍽한 지역의 표면(outside splash zone)에 이끼류로 구성된 식생 (vegetation moss or lichen) ....
.... 이끼류 습지(moss-lichen wetland)

9. 주로 관속식물로 구성되어있는 식생(vegetation composed predominantly of vascular species) 11

11. 초본식생(vegetation herbaceous) 12

12. 식생은 정수식물(vegetation emergent) ....
.... 정수식물이 서식하는 습지(emergent wetland)

12. 식생은 침수식물(submergent)과 부엽식물(floating-leaved)
.... 수초가 서식하는 바닥(aquatic bed)

11. 식생은 큰키나무와 저목(vegetation trees and shrubs) 13

13. 수고 6m 이하의 저목이 우점 ....
.... 저목습지(shrub-scrub wetland)

13. 수고 6m 이상의 큰키나무가 우점 ....
.... 삼림습지(forested wetland)

(3) 영국의 습지 분류

영국의 Gopal 등(1990)이 제시한 "습지와 대륙성 얕은 수체(Wetlands and Shallow Continental Water Bodies)"는 강(2002)에 의해 소개된 바 있다. 그 내용을 보면, 습지 특히 내륙습지(內陸濕地)는 물의 공급체제(water regime), 영양염류의 공급(nutrient supply), 주요 식생형(main plant forms), 퇴적물(sediments)과 같은 4개의 특성을 이용하여 고층습원(bog), 소택지(fen), 늪(swamp, carr), 일시적인 호수(temporary lake), 습지(marsh), 영구적인 호수(permanent lakes) 등 6개로 분류하고 있다(그림 45).

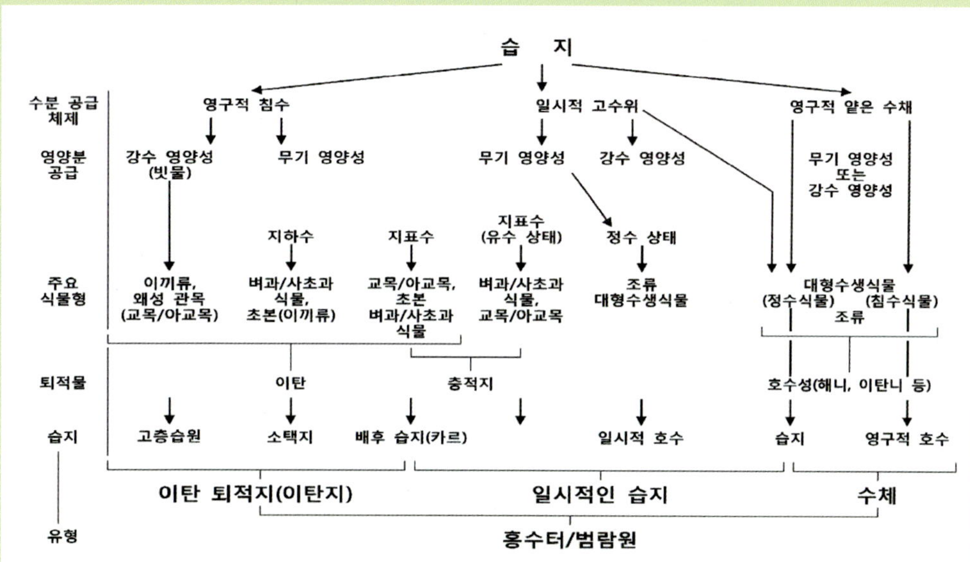

그림 45. 수분 공급체제와 영양분 공급에 의해 분류된 습지 유형(Gopal et al. 1990)(Wetland types classified by environmental factors such as water regime, nutrient supply, main plant forms and sediments)

Gopal 등(1990)의 유형에 의하면, 영구적으로 물에 잠기지만 빗물만으로 살아가는 강수 함양성(降水涵養性)으로서 그곳에 서식하는 식물은 주로 물이끼(*Sphagnum* mosses)이지만 키 작은 나무, 곳에 따라 키 큰 나무가 침입하기도 하나, 퇴적물이 이탄으로 구성되어있는 습지를 고층습원(bog)이라 하였다.

영구적으로 침수는 되지만 물의 공급은 주로 지하수이므로 영양염류 공급은 광물질 영양적(鑛物質 榮養的)이 대부분을 차지하고 있으나 일부 강수함양적(降水涵養的)일 수도 있다. 이끼류(mosses)도 서식하지만 벼과식물 및 사초과식물의 초본이 우점하며, 퇴적물이 이탄인 것을 소택지(fen)라 하였다. 그리고 지표수로 함양되기 때문에 영양염류가 매우 풍부하고 키 큰 나무, 벼과 및 사초과 식물 및 광엽초본(廣葉草本, herbs)이 분포하며 퇴적물이 충적토(沖積土, alluvium)인 습지를 늪(swamp, carr)으로 유형화 하였다.

이들 3개의 습지인 고층습원(bog), 소택지(fen) 및 늪(swamp, carr)을 통 털어서 습지(mire) 또는 이탄지(peatland)로 구분하였으며, 가끔 소택지(fen)와 늪(swamp)을 포함한 기타 일시적인 습지(temporary wetlands)나 수체(water bodies)를 통 털어서 홍수터 형(고수부지형, floodplain type)이라고 하였다.

한편 일시적인 고수위(高水位, high water), 광물질 영양적(minerotrophic), 지표수는 흐르는 유수성(流水性, lotic), 주요한 식생은 벼과식물과 목본, 퇴적층은 충적토인 것과 일시적인 고수위, 강수함양성, 흐르지 않고 고여 있는 정수성(靜水性, lentic), 주요 식생은 조류(藻類, algae)와 대형수생식물(macrophyte)인 것을 일시적인 호수(temporary lakes)로 나누어 이들 습지를 모두 일시적 습지(temporary wetlands)라고 하였다.

그리고 수심(水深)은 얕으나 영구적으로 침수가 되며 염류의 공급은 광물질 영양적 혹은 강수함양성이고 대형수색식물은 정수식물(挺水植物, emergent), 퇴적물은 호소성(湖沼性, lacustrine), 즉 해니[3](骸泥, gyttja)나 이탄니[4](泥炭泥, 腐植泥, dy)인 것을 습지(marsh)로, 주요 대형수색식물은 부엽식물(浮葉植物, floating leaved plant)과 침수식물(沈水植物, submerged plant), 바닥이 호소성 (湖沼性, lacustrine)인 것을 영구적인 호수(permanent lakes)로 유형화하여 이 둘을 수체(水體, water body)로 분류하였다. 이상의 내용을 정리하면 다음과 같이 요약할 수 있을 것이다.

---

3) 해니 : 호수 바닥의 젤리모양의 연한 진흙이라는 뜻의 스칸디나비아(Scandinavia) 지방의 용어로 연니(軟泥)의 구성물에 따라 규조연니(硅藻軟泥)와 부식연니(腐泥軟泥)로 나눈다.

4) 이탄니(부식니) : 호수 바닥의 유기질이 풍부한 퇴적물. soup 와 같은 가는 peat를 말한다.

A. 물의 공급체제(Water regime)

Ⓐ 영구적 침수(permanently waterlogged)

Ⓑ 일시적 고수위(temporarily high water)

Ⓒ 영구적 얕은 수체(permanently shallow water bodies)

B. 영양염류의 공급(Nutrient supply)

Ⓐ 빗물에 의한 염류공급 (precipitation water: ombrotrophic)

Ⓑ 무기물에 의한 염류공급(광물질 영양적, minerotrophic)

Ⓒ 빗물에 의한 염류공급(ombrotropic)

Ⓓ 광물질 영양적 혹은 빗물에 의한 염류공급(minero-or(and) ombrotropic)

C. 주요 식물형(Main plant forms)

Ⓐ 이끼류(mosses), 왜성 관목(dwarf shrubs) 혹은 교목 및 아교목(trees)

Ⓑ 벼과 및 사초과식물(graminoids), 초본(herbs) 혹은 이끼류(mosses)

Ⓒ 벼과 및 사초과식물(graminoids), 교목 및 아교목(trees)

Ⓓ 조류(algae), 대형수생식물(aquatic macrophytes)

Ⓔ 대형수생식물(aquatic macrophytes)-정수식물(emergent plants), 부엽식물(floating-leaved plants), 침수식물(submerged plants)

D. 습지 분류(Classification of wetland)

Ⓐ 고층습원(bogs)

Ⓑ 소택지(fens)

Ⓒ 늪(swamps, carrs)

Ⓓ 일시적인 호수(temporary lakes)

Ⓔ 습지(marshes)

Ⓕ 영구적인 호수(permanent lakes)

E. 습지형(Types)

Ⓐ 고층습원(bogs), 소택지(fens), 늪(swamps, carrs)→습지(mires) 또는 이탄지(peatlands)

Ⓑ 일시적인 호수(temporary wetlands) → 홍수터(floodplains)

Ⓒ 수체(water bodies) → 홍수터(floodplains)

(4) 캐나다의 습지 분류

Warmer와 Rubec(1997)에 의한 캐나다의「습지 분류 체계」(The Canadian Wetland Classification System) 및 Bond 등(1992)의「습지평가 가이드」(Wetland Evaluation Guide) 와「캐나다 습지」(Wetland of Canada)에 의하면, 크게 고층습원(bog), 소택지(fen), 늪(swamp), 습지(marsh), 얕은 개수면(shallow open water, shallow water)의 5개로 간단히 분류하고 있다.

또한「캐나다 습지 분류 체계」(The Canadian Wetland Classification System)의「습지에 대한 분류 검색표」(Classification key of wetlands)는 표 5에 그리고 습지 유형과 그 특징은 표 6에 제시하였다. 우리나라의 습지 유형 분류에서도 이 검색표(Key)를 참고하면 좋을 것으로 사료된다.

이 분류체계에 따라 보면, 우리나라 내륙습지의 경우 고층습원(moor, bog)은 대암산 용늪과 울산 무제치늪이, 소택지(fen)는 제주도 물영아리 습지와 물장올 습지, 늪(swamp)은 경남 창녕의 우포늪(그림 46), 습지(marsh)는 하천변에 형성되어지는 하천변 습지, 얕은 개수면(shallow water)은 소규모의 저수지나 연못 등이 그 예가 될 수 있을 것이다.

표 5. 습지에 대한 분류 검색표(Classification key of wetlands. Warmer & Rubec, 1997)

1. 지표면, 지표면 부근 또는 지표면 위의 지하수위에 의하여 영향을 받는 곳으로 충분한 시간 물로 포화되는 습지 또는 물의 작용(aquatic process)이 있는 곳 ……… 2. wetland(습지)
   2. 이탄이 퇴적되어 있는 습지생태계 ……… 3. peatland(이탄지)
      3. 벼과 식물, 사초과 식물, 이끼류가 우점하는 이탄지 ……… 4.
         4. 지하수에 의한 영향은 거의 없이 오직 강우만으로 함양되고 물이끼(*Sphagnum*)가 우점하는 이탄지 ……… Bog(고층습원)
         4. 용해된 염류가 풍부한 물로 함양되고 식생은 주로 벼과, 사초과 식물, 갈색이끼류(Brown mosses)가 우점하는 이탄지 ……… Fen(소택, 소택지)
      3. 목본, 관목, 광엽성초본(forbs)이 우점하고 용해된 염류가 물속에 풍부한 이탄지 ……… Swamp(늪)
   2. 이탄퇴적이 없는 것이 보통이지만, 아주 소량이 퇴적되기도 하나 무기염류가 풍부한 습지생태계, 흑니(muck)의 얇은 층이 있거나 또는 무기물과 흑니가 혼합되어 있는 경우도 있다. ……… 5. Mineral Wetland(무기영양습지)
      5. 항상 또는 일정기간 동안 지면 위에 지표수가 지속적으로 유지되는 습지. 지표면 25% 이상이 목본과 초본식물로 피복되는 습지 ……… 6.
         6. 주기적인 정수상태(靜水狀態)의 지표수, 물은 천천히 흐름, 영양염류가 풍부한 지하수 수고 1m이상의 목본식물이 우점하는 식생 ……… Swamp(늪)
         6. 항상 또는 주기적으로 물이 채워지고 지표수는 천천히 흐름, 대개는 중성(circumneutral)에서 알카리성, 일반적으로 영양염류는 풍부함, 벼과, 사초과 식물, 관목, 광엽성초본 또는 정수식물이 우점함 ……… Marsh(습지)
      5. 연중 최고 수심 2m 이하인 자유수면(free surface)의 습지, 목본식물과 정수식물은 전체 수면의 25% 이하 점유, 부엽식물과 침수식물이 우점하는 식생 ……… Shallow water(얕은 수역)
1. 지하수위나 지표수의 영향을 받지 않는 곳, 영향을 받더라도 단기간이고 수생식물이나 물의 작용이 없음 ……… Upland(산지) : non-wetland (습지 아님)

표 6. 습지 유형과 그 특징(The Canadian Wetland Classification System. Warmer & Rubec, 1997)

습지 유형	특 징
고층습원(Bogs)	이탄층은 조밀(dense layers of peat): 산성(acidic), 빈영양성(low nutrient content), 수위(water table)는 지표면 또는 지표면 부근, 주로 물이끼(*Sphagnum* mosses)로 피복되어 있으나 가끔 관목(shrubs)이나 목본(trees)도 침입
소택지(Fens)	이탄으로 피복(covered with peat): 수위는 지표면 또는 지표면 부근, 고층습원보다는 영양염류 함량 많음(higher nutrient content than bogs), 식생은 주로 사초과의 초본식물(sedges and grasses), 관목과 목본이 침입하거나 혹은 침입하지 않음
늪(Swamps)	정체되어 있거나 또는 유속이 낮은 웅덩이(stagnant or slow-flowing pool): 높은 영양염류, 일반적으로 목본이나 관목숲(shrubbery)이 피복
습지(Marshes)	주기적 또는 영구적인 침수(periodically or permanently flooded): 목본은 없음(absence of trees), 정수식물(emergent vegetation), 일반적으로 영양염류 많음
얕은수역 (Shallow Waters)	유역(basins), 웅덩이와 연못(pools and ponds), 강가와 해안가에서 볼 수 있는 습지(rivers, coastlines)를 포함: 침수식물의 식생(submerged vegetation)과 부엽식물(floating leaved plants)

그림 46. 경남 창녕의 우포늪 전경(General views of Woopo swamp)(사진 제공: 녹색경남21 이인식 상임대표)
낙동강 배후습지로 줄군락(*Zizania latifolia* community)이 우점하고 수면에는 생이가래(*Salvinia natans*)와 자라풀(*Hydrocharis dubia*)이 전 수면을 덮는다. 가시연꽃(*Euryale ferox*), 통발(*Utricularia japonica*) 등 특정 야생식물이 분포하고, 큰고니(*Cygnus cygnus*), 고니(*Cygnus columbianus*) 등 겨울철새들(64%)이 많이 찾는 곳이다(창녕군 1997).

습지의 분류나 습지 유형에 대한 우리말 전문용어는 연구자마다 다르게 표현 또는 번역하여 사용하고 있으므로, 습지 전문가들이 모인 workshop을 통해서 표준화(標準化)된 용어의 정립이 필요하다.

현재 우리나라에서 사용되는 습지 관련 용어는 사람마다 달리 번역하여 표현하고 있는데, 용어가 통일되어 있지 않아서 개념의 혼란을 야기하고 있으므로, <용어번역위원회(가칭)>를 만들어 용어를 통일시킬 필요가 절실하다.

우리나라에서 현재 사용되고 있는 용어들을 소개하면 다음과 같은 것들이 있다.

습지초원(wet meadow), 습초지(wet meadow), 습지초원(wet prairie), 고층습원(raised bog), 습원(bog), 물이끼이탄(bog), 산성습원(bog), 습원(moor), 저위이탄(fen), 이탄습원(fen), 알카리성습원(fen), 저층습원(low moor), 중간습원(intermediate moor), 소택지(swamp), 늪(marsh), 늪원(marsh), 토탄 늪(이탄지, peatland), 진창 또는 늪지(mire), 갈대 늪(reedswamp), 봄에 형성되는 습지(vernal pools), 진구렁(소지, slough) 등이 있다(박수영 등 2000).

(5) 일본의 습지 분류

일본 환경성에서는 람사르 협약(Ramsar Convention)에서 정의한 규정에 따라서 대상습지를 광범위하게 유형화한 후, 총 33개소의 습지를 등록하였다. 즉 2002년 13개소, 2005년 20개소를 추가로 등록하여 2005년 11월 현재 총 33개소의 습지를 람사르 협약습지(Ramsar Convention Wetlands)로 등록시켰다고 한다.

일본의 습지는 종래의 물새(water birds) 서식지로서 중요한 습지들을 위주로 등록을 했었으나 새로이 추가 등록한 습지에는 습원, 호소, 염성습지, 갯벌, 해조(海藻)가 큰 군락을 형성하고 있는 조장(藻場), 사구(sand dunes), 맹그로브림(mangrove forest), 산호초(coral reef), 지하수계(地下水系) 등 다양한 형태의 습지를 포함시킴으로서 습지생태계의 다양성을 반영하고 있는 것이 특징이라고 할 수 있다.

기본적으로 습지의 유형을 크게 습원, 하천, 담수호소, 논, 지하수계, 해안선, 기수호(汽水湖, brackish lake), 조장(藻場, 해조류 양식장), 갯벌(salt marsh), 맹그로브림, 산호초로 유형화하여 총 11개의 대분류 기준을 두고 있다.

이러한 유형화는 습지생태계의 구조와 기능을 과학적으로 상세히 연구, 규명한 방대한 자료들을 근거로 한 것으로서 현재 우리나라의 환경부에서 습지의 유형 분류에 혼란스러워하고 있는 것과 매우 대조적이다.

습원은 다양한 유형의 습지 중 생태학적, 식생학적, 토양학적, 수문학적 자료들을 섭렵한 후 과학적인 근거를 토대로 하여 습지, 습원, 이탄지 등을 명쾌하게 구분 짓고 있으며 습원(moor)과 이탄지(peatland)는 동의어가 아님을 분명히 하고 있다.

습원이라도 이탄이 없는 곳이 있을 수 있으며, 이탄이 있어도 습원이 아닐 경우가 있을 수 있다. 습원과 이탄지는 반드시 일치하는 것은 아니나 습원의 발달과 이탄의 발생 원인은 밀접한 관계가 있다.

습원을 크게 고층습원, 중간습원 및 저층습원으로 구분 하고 있다. 고층습원, 중간습원 및 저층습원이라는 용어는 Weber(Farmham 과 Finney 1965에서 인용)가 독일의 습원(Germany bogs)에서 지표면 지형(surface configuration)에 기초하여 분류한 것이 처음으로 일본에서 원용하였다.

지질학적 용어인 고위(高位), 중간, 저위(低位)이탄지는 두 가지 의미가 있다. 첫째는 형태적, 두 번째는 수문학 적이다. 고위이탄지(高位泥炭地)는 일반적으로 이탄지의 중앙부가 주변부에 비하여 높으며 전체적인 형태는 볼록한 형태를 가지는 경우가 대부분이다. 저위이탄지(低位泥炭地)는 거의 평탄한 형태이며, 중간이탄지의 형태는 그 중간의 형태를 가지고 있는 것으로부터 이 명칭들이 붙여졌다.

한편, 이탄지 주변을 포함한 구역의 지하수위와 이탄지 표면과의 관계를 보면, 저위이탄지의 경우에는 이탄지의 표면은 주변의 지하수면보다 낮거나 거의 일치하는데 반하여, 고위이탄지에서는 이탄지 표면은 주변의 지하수면보다도 높게 솟아올라 있다. 따라서 저위, 고위라는 것은 지하수면에 대한 이탄지 표면의 위치관계를 나타내는 것이다. 또한 수면이 점유하는 부분이 대단히 넓은 면적을 차지하게 되면 습원(moor), 습지(marsh) 보다는 池나 沼로 구분 짓고 있다.

이와 더불어 국제생물학사업계획(International Biology Project, IBP)의 일환으로 입안된 이탄지보호 연구계획(TELMA, 이 계획의 TELMA란 이름은 현재 독일이탄학회의 학술지명 <Journal of German Peat Society>으로 사용되고 있다)에 의한 시안에 따라 공간적인 분류를 시도한 안도 있으나 전술한 습원의 3가지 형으로 구분하는 것이 일반적이다. 이탄지보호 연구계획(TELMA)의 이탄지 구분 시안을 소개하면 다음과 같다(辻井 1987).

① 강수영양성 이탄지(bog mire complex)

(ㄱ) 블랑케 이탄지(blanket bog complex): 영국에 많이 분포하고 있는데, 한랭·다습하며 강우량은 많으나 증발산량이 적은 지역에 형성. 지표면의 기복(起伏)이 심하고 이탄의 깊이도 들쑥날쑥하여 마치 담요를 덮어 놓은 듯 하다하여 붙여진 이름이다. 고층습원(raised bog)이 분포하고 있는 지역의 강우량은 1,200mm 이하, 이탄 깊이 4-8m인데 비하여, 블랑케 이탄지는 강우량 1,200mm 이상이고 이탄의 깊이는 2-4m 정도라고 한다.

(ㄴ) 대칭성 구릉 모양(raised bog complex)

(a) dome모양

(b) 반달모양(半月形)

(c) 절벽모양(崖狀)

(d) 고원모양(高原狀)

(ㄷ) 비대칭성 구릉 모양(eccentric bog complex)

(ㄹ) 평평한 모양(flat bog complex)

② 광물질영양성 소택지(fen mire complex)

(ㄱ) 수평 또는 거의 수평인 것

(a) 항상 범람되는 물을 받는 곳

(b) 하천변이나 호수가의 범람성 이탄지

(c) 단기간 범람되거나 혹은 장기간 물이 정체되는 이탄지

(d) 가끔 이탄이 떠있는 소택지(floating fen)

(ㄴ) 아아파 습지(aapa mire): 핀란드 중부지역에서 삼림 한계선까지 분포하는 습지로 동토습지(patterned mire)이며 풍부한 영양염류가 유입되므로 광물질 영양이고 고층습원처럼 hummock(凸)이 없다.

(ㄷ) 사면(斜面) 소택지(sloping fen): 석회암 사면에서 스며나오는 지하수로 함양되는 습지로 영양염류가 풍부하고 종이 비교적 많다. 유기물이 퇴적되어 있으므로 작은 볼록한 지형(凸)이 분포한다.

(ㄹ) 용수(湧水) 소택지(spring fen)

(ㅁ) 팔사 이탄지(palsa mire): 핀란드의 아아파 습지 북쪽 끝 지역의 습지이며 빙하 가장자리에 분포하는데 이탄이 마치 큰 언덕이나 산과 같은 모양을 한다.

(ㅂ) 다각형 구조토 이탄지(多角形 構造土, polygon mire): 북극지방의 영구 동토대의 습지로서 토양이 얼어붙고 갈라져 다각형 구조토로 되어 있고 왜성 버드나무(*Salix*)나 자작나무(*Betula*)가 서식한다.

③ 기타 타입의 이탄지

전술한 바와 같이 일본의 습지(wetland)와 습원(moor, bog)의 구분, 그리고 습원의 유형 분류는 학술적 정의를 기반으로 매우 명쾌한 구분 기준을 하고 있다. 또한 중요한 습지선정 기준으로 가장 중시하고 있는 것은 해당 습지의 자연성 정도, 즉 해당 습지생태계의 구조와 기능이 어느 정도 자연성을 유지하고 있는지, 그리고 인간간섭 정도를 주요 판단 기준으로 하고 있다.

(6) 우리나라의 습지 분류

습지의 사전적 의미는 <물기가 있는 축축한 땅>을 지칭하는 말이다. 정부는 습지의 효율적 보전, 관리에 필요한 사항을 규정하여 습지와 그 생물 다양성의 보전을 도모하고 습지에 관한 국제협약의 취지를 반영함으로서 국제협약 증진에 이바지함을 목적으로 습지보전법(1999년 2월 28일 법률 제5866호로 제정, 2005년 3월 31일 법률 제7461호로 3차 개정)을 제정하였다.

습지보전법(濕地保全法)에 의하면 “습지란 담수(민물, fresh water), 기수(汽水, brackish water) 또는 염수(塩水, salt water)가 영구적 또는 일시적으로 그 표면을 덮고 있는 지역으로 내륙습지 및 연안습지를 말 한다“고 정의하고 있다. 그 중 내륙습지란 육지 또는 섬 안에 있는 호(湖, lakes) 또는 소(沼, ponds)와 하구(河口, estuaries)등의 지역으로 한정하고 있다.

한편 람사르 협약(Ramsar Convention) 제1조『물새 서식지로서 국제적으로 중요한 습지에 관한 협약』의 습지 정의는 “ 자연적이든, 인공적이든, 영구적이든, 임시적이든, 물이 정체되어 있든, 흐르고 있든, 담수이든, 기수이든, 염수이든 관계없이 소택지, 습원, 이탄지 또는 물로 된 지역을 말하며 여기에서 간조(干潮) 시에 수심이 6m를 넘지 않는 해역(海域)을 포함한다. 즉 갯벌, 호수, 하천, 양식장, 해안은 물론 논까지 포함함으로서 우리나라의 습지에 대한 정의 보다 매우 포괄적으로 정의하고 있다는 점이 다르다.

그러나 우리나라의 습지분류는 아직 만족할만한 분류 체계가 확립되어있지 않다. 표 7에서 보는 바와 같이 습지를 크게 내륙습지(inland wetland)와 연안습지(marine & coastal wetland)로 나누고, 내륙습지는 하천(riverine), 호소(lacustrine), 소택(palustrine)으로, 연안습지는 연안(marine), 하구(estuarine), 호소/소택(lacustrine/palustrine)으로 중분류만을 하고 있을 뿐이다.

그런데 람사르협약 매뉴얼 제4판(www.ramsar.org)에 따라 습지 대분류에 <인공습지>, 예를 들면 양어장, 연못, 관개지대(논 등), 계절적 침수 농지, 소금 산출지(염전), 물 저장소(저수지, 보, 댐), 운하 및 배수로, 도랑, 카르스트 및 기타 지하수계를 포함시킬지 여부를 고려하고 있다.

습지선정 기준으로 가장 중요시해야 할 것은 해당 자연습지 및 인공습지의 자연성 정도, 즉 해당 습지생태계의 구조와 기능이 어느 정도 자연성을 유지하고 있느냐, 인간간섭이나 교란 정도를 주요 판단 기준으로 해야 할 것이다. 앞으로 학술적인 연구의 결과를 근거로 하여 보다 의미 있는 분류가 있어야 하겠다.

표 7. 환경부의 습지 분류(Classification of wetlands in Korea, Ministry of Environment)

대분류(System)	중분류(Subsystem)	장소(Site)
내륙습지 (Inland wetland)	하천(Riverine)	하구를 제외한 내륙을 흐르는 강과 강의 주변
	호소(Lacustrine)	저수지
	소택(Palustrine)	배후습지 및 고산습지
연안습지 (Marine & Coastal wetland)	연안(Marine)	동해, 서해, 남해 및 제주도를 포함한 도서지방 조간대
	하구(Estuarine)	바다로 흘러드는 모든 강의 하구
	호소/소택 (Lacustrine/Palustrine)	석호 (해안이 사주에 의해 막혀서 형성된 호)

습지의 분류 기준을 지리적으로 한다든지(산지습지, 고산습지 등), 고산의 습성초지 혹은 습성초원을 습원에 포함 한다든지, 해당 습지에 대한 생태적 기능과 구조의 자연성을 평가하지 않고, 단지 습지 동·식물의 일부 개체, 군락 또는 군집이 존재하는 것으로 중요한 습지로 구분 된다든지, 유기질 점토(organic clay)를 이탄(peat)이라고 한다든지, 정확한 시간적 계열(時間的 系列) 측정을 하지 않은 상태에서 애매한 표현을 쓴다든지 하는 등등 비과학적 사항들을 제시함으로서 우리나라는 습지생태계의 보전 관리에 어려움을 더하고 있다.

그렇지만, 환경부의 UNDP/GEF 국가습지보전사업관리단(2008)은 람사르 분류코드의 확장방식을 적용하여 한국형 습지를 유형화한 바 있다. 이 보고서를 보면, 표 4와는 달리 해양 및 연안습지(Marine and coastal), 하구 및 기수형(Estuarine and brackish), 내륙습지(Inland) 그리고 인공습지(Man-made)의 상위 대분류(Super system)라는 분류군을 새로 설정하였으며, 대분류(System)는 입지·지형이라고 하여 해양형, 연안형, 연안/호소형, 하구형, 호수형, 소택형, 하천형, 내수면 어업, 농경지, 염전, 저수지/인공호, 채굴지 습지, 조성습지 및 인공습지 등 14개로, 중분류(Subsystem)는 수문(범람)·지형이라 하여 18개로, 그 이하 강(綱, Class)에 기질·식생별 구체적인 명을, 아강(亞綱, Subclass)에 종합적 특성 구조·식물군락 등을 포함하는 체제를 제시하고 마지막으로 유형분류 코드(Code)까지 제시하였다.

또한 이 분류체계를 이용하여 우리나라의 습지에 대한 적용을 시도했는데 적용된 습지가 주로 하천습지(riverine marsh, riparian marsh)라는 점에서 아쉬움이 있고, 이 분류체계가 대암산 용늪이나 정족산 무제치늪과 같은 고층습원(bog), 제주도 물영아리 및 물장올과 같은 소택(fen) 등 폐쇄성 습지(closed wetland), 창녕의 우포늪과 같은 배후습지(back marsh) 등에 적용을 시도해 보았다면 보다 의미있는 분류체계가 확립되었을 것으로 보인다.

1971년 채택된 람사르 습지 유형 분류체계는 너무 광범위하여 일률적으로 적용하기 어려우므로 각 국가의 특성에 따라 변형 또는 수정하여 사용하는 것이 일반적인 경향이다(Finlayson and Spiers 1999, Stevenson and Frazier 2001).

그런 관점에서 보면 우리나라의 습지 유형 분류는 반드시 람사르 유형 분류에 따라 복잡하게 분류할 필요는 없으며, 따라서 보다 간단하고 우리나라에 존재하는 모든 습지에 적용하기 쉬운 체계의 유형분류가 요구된다.

그렇다면 그림 45와 같이 수분체제(water regime), 영양공급(nutrient supply), 주요 식물군락(main plant forms) 및 퇴적물(sediments)에 의해서 고층습원(bog), 소택지(fen), 배후습지(늪, swamp, back swamp), 습지(marsh), 일시적 호수(temporary lakes), 영구적 호수(permanent lakes)로 유형화하고(Gopal 등 1990), 여기에 인공습지(man-made wetland), 즉 저수지(reservoir), 댐(dam), 연못(pond) 등을 포함시킨 습지 분류체제를 제안한다.

그 외에 그림 48과 같이 수문동태 지수(hydrodynamic index), 토양의 습도체제(soil moisture regime), 토양의 양분체제(soil nutrient regime) 및 pH(pH/base cations)에 따라 고층습원(bog), 소택지(fen), 늪(swamp), 습지(marsh)로 유형화하거나(Vitt 1994), 또는 표 6과 같이 고층습원(bog), 소택지(fen), 늪(swamp), 습지(marsh), 무기영양습지(mineral wetland) 및 얕은 개수면(shallow water)으로 유형화하는 것도 우리나라의 습지 특성에도 적합한 분류체계라고 생각됨으로 이에 대한 검토도 필요하다고 생각된다.

2. 습지 유형 분류에서 본 용늪의 위치

Brinston(1993 a, b) 은 수문학적(hydrological)으로 물의 원천(water sources), 즉 빗물(precipitation), 지하수(ground water) 및 지표수(water flows across the surface)에 의하여 습지를 고층습원(bog), 소택지(fen) 및 배후습지(늪)/습지(swamp/marsh)로 간단하게 분류하였다(그림 47).

그림 47. 물의 원천의 상대적 비율에 의한 습지 분류 (Brinston 1993)
(Wetland classification by relative ratio of water sources)

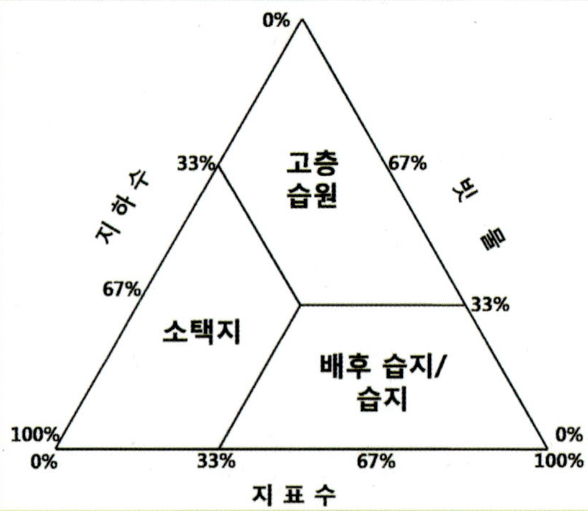

고층습원(high moor, bog)은 거의 완전히 빗물(강우)에 의하여, 늪(swamp)과 습지(marsh)는 주로 지표면을 흐르는 지표수에 의해 결정된다. 실제로 영양염류의 수준(nutrient levels)은 물과 직접적인 관계가 있는 것이다. 강우에는 영양염류가 거의 없는데 반하여 지표면을 흐르는 물은 용해된 염류(dissolved nutrients)나 입자상 물질(particulate matter)을 함유하고 있다. 그러므로 습지는 3가지 물의 원천의 상대적인 비율(relative proportion)에 따라 분류할 수 있다고 하였다.

그리고 Vitt(1994)는 토양의 양분체제(soil nutrient regime), 토양의 습도체제(moisture regime), pH 및 양이온 비율(pH/base cation ratio), 수문동태 지수(hydrodynamic index)와 같은 주요한 4개 요인에 따라서 습지를 고층습원(bogs), 소택지(fens), 늪(swamps) 및 습지(marshes)로 분류하였다 (그림 48).

이런 여러 학자들의 습지 유형 분류의 기준을 적용 또는 참고하여 대암산 용늪의 습지 유형을 판단해 볼 수 있겠다. Gopal 등(1990)에 따른 물의 체제는 영구적 침수, 염류공급은 빈영양형인 빗물과 안개(fog)에 의한 공급, 주요 식물형은 이끼류, 왜성 관목 혹은 교목 및 아교목, 퇴적물은 이탄(peat)이라는 4개의 요인을, Brinston(1993)에 따라 빗물, 지하수 및 지표수의 3개요인, 그리고 Vitt(1994)에 따른 토양의 양분체제, 토양의 습도체제, pH 및 양이온 비율, 수문동태 지수라는 4개요인 등을 모두 고려해 볼 때, 대암산 용늪은 습원(bog, moor)에 해당되고 습원의 일부 지역은 볼록렌즈 모양 또는 Dome 모양으로 부풀어 오르는 곳이 있기 때문에 소위 고층습원(high moor, raised bog)이라고 부르는 것이다.

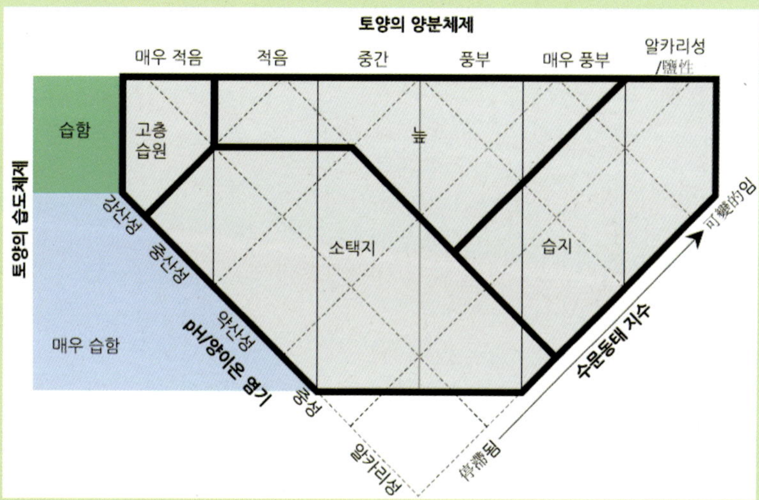

그림 48. 환경경도에 따라 구분한 습지 생태계 (Vitt 1994)(Wetland ecosystems classified by environmental gradients)

4장 살아있는 자연사 박물관

1. 용늪의 이탄 단면도

1988년 7월 25일부터 8월 2일 까지 9일간 그 당시 환경처(현 환경부)의 도움으로 대암산 자연생태계 학술조사가 있었다.

용늪에서 동서 방향으로 11개 지점, 남북 방향으로 9개 지점을 일정한 간격으로 습원의 표면에서 부터 밑바닥까지 특수 제작한 이탄 채취 기구를 사용하여 차례차례 이탄을 채취하였다.

이 때 사용된 기구는 힐러형 주상채니기(Hiller type borer, 柱狀採泥器)라는 것으로 이 기구는 이탄 채취에만 전문적으로 사용하는 기구이다. 즉 주상채니기(柱狀採泥器)란 가늘고 긴 막대 모양의 스테인리스(stainless) 합금으로 만든 기구로서 다른 층의 퇴적물이 섞이지 않도록 특수하게 제작된 기구인 것이다(그림 49, 그림 50).

퇴적물을 채취하는 기구에는 여러 가지 종류가 있다. 데이비스형(Davis type), 다크노우스키형(Dachnowsky type), 데이비스-도일형(Davis-Doyle type), 리빙스톤형(Livingston type), 윌슨형(Wilson type), 마카레스형(Mackereth type), 쿨렌버그형(Kullenberg type) 등이 있다(塚田 1974).

그림 49. 주상채니기(柱狀採泥器)의 선두부(先頭部, head)에 채집된 이탄. 지표에서 30cm-60cm 깊이의 이탄이 헤드 안에 보인다.(Peat sample collected in head of Hiller-type borer. The peat sample obtained from 30cm to 60cm depths of Yongnup bog. Aug. 8, 2008)

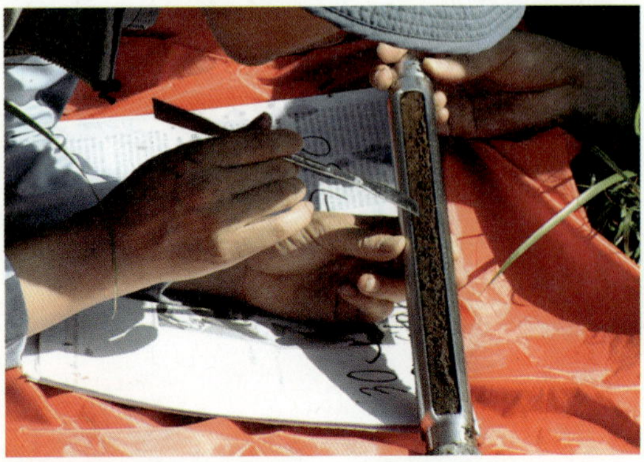

그림 50. 대암산 용늪에서 힐러형 주상채니기를 이용한 이탄 채집(2008. 8)(Collection of peat by Hiller-type borer in Yongnup bog of Mt. Dae-am san, Aug. 8, 2008)

과거의 식생변천이나 기후변화를 알아보기 위해서는 이탄 속에 들어있는 꽃가루를 분석하는 화분분석법(花粉分析法, pollen analysis)을 사용하는데 이러한 꽃가루 분석 등 고생태학을 연구하는데 주로 사용되는 기구로는 힐러형, 리빙스톤형, 데이비스형 및 데이비스-도일형이 이용된다.

이탄을 채취하면서 이탄층의 퇴적 깊이를 측정해 본 결과, 가장 깊은 지점은 용늪 중앙 부분에서 180m이었으나 바닥 지형의 요철(凹凸)에 따라 그 깊이가 다르므로 평균 깊이는 100cm 정도 이였다.

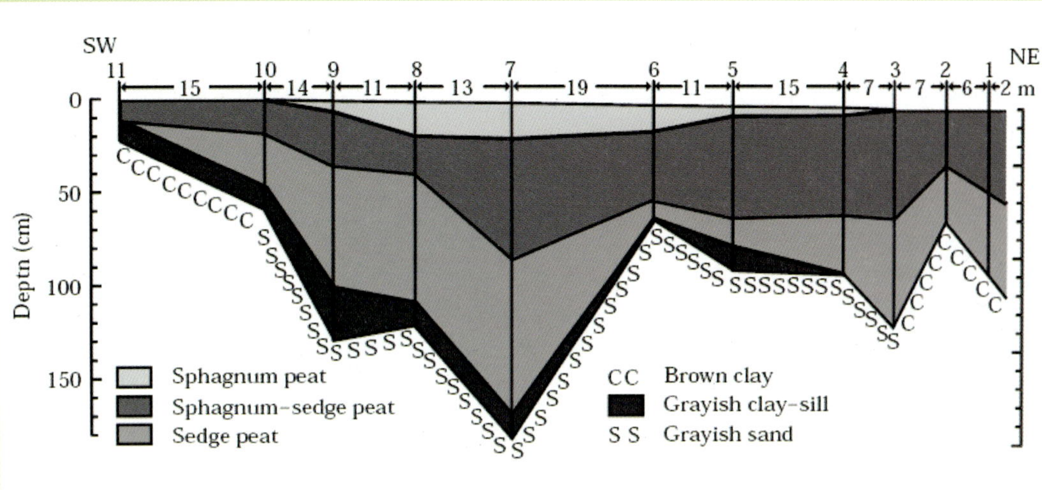

그림 51. 용늪의 이탄 단면도(강상준 1988)(Vertical section diagram of Yongnup, high moor, in Mt. Dae-am san, Korea)

Sphagnum peat (물이끼 이탄)
Sphagnum - sedge peat (물이끼 - 사초과 이탄)
Sedge peat (사초과 이탄)

CC: Brown clay (갈색 진흙)
Grayish clay - silt (회색 진흙과 미사)
SS: Grayish sand (회색 모래)

그림 51은 북동(NE) 방향에서 남서(SW) 방향의 120m거리를 10m~15m 간격으로 총 11개 지점에서 이탄 퇴적물을 채취한 후, 이탄의 조성을 기초로 한 주상단면도(柱狀斷面圖, vertical section diagram)를 만든 것이다(강상준 1988). 이탄의 깊이가 가장 깊은 지점은 7지점, 즉 대암산의 산록에서 부터 약 67m 거리의 지점으로 180cm이고 대부분의 지점은 100cm이하의 이탄이 퇴적되어 있다.

그림 51에서 보는바와 같이 물이끼만으로 구성된 물이끼 이탄(*Sphagnum* peat)은 용늪 중앙 지역, 즉 7지점의 표층에서 16cm-20cm 깊이로 두꺼운 편이고, 동서의 습원가(濕原邊) 각각 15m-20m를 제외한 다른 지점에서는 전체적으로 보면 물이끼 이탄의 깊이는 10cm 이내이다.

물이끼-사초과 식물(*Sphagnum*-sedge)로 구성된 이탄은 60cm-93cm에 달하며 사초과 이탄(sedge peat)만으로 구성된 이탄은 134cm-167cm 깊이에 이른다. 167cm이하는 회색의 점토와 미사(grayish clay-silt), 최하층은 회색 모래(grayish sand)이다.

10년 후인 1998년 울산대학교 최기룡 교수는 동경 128° 07' 51", 북위 38° 13' 07"에서 동경 128° 07' 44", 북위 38° 12' 94" 까지 10m 간격으로 9개 지점을 선정하여 다시 이탄을 채취, 주상도(柱狀圖)를 작성한 바 있는데, 최고의 이탄 깊이는 174cm이었다(최기룡 1998). 이 가운데 표층에서 15cm 깊이(0-15cm)의 표층수(surface water)와 최하층인 159-174cm 의 유기물이 섞인 모래와 진흙(organic sandy clay)층을 제외하면 순수한 식물유체만으로 구성되어 있는 이탄층이 무려 144cm나 된다고 하였다.

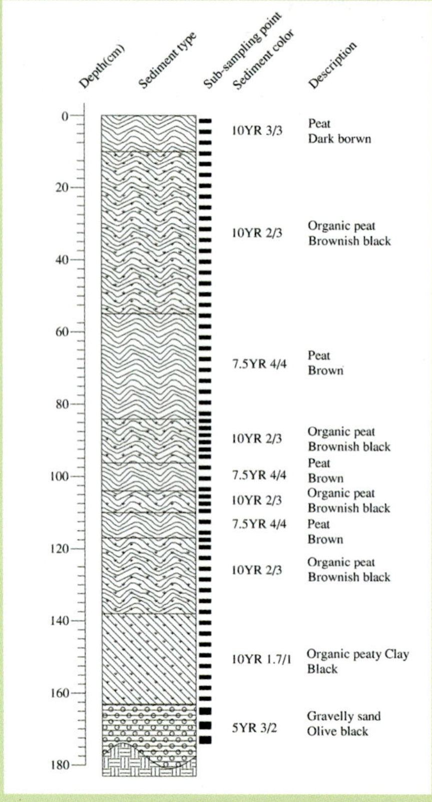

그림 52. 용늪 유출구 대암산록측 지역(제 6지점)의 퇴적물 주상도(최기룡·장병오 2009. 미발표)(Vertical section diagram of peat in Site 6, Yongnup bog. 2009)

그리고 또 10년 후인 2008년 8월 8일 최기룡 교수팀은 또다시 이탄을 채취하여 2009년에 주상도를 작성하였는데 그림 52와 같다.

즉 표층(0cm)~6cm와 48~83cm 갈색 이탄(brown peat), 60cm~48cm, 83cm~140cm의 갈색 유기물 이탄(brownish black organic peat), 140cm~163cm의 검은색 유기물 이탄(black organic peat and clay) 그리고 163cm이하의 모래와 자갈층(black gravel sand)으로 구성되어 있으며 전체적으로 보면 160cm 깊이까지 유기물 이탄(organic peat)이 퇴적되어 있어 3회(1988년 180cm, 1998년 174cm 및 2008년 163cm)에 걸쳐 얻은 결과를 비교해 보면 이탄 채취지점의 차이는 있겠으나 이탄의 깊이가 점점 얕아지는 경향을 볼 수 있다.

이러한 깊이의 이탄층은 우리나라에서는 오직 대암산 용늪에서만 볼 수 있는 것으로서 이탄층 자체가 자연사의 고문서이고 희소성이란 측면에서도 중요하다고 강조하였다.

지금까지 작성된 세 개의 단면도(강 1988, 최 1998, 최 및 장 2009)에서 모두 이탄 채취 지점마다 깊이가 다름을 볼 수 있는데 이것은 습원이 형성되기 시작할 때의 바닥의 지형에 요철(凹凸, concave and convex)이 있었음을 의미한다.

이와 같은 주상 단면도로 보았을 때 용늪은 발달과정에서도 밝혔듯이, 한랭한 기후 때문에 기계적 풍화작용(機械的 風化作用, mechanical weathering)으로 부서진 큰 바위나 사력(砂礫)들은 큰비가 올 때 하부로 굴러가는 동안 지질학적 모암(母岩)의 차이로 땅 표면이 불균형하게 깎이거나 파이면서 요철을 만들었고 오목한 곳에서부터 물이 채워지면서 습지가 형성되었을 것으로 해석된다.

특히 고층습원의 가장 중요한 특징의 하나인 물이끼만으로 구성된 순수한 물이끼 이탄(*Sphagnum* mosses peat)이 퇴적되면서 고층습원으로 발달되기 시작한 것은 20cm-30cm 깊이에서 부터이고, 50cm-60cm 깊이의 물이끼-사초과 식물 이탄(*Sphagnum*-sedge peat)을 이용하여 방사성동위원소(^{14}C) 측정한 결과 1,900±70 yrBP임을 고려하면, 약 2,000년 전부터 용늪은 서서히 지금과 같은 고층습원의 모습으로 발달된 것으로 추정된다(강상준 2005).

2. 탄소 동위원소를 이용한 연대측정

그러면 이런 깊이까지 이탄이 쌓이는데 도대체 얼마나 오랜 세월이 걸렸을까?

이탄이나 호수로 부터 채취한 퇴적물의 절대연대(絶對年代, absolute year)측정에는 주로 탄소동위원소법(炭素同位元素法, radiocarbon dating method)이 이용된다.

탄소동위원소를 이용한 연대 측정방법은 『리비(William Frank Libby)』박사가 1950년대에 개발한 기술로서 그는 이 업적으로 1960년 노벨 화학상을 수상하였다(그림 53).

그림 53. 1960년 노벨 화학상을 받고 수상 연설을 하는 『리비』박사.(Dr. William F. Libby, the Nobel prizer for chemistry in 1960, making an awarded speech to audience)

『리비』박사는 제2차 세계대전 동안 원자폭탄을 제조하는 "맨해튼 계획"에 참여했는데 그의 임무는 원자폭탄을 제조하는데 필요한 우라늄 동위원소를 분리하는 방법을 개발하는 것이었다.

1946년 『리비』박사는 방사성 동위원소(radioactive isotope)인 탄소(^{14}C)는 이산화탄소($^{14}CO_2$)의 형태로 대기 중에 균일하게 분포하고 있어서 식물은 광합성으로 ^{14}C를 흡수, 동화하지만 식물체가 죽은 후 환경의 변화에 관계없이 이미 흡수된 ^{14}C는 대수 비례(對數比例)로 감소한다는 사실을 알아내었으며, 다음 해 ^{14}C가 식물유체(植物遺體, plant remains)의 절대연대 측정에 이용될 수 있음을 입증하였다.

자연계에는 방사성 탄소 ^{14}C외에 두 종류의 동위체, 즉 ^{12}C와 ^{13}C 가 있다. 특히 ^{13}C는 방사성을 내지 않기 때문에 안정동위원소(安定同位元素, SI, stable isotope, silent isotope)라고도 한다. 공기 중에서 이들의 혼합 비율은 ^{12}C가 98.89%, ^{13}C가 1.108% 그리고 ^{14}C가 1.07×10^{-10}%이다.

안정상태의 탄소는 원자량(原子量)이 12인데 대기 중의 탄소 일부는 외계에서 오는 우주선(베타선)의 작용으로 원자량 14의 동위원소로 바뀌게 된다. 대기 중에 들어있는 방사성 탄소 ^{14}C와 나머지 탄소인 ^{12}C, ^{13}C 의 비율이 일정한데, 살아있는 생물의 호흡으로 생물체내에 들어 온 ^{14}C와 ^{12}C의 비율도 대기에서와 같이 일정하다.

그러나 생물체가 죽으면 대기로 부터의 탄소 공급이 중지되고 이때부터 안정상태의 탄소(^{12}C)와는 달리 방사성 탄소(^{14}C)는 서서히 붕괴되어 질소(^{14}N)로 변화된다. 따라서 이탄과 같은 유기물 잔해에 남아있는 안정상태의 탄소(^{12}C)와 방사성 탄소(^{14}C)의 양을 측정하면 안정상태의 탄소(^{12}C)는 원래의 양 그대로 남아있으나 방사성 탄소(^{14}C)는 질소(^{14}N)로 붕괴되었으므로 그 비율에서 차이가 나게 된다.

자연생태에서 안정상태의 탄소(^{12}C)와 방사성 탄소(^{14}C)의 비율과 방사성 탄소(^{14}C)가 질소(^{14}N)로 붕괴하는데 필요한 반감기는 상수(常數)이기 때문에 이탄 유기물 잔해의 안정상태의 탄소(^{12}C)와 방사성 탄소(^{14}C)의 비율을 계산할 수 있다면, 이탄 유기물이 원래 가지고 있던 방사성 탄소(^{14}C)양을 알 수 있을 것이고, 이것과 이탄 유기물에서 현재 측정된 방사성 탄소(^{14}C)의 양을 비교하면 그 유기물이 생명을 잃을 때부터 현재까지 흐른 시간을 계산할 수 있는 것이다.

방사성 탄소(^{14}C)에 의한 방법은 방사성 탄소(^{14}C)의 반감기(半減期, 반으로 줄어드는데 걸리는 시간)는 5,568±40년, 5,680±40년이 있지만 1960년 캠브리지(Cambridge)대학교에서 개최한 "방사성 탄소연대측정 국제회의"에서 5,730±40년을 채용하는 것이 타당하다고 결론을 내리게 되었다.

이 반감기 5,730±40년은 비교적 짧아서 가까운 시대에 퇴적된 퇴적물의 연령을 측정하는데 편리하므로 고생태학(古生態學, paleoecology), 인류학(人類學, anthropology), 고고학(考古學,

archeology), 지리학(地理學, geography)등의 연구에 널리 적용되고 있다.

그러나 탄소 동위원소를 이용한 연대측정 범위는 실험실마다 조금씩 다르지만 일반적으로 최고(maximum age) 40,000년, 최소(lower limit)는 200년이다. 연대 측정 결과가 200년 이하가 나오게 되면 "현대(modern)라고 하거나 또는 "현대보다 더 오래된(greater than modern)" 이라고 표현한다. 이것은 화석 연료나 원자폭탄의 상호 영향 때문이다(Bowman 1960).

탄소연대측정법은 아무리 정확하게 측정하더라도 연대측정에 오차가 생기게 마련이고, 특히 시료(試料)에 오염물질(contaminant)이 포함되어 있을 경우, 더욱 더 오차가 커 질수 있다. 또한 탄소연대 측정법은 ^{14}C의 반감기가 5,700년 정도임으로 500년 이하나 5만년 이상 되는 퇴적물은 오차가 너무 크다는 단점이 있다.

그리고 이탄을 그대로 측정기에 넣는다고 곧바로 절대연대가 계산되어 나오는 것은 아니다. 측정시료는 대부분 많은 불순물이 포함되어 있기 때문에 고도의 정밀 작업을 먼저 해야 한다. 이탄의 경우 탄산염, 휴민산(humic acid) 등 불순물을 제거한 후 산화구리(CuO)와 함께 956℃로 가열하여 이산화탄소(CO_2) 로 그래파이트화(Graphite化) 해야 한다.

현재까지 알려진 절대연대측정 방법에는 탄소연대측정법 이외에도 열형광법(thermoluminescence), 핵분열비적법(fission track dating), 원자질량 스펙트럼법(AMS, accelerator mass spectrometry), 아미노산 정량법, 전자상자성 공명법 등 10여 가지가 있다. 그러나 오래된 암석, 예를 들면 신생대, 중생대 화성암 등의 연대를 측정할 때에는 반감기가 더 긴 우라늄, 칼륨-아르곤(K/Ar) 방법을 사용하고 있다.

3. 용늪은 5,000년 전에 생성되었다.

용늪에서 채취한 이탄을 이용하여 탄소연대를 측정 해 본 결과 표 8 및 표 9와 같다. 과거의 연대 표시는 연대 뒤에 yr BP라는 약자를 쓴다. 예를 들면, 1,900±70 yr BP와 같이 기술한다. yr은 영어의 year(년도)를, BP는 Before present(현재 보다 이전의 뜻으로 통상<年前>의 의미)란 의미로서 우리가 사용하는 역년(曆年)의 연대로 환산한 것인데 1950년을 시점으로 역계산하기로 되어 있다.

용늪의 이탄에 대한 탄소연대측정은 1997년 7월 23일 미국의 Geochron Laboratories, Krueger Enterprises, Inc. Massachusetts에 의뢰하여 측정된 바 있고, 1996년 8월 30일 필자는 일본 나고야대학(名古屋大學) 연대측정자료연구센타의 가속기질량분석계(Tandetron Accelerator Mass Spectrometer)로 이탄시료를 측정하였는데, 50~80cm에서 1,850±90 BP yr~1,900±70 BP yr로 2,000년 전 퇴적된 것으로 확인을 한 바 있으나, 가장 바닥층이라고 할 수 있는 155cm~170cm 깊이의 이탄 퇴적물의 연대는 미국의 Geochron Laboratories, Krueger Enterprises, Inc. Massachusetts에 의한 4,105±175 yr BP로서 4,000년 전 이상이 나왔다(표 8).

후술한 바와 같이, 깊이 100cm-110cm 지점 및 155cm-170cm 지점의 이탄에 대한 절대연대는 각각 3,470±240yr BP 및 4,105±175yr BP이였다. 그러나 상층의 이탄은 5cm 간격으로 측정한 반면, 하층의 이탄은 10cm-15cm 간격으로 측정했으므로 오차가 클 수밖에 없고, 만일 하층의 이탄을 더 세분하여 5cm 혹은 그 이하 두께의 간격으로 조심스럽게 시료를 채취하여 절대연대를 측정한다면 더욱더 오랜 연대가 기록될 것으로 생각하고 있었다.

다행이 2008년 8월 8일 울산대학교 최기룡 교수 및 장병오 박사는 용늪의 이탄을 채취, 세분한 후 서울대학교 공동기기원 가속질량분석기(AMS, Accelerator mass spectrometer)를 이용하여 퇴적물의 탄소연대(C^{14}dating)를 측정한 결과, 최하층인 170cm 깊이의 탄소연대가 5,060±50yr BP(약 BC 3,850)로 측정되어 지금까지의 4,105±175yr BP 보다 1,000년이나 더 오래인 5,000년 전~5,100년 전에 생성되었음을 확인하였다(표 9. 2009년 4월 25일 울산대학교 최기룡 교수 및 장병오 박사, personal communication).

이 시기는 고고학적 편년으로 보면, 신석기시대(新石器時代, Neolithic era, New stone age) 후기(BC 6,000-BC 3,500)에 해당되며, 또한 이 시기는 전 지구가 최적한 온난기후(Climatic optimum)를 경험한 시기로서 특히 이 시기를 온난기(溫暖期, Hypsithermal period, Hypsithermal interval) 라고도 한다(강상준 1994).

우리나라는 5,000년의 역사를 자랑한다. 단군왕검(檀君王儉)이 고조선(古朝鮮)을 건국한 것이 BC 2,333년임을 고려하면 그 보다도 1,000년~1,500여년 앞서 이미 대암산 용늪은 만들어지기 시작한 것이다. 그러므로 용늪은 우리나라 자연사의 살아있는 고문서(古文書, a living archive)라고 할 수 있겠다.

표 8. 방사성동위원소(^{14}C)로 측정한 대암산 용늪 이탄의 절대연대(Kang et. al. 2001, 강상준·Yoshioka 2005)(Radiocarbon ages of Yongnup peat in Mt. Dae-am san, Korea)

이탄층(cm)	^{14}C연대(BP)	보정 연대[a] Cal AD	확률(probability)	연구소 Code*
0~5	180±70	1654~1697	0.201	NUTA-5365
		1725~1815	0.482	
		1841~1874	0.160	
		1918~1944	0.157	
30~35	870±80	1046~1091	0.296	NUTA-5288
		1119~1139	0.117	
		1154~1240	0.587	
45~50	1900±70	31~37	0.055	NUTA-5287
		51~179	0.836	
		189~213	0.109	
55~60	1890±80	55~230	1.000	NUTA-5364
75~80	1850±90	64~257	0.929	NUTA-5462
		300~321	0.071	
100~110	3470±240	-	-	GX-23199
155~170	4105±175	-	-	GX-23200

NUTA : 일본 나고야대학교 연대측정연구센터(Center for Chronological Research in Nagoya University, Japan)

GX : 미국 지오크론 연구소(Geochron Laboratories, Krueger Enterprise, INC, Cambridge, Massachusetts, USA)

* : 방사성 탄소 연대를 측정할 수 있는 국제 공인 대학 또는 연구소의 고유 Code번호

a : 연대 보정은 INTCAL98 program으로 보정하였다. University of Washington Quaternary Isotope Lab. URL을 이용 <http://depts.washington.edu/qil/dloadcalib/>

표 9. 2008년 채취한 이탄 시료를 이용하여 방사성탄소 절대연대 측정 결과(최기룡·장병오 2009. 미발표)(Absolute years by carbon dating of peat collected from Yongnup in Aug. 8, 2008)

시료 채취 지점 및 번호	깊이(cm)	시료	코드번호	^{14}C 연대(BP)	보정연대 (BC/AD)
제 5지점 1	54~56	퇴적물	SNU08-720	1,660±50	390 cal AD
제 5지점 2	71~73	퇴적물	SNU08-721	2,740±50	880 cal BC
제 6지점 1	54~56	퇴적물	SNU08-722	2,510±50	630 cal BC
제 6지점 2	88~90	퇴적물	SNU08-723	1,800±50	220 cal AD
제 6지점 3	141~143	퇴적물	SNU08-724	4,480±50	3,200 cal BC
제 6지점 4	163~165	퇴적물	SNU08-725	4,740±50	3,500 cal BC
제 6지점 5	177~179	퇴적물	SNU08-726	5,060±50	3,850 cal BC

* 울산대학교 생명과학부 최기룡 교수 및 장병오 박사는 2008년 8월 8일 용늪의 최하층(177cm~179cm)의 이탄을 채취하여 방사성 탄소연대를 측정한 결과 5,060±50yr BP로 용늪은 지금으로부터 5,000여 년 전에 만들어졌다는 사실을 새로 확인하였고 Calibration 해 본 결과 BC 3,850이었다. SNU는 서울대학교 AMS센타 고유 Code임.

4. 일년에 0.4mm-0.15mm 씩 성장하는 이탄

전술한 바와 같이 식물이 죽으면 광합성(光合成)이 정지됨으로 식물체내에 있던 탄소(C^{14})는 붕괴되기 시작한다. 이런 원리를 이용하여 채취한 이탄 시료에 들어있는 방사성 탄소(C^{14})를 측정해 보면 이탄을 구성하고 있는 퇴적물이 지금으로부터 몇 년 전에 죽은 식물인지 알 수 가 있는 것이다.

표 8은 대암산 용늪 이탄의 절대연대를 방사성동위원소(^{14}C)로 측정한 결과이다(강상준·Yoshioka 2005). 표면층이라고 할 수 있는 0~5cm 깊이의 이탄은 180±70년 전(曆年으로 AD 1670년-현재), 30-35cm의 이탄은 870±80년 전(AD 1154-1240년경), 45-50cm의 이탄은 1,900±70년 전(AD 189-213년), 55-60cm 이탄은 1890년±80년 전(AD 55-230년), 75-80cm의 이탄은 1850±90년 전(AD 64-257년)에 쌓인 퇴적물로 측정되었고, 100-110cm의 이탄은 3,470±240년 전, 155-170cm의 이탄은 4,105±175년 전의 것으로 측정되었다. 100cm이하 이탄의 측정 시료는 10-15cm 간격으로 채취한 것임으로 상층의 이탄처럼 채취 간격을 5cm이하로 더 세분하여

측정했다면 적어도 4,500년 전-5,000년 전 이라는 절대연대가 나 올 수 있었을 것이다. 이를 고려하여 필자는 대암산에 용늪이 만들어지기 시작한 것은 5,000년 이전으로 추정해 왔다.

2008년 8월 8일 우리나라의 유일한 화분분석 전문학자인 울산대학교 최기룡 교수팀과 함께 대암산 용늪에서 170cm 깊이까지 이탄을 다시 채취하였는데 이 시료를 측정한 결과 5,050±50년 전(BP)이 나왔다.

1988년도에 이탄을 채취했던 깊이가 가장 깊은 180cm 깊이의 이탄은 다시 채취한 후 1-2cm간격으로 더 세분하여 측정하게 되면, 어쩌면 5,000년 BP 보다 더 오랜 연대가 나올 수 있을 것으로 기대한다.

한편 이탄 속에 유기물(有機物) 함량이 많다는 것은 식물체만으로 되어있는 유체(遺體), 즉 죽은 식물체가 서서히 분해되면서 차곡차곡 쌓인 퇴적물이 많다는 것을 의미한다(그림 54). 60cm-70cm이하의 퇴적물에서는 유기물 함량이 5%이하이지만, 55-60cm 깊이에서 부터 표층에 이르는 이탄 속에는 그 함량이 10%에서 50%이상으로 점점 많아지고 있음을 보면 큰 용늪이 고층습원의 특성을 갖추어 가기 시작한 것은 50cm 깊이, 즉 지금으로부터 1,900±70년 전, 다시 말하면 2,000-2,500년 전에 고층습원이 만들어지기 시작했음을 의미한다.

실제로 이탄을 위에서 아래로 순서대로 채취하여 이탄을 구성하는 식물 유체 또는 부니질(腐泥質, detritus)의 조성 상태로 만든 <큰용늪의 이탄 단면도>(그림 51, 그림 52)에서도 50cm 깊이의 퇴적물이 물이끼-사초과 식물의 이탄이라는 사실, 유기물 함량, 절대연대 측정 결과가 서로 일치한다.

각 이탄층의 퇴적속도가 일정하다고 하면, 부피 퇴적율(bulk accumulation rate)은 표층에서 35cm 깊이까지는 연간 0.4mm, 35-50cm에서는 연간 0.15mm로 계산되었다(Kang et al. 2001). 이 수치는 대암산 큰 용늪이 해마다 상층에서는 0.4.mm씩, 하층에서는 0.15mm씩 이탄이 퇴적되면서 성장하고 있음을 의미하는 것이다. 일본의 유명한 오제가하라(尾瀨ヶ原)습원에서의 퇴적율도 이와 비슷하다(Minomo et al. 1997).

그림 54. 삽으로 채취된 이탄의 실제 모습(1988)(Actual peat sample collected by shovel in 1988)
10원짜리 동전의 크기는 22mm이고 이 사진의 이탄 깊이는 약 52cm이다. 동전이 놓인 위쪽에 고사 건조된 물이끼의 식물유체가 있고 그 아랫부분은 갈색을 띈 순수한 물이끼로 되어있는 이탄이다. 위쪽의 약간 검은색을 띈 부분(동전이 놓인 위쪽)은 이 시기에 건조했음을 의미하고, 나머지 갈색을 띈 부분은 강우가 많아 습윤했음을 의미한다(본문 참조).

고층습원의 물은 이탄의 분해를 제한하는 가장 중요한 외부 요인(external factor)이며 많은 열을 흡수하므로 대기보다 수온이 낮다. 또한 물은 기체의 확산율(diffusion rate)을 제한하므로 산소의 이용(availability of oxygen)을 낮춘다. 이처럼 물과 산소라는 두 요인은 이탄 분해 미생물의 활력을 억제하므로 죽은 식물체의 분해율이 낮아지게 되는 것이다. 따라서 이탄이 퇴적되는 것이다.

그러나 용늪의 중앙 부위에 스케이트장이 조성된 이후 고층습원에 특유한 물길의 유로(water channels)가 변경되었고 또 일부 지역의 토사 퇴적 및 건조함 때문에 이탄의 수분함량에 변화가 있을 수 있으므로 분해속도가 빨라져서 지금은 퇴적율이 0.4.mm 보다 낮아질 수 있을 것이다.

5. 이탄의 판정 기준

1) 이탄(泥炭)과 흑니(黑泥)

식물이 죽으면 그 유체(遺體)는 미생물이나 지중동물(地中動物)에 의하여 분해가 되지만 한랭한 지대의 습한 곳에서는 저온과 수분의 과잉 때문에 분해가 잘 되지 않아서 식물조직은 육안으로도 쉽게 식별을 할 수 있는 황갈색 또는 암갈색의 퇴적물로 남는다. 이런 퇴적물을 이탄(泥炭)이라고 한다(그림 54).

물이끼로 되어있는 고층습원에서는 비가 많이 내려 강우량이 증발량을 상회(上廻)하게 되면 그 사이의 이탄층은 부식화(腐植化)가 진행되지 않아 엷은 갈색을 띄지만, 강우량이 적거나 건조가 계속되게 되면 그 사이의 이탄층은 부식이 잘 되어 검은 색을 띄게 된다.

이렇게 해서 건습(乾濕, dry and wet)의 두 기후가 반복하게 되면 퇴적층의 단면(斷面)에 색깔의 차이가 나타나게 된다(그림 54). 이런 층을 회귀층, 회귀면, 또는 RY층(回歸層, 回歸面, RY層, recurrence surface)이라고 한다(沼田, 1974). 넓은 지역에 걸쳐 이탄이 다량 분포되어 있는 유럽에서는 이런 회귀면의 절대연대(絶代年代)가 이미 알려져 있고 여러 지역의 이탄을 대비(對比)하는데 사용되고 있다.

우리나라에서는 이탄과 토탄(土炭)을 혼용하고 있는데 구별할 필요가 있다고 생각된다. 토탄이라고 함은 광물(鑛物) 용어로서 "탄화도(炭化度)가 가장 낮은 석탄"이라고 하지만 일반적으로는 석탄에 포함시키지 않는다. 식물의 섬유가 그대로 남아있는 경우가 많으며 수분이 많이 들어 있고 과거에는 말려서 연료로 사용되기 때문에 토탄이라고 부르는 것이다. 습지와 관련해서는 이탄이란 용어를 사용할 것을 제안한다.

즉 이탄(토탄 peat, torf)이란 분해가 불완전한 식물의 유체(遺體)가 퇴적된 것이고, 이탄지(peatland, torfmoor)란 이탄이 퇴적되어 있는 곳, 즉 토지를 말한다.

람사르 협약(Ramsar Convention)에서도 "이탄지란 약 5천 년 전에서 8천 년 전에 걸쳐 퇴적된 주로 반 정도 분해가 된 식물유체로 만들어진다(Peatlands are made up of mainly semi-decayed plant material accumulated over some five to eight thousand years)"라고 개념을 정리하였다.

습한 곳에 형성된 유기 퇴적물 또는 유기물이 섞인 검은색 토양을 무조건 이탄이라고 하는데, 정확한 개념 정리가 필요하다.

Daubenmire(1974)는 "Peat and muck are largely organic accumulations formed in wet places, the former being so little decomposed as to be still fibrous, the latter being well decomposed and amorphous."라고 하였다.

즉, "이탄(peat)과 흑니(muck)는 습한 곳에 형성된 대부분의 유기퇴적물로, 이탄(泥炭, 土炭)이란 분해가 덜된 나머지 아직 섬유질이 남아있는 것이고, 흑니(黑泥)란 분해가 잘되어 식물조직이 없는 상태"로 구분하였다.

식물이 고사하게 되면, 식물체 내 유기물 중에서 당류, 단백질 등은 쉽게 분해되지만 섬유소(cellulose), 헤미셀룰로오스(hemicellulose), 리그닌(lignin) 등은 쉽게 분해되지 않고, 특히 lignin은 식물체가 분해됨에 따라 그 함량이 증가되는데(Benner et al 1987, Minomo et al 1997), 이탄은 주로 lignin으로 구성된 것이다.

흑니(muck, 黑泥)란 용어는 비교적 생소하다고 할지 모르지만, "흑니란 이탄의 일종으로서 분해가 어느 정도 진행되어 육안으로 보면 식물조직의 잔존(殘存)이 인정되지 않는 흑색 세립(細粒)이며 주로 흑니로 형성되는 습지성 토양을 흑니토(黑泥土, muck soil)라 하고 난대나 온대지역의 배수가 잘 안 되는 지대에 형성되는 하나의 토양형이다."

따라서 이탄(泥炭)과 흑니(黑泥)는 구별되어 사용되어야 하나 우리나라에서는 혼동하고 있다. 산지, 산림 내 또는 묵논(old rice field) 등의 습한 지역에 형성되었거나 출현하는 검은색의 토양을 무조건 이탄으로 분류하는 것은 잘못된 일이다.

특히 최근 산림청이나 지방자치단체 등에서 산지습지를 조사하고 있는데 산림의 숲속에 물길이 간헐적으로 지나가거나, 물이 약간 고여 있거나, 질퍽하거나, 고마리, 골풀, 물봉선, 버드나무, 갯버들 등 습지에 서식하는 습지식물 몇 종이 서식하고 있으면 무조건 습지라고 쉽게 판단하는 우를 범하고 있다. 토양구조 역시 적색 산림토양이라고 기술하면서 습지라고 하고, 토양 형성과정의 조부식(粗腐植, mor)과 정부식(精腐植, mull)의 차이도 구분하지 않고 기술하고 있어 안타깝다.

2) 판정 기준

전술한 바와 같이 이탄은 "분해가 덜된 나머지 아직 섬유질이 남아있음을 육안으로 식별할 수 있는 것"으로, 당연히 유기물 함량이 많고 부식화(humification) 또는 부식도(腐植度,

humicity)가 낮아야 한다.

이탄 및 이탄지에 대한 대부분의 지식은 수 세기동안 이탄을 연구한 북유럽이나 북미로부터 얻어진 것이다.

이탄의 부식도는 유기물의 분해 정도를 나타내는 것으로, KOH용액에 용해되는 부식산(腐植酸)의 양에 따라 결정할 수 있다. 스톡홀름(Stockholms)대학교 교수였던 von Post(1916)는 습원의 이탄을 야외법(野外法)이라 하여 10계급으로 나누었고 Ekono(1981)는 이를 체계화하여 제시하였다. Tsukada(塚田, 1974)는 일반적으로 5계급을 이용하여 이탄 여부를 판정할 수 있다고 하였다.

부식도(腐植度, humicity)를 야외에서 결정하는 데에는 북유럽의 학계에서 표준화하여 사용하고 있는 "쥐어짜기 방법(squeezing method)"이 있다.

부식도 1(H-1) : 식물조직이 신선하게 잘 보존되어 있어 이탄을 손에 넣어 짜면 투명한 그리고 색갈이 없는 물(clear water)이 나온다. 이탄은 전연 분해되지 않았으므로 식물유체(植物遺體)를 쉽게 알아 볼 수 있다.

부식도 2(H-2) : 거의 분해되지 않아서 식물조직이 잘 보존되어 있다. 분해가 약간 된 이탄기질이 약간 포함되어 있으나 식물유체를 쉽게 알아 볼 수 있다. 손에 넣어서 꽉 짜면 황갈색의 물(clear or yellow water)이 새어 나온다. 손에 쥔 이탄 양(체적)의 1/4 혹은 그 이하의 이탄이 손가락 사이에서 빠져 나온다.

부식도 3(H-3) : 식물조직은 많으나 적어도 부분적으로는 분해되었다. 손에 쥐어서 짜면 탁한 갈색 물(muddy brown water)이 나오고 이탄의 반 정도가 손가락 사이로 무형의 갈색 이탄이 새어 나온다.

부식도 4(H-4) : 식물조직의 분해가 잘되었으므로 돋보기를 이용해서 보아도 식물조직의 형태가 뚜렷하지 않다. 손에 넣어서 짜면 매우 탁한 검은색 물(very muddy brown water) 나오고 손가락 사이로 이탄이 전연 빠져 나오지 않는다.

부식도 5(H-5) : 식물조직이 완전히 분해되어 버려 어떤 구조도 없고 손에 넣어서 짜면 약간의 무형 이탄과 함께 탁한 검은색 물(muddy water with a very small amount of amorphous granular peat)이 나온다. 쥐어짜면 손안에 남는 것은 풀죽 또는 반죽과 같은 부식니(腐植泥, detritus)뿐이다.

이러한 야외법을 사용하여 습지의 토양을 현장에서 채취하여 쥐어짰을 때 부식도 1(H-1)~부식도 3(H-3)에 해당되는 것을 이탄(peat)으로, 부식도 4(H-4)~부식도 5(H-5)는 흑니(muck)로 판정하였다. 다른 연구자들이 추가로 제시한 이탄의 판정 기준을 보면 다음과 같다.

① 실험실에서 전기로(電氣爐, muffle furnace)를 이용하여 이탄을 작열(灼熱, ignition)했을 때 작열 소비량 또는 작열 감량(灼熱 減量, loss on ignition)이 45% 이상이면 이탄(peat)으로 판정하고 그 이하이면 흑니(muck)로 판정할 것을 제안했다.

② 캐나다의 습지분류 기준(The Canadian Wetland Classification System 1997)에 따르면, “이탄지는 유기토양이 발달된 그 위에 40cm 이상의 이탄이 퇴적된다(Peatlands contain more than 40 cm of peat accumulation on which organic soils develop.)"고 정리했으나, 습지형성 조건이 열악한 우리나라의 경우에는 이탄의 깊이가 최소 20cm 이상이고 식물조직을 육안으로도 쉽게 식별할 수 있는 황갈색 또는 암갈색의 퇴적물만을 이탄으로 정의할 것을 제안한다.

③ 기타 pH를 들 수 있는데, pH 4.0 ~ 6.0 범위이면 고층습원(Bog), pH 6.0 이상이면 소택지(Fen)로 판정함이 옳다고 사료된다. 대암산 이탄의 pH는 3.4~5.1, 무제치늪의 pH는 5.46~6.03범위인 것이 좋은 예가 될 것이다. 천성산 밀밭늪의 경우 pH는 6.41~7.61 범위임으로 고층습원이 아니다.

④ 강원도 대암산의 용늪이나 울산시 정족산 무재치늪에서 보는바와 같이 미분해 상태의 유기물을 육안으로 식별이 가능하고 또 실험실 실험에서 유기물 함량이 45-99% 이상임이 확인되었음으로 고층습원이라 하는 것이다(강상준 1987, 김주용 등 1997).

⑤ 鈴木(Suzuki, 1994)도 일본의 여러 습지를 대상으로 이탄에 포함된 유기물을 조사한 결과 대부분의 습원의 표층에서부터 2m 깊이까지의 유기물 함량은 45-90%정도라고 하였다.

한편 국제이탄학회(International Peat Society, IPS)는 1973년 「이탄과 이탄지 분류 팀(Working Group for Peat and Peatland Classification)」을 만들고 1980년 제6차 IPS회의에서 다음과 같이 3가지 특성, 즉 이탄지의 식생 조성, 이탄의 분해 정도 및 이탄의 영양상태(영양염류의 풍부성)를 고려하여 다음과 같이 제안하였다(Kivinen 1980). 이 제안은 이탄지 보다는 이탄 물질(peat material)을 주로 한 내용이다.

A.이탄지의 식생 조성(botanical composition)

ⓐ 물이끼 이탄(*Sphagnum* moss peat)

ⓑ 사초 이탄(sedge peat)

ⓒ 목본 이탄(woody peat)

B.이탄의 분해도(decomposition degree)

ⓐ 약한 분해(weakly decomposition)

ⓑ 중간 정도의 분해(medium decomposition)

ⓒ 강한 분해(strongly decomposition)

C.이탄의 영양 상태(trophic status, nutrient richness)

ⓐ 빈영양성(oligotrophic)

ⓑ 중영양성(mesotrophic)

ⓒ 부영양성(eutrophic)

이 제안에 따라 용늪의 이탄 물질을 판단해 보면, 식생조성으로는 물이끼 이탄과 사초 이탄, 이탄의 분해도는 약한 분해와 중간 정도의 분해 그리고 영양 상태로 보아서는 빈영양성이었는데, 1970년대 후반 용늪이 훼손되어 일부 지역의 건조 상태가 지속된 이후의 상태를 보면, 이탄지의 식생조성은 물이끼 이탄지 범위가 다소 줄어들고 사초과 이탄 면적이 늘어났음이 관찰되며 이탄의 분해 정도는 중간 정도의 분해와 특히 건조지역의 이탄은 강한 분해 그리고 영양상태는 빈영양성 및 중영양성을 나타내고 있다.

6. 꽃가루가 밝힌 용늪의 자연 변천사

이탄과 같은 퇴적물의 꽃가루 분석을 최초로 시도한 세계적인 화분학자인 스톡홀름(Stockholm) 대학교의 본·포스트(Lennart Ernst Jacob von Post, 1884. 6. 16. - 1951. 1. 11.) 교수는 "이탄의 하층에서 부터 상층으로 차례로 화석화분 집단(fossil pollen assemblage)을 현미경하에서 추적하면 식물의 이동이나 양적 변동을 알 수 있다"고 하였으며, 1916년의 강좌에서는 "퇴적물 속의 화분상(花粉相, pollen flora)을 순차적으로 추적함으로서 과거의 삼림변화를 알 수 있고, 변천이 규칙적이거나 법칙성을 나타낸다면 후빙기(後氷期, post-glacial period)의 삼림변천사(森林變遷史)를 확립할 수 있으며, 거꾸로 그 시대의 기후까지도 알 수 있다"고 하였다(塚田 1976).

꽃가루(花粉, pollen)란 식물이 종족을 보존하기 위하여 가장 안전하고 확실하게 웅성핵(精子, spermatozoon)을 난핵(卵子, ovule)까지 운반하려고 만들어 낸 아주 작은 주머니다. 식물이 만들어낸 이런 꽃가루는 몇 %만이 본래의 사명인 종자(씨앗)형성에 이용되고, 나머지 대부분의 꽃가루는 곤충에 이용되거나 바람에 날리어서 마지막에 땅위로 떨어지는 운명에 놓이게 된다.

말하자면, 이러한 꽃가루는 자신의 사명을 다하지 못한 낙오자인 셈이다. 바로 이렇게 낙오된 꽃가루들이 자연사(自然史)를 연구하는데 중요한 단서를 우리들에게 제공해 주는 것이다(中村 1967).

건조한 땅위나 공기 소통이 잘 되는 곳에 떨어진 꽃가루는 흙속에 사는 미생물에 의해서 천천히 분해되기도 하고, 혹은 햇빛과 산소에 의한 광화학적 자기산화(光化學的 自己酸化)로 말미암아 썩어 버리게 된다.

다행히 물속이나 습지(濕地)와 같은 산소공급이 나쁜 곳에 떨어진 꽃가루들은 흐르는 물위에 떠다니다가 호소(湖沼)안으로 운반되어 바닥에 가라앉는데, 이렇게 가라앉아서 퇴적된 꽃가루는 이상할 정도로 단단한 외막(外膜, exine) 때문에 썩어 없어지거나 분해가 되지 않고 미화석(微化石, microfossil)의 형태로 수천 년 또는 수만 년 동안 물속이나 습지의 퇴적물에 속에 보존이 된다.

속씨식물(被子植物)과 겉씨식물(裸子植物)의 꽃가루는 그 모양이나 크기가 식물의 종류에 따라서 다르므로 몇 단계의 실험과정을 거쳐서 현미경으로 관찰해 보면 어떤 식물의 꽃가루인지를 알아낼 수가 있다.

고사리식물(羊齒植物)이나 이끼류(蘚苔類)와 같은 하등식물에서는 홀씨(胞子, spore)가 꽃가루의 역할을 한다. 이러한 꽃가루와 홀씨가 들어있는 습지나 호수의 퇴적물을 특정한 기구, 예를 들면 힐러형 채니기(Hiller type borer)를 사용하여 위에서 부터 순서대로 층별로 조심스럽게 채취하여 각 층별의 퇴적물 속에 들어있는 꽃가루나 홀씨의 종류와 양을 조사한 뒤, 꽃가루의 조성(組成)을 분석해 보면 아득한 옛날 그 습지와 주위의 식물군락(植物群落)까지도 알아볼 수 있다.

나아가서 호소나 습지 주변의 식생(植生, vegetation)을 포함한 자연환경 뿐 아니라 인류의 활동 및 옛날의 기후, 즉 고기후(古氣候, paleoclimate)까지도 해명할 수가 있는 것이다(Birks and Birks 1980).

자연이란 수동적인 존재이기 때문에 주는 것은 무엇이든지 모두 수용한다. 수용된 것은 시간과 함께 차례로 끊임없이 무선택적으로 호소의 바닥이나 습원의 표면에 퇴적되게 된다.

예를 들면, 금년에 호소에 퇴적된 물질이나 꽃가루는 금년에 일어났던 인류활동이나 주위에 있는 식생의 구성 상태를, 선사시대(先史時代)에 퇴적된 것이라면 원시사회의 인류활동이나 자연환경의 상태를, 그리고 인류가 지구상에 출현하기 이전에 퇴적된 것이라면 그 때의 자연환경의 변화를 기록한 하나의 고문서(古文書, early archives)인 셈이다.

우리나라에서 꽃가루 분석법을 이용하여 과거의 식생변천을 연구한 사람은 일본학자인 야마자끼(山崎, Yamazaki 1940)가 처음이었고 그 후 몇몇 우리나라 학자들이 단편적으로 연구를 해 왔으나 최종빙기 이후 현재에 이르는 연속된 퇴적물의 시료를 얻기가 어려웠던 사정 때문에 큰 진전을 보지 못했다.

이와 같이 퇴적물속에 기록된 역사는 다른 방법으로 밝혀진 역사적 사실을 과학적으로 뒷받침해 주는데 크게 기여한다. 꽃가루가 퇴적물속에 남아서 오랜 세월 보존될 수 있는 조건으로서는 우선 기온이 낮고 습기가 많아야 한다. 또 산소의 공급이 나쁜 곳이어야 하는데, 그 대표적인 곳이 습원이나 호소의 퇴적물인 것이다.

우리나라에는 이러한 조건을 갖춘 자연호소(自然湖沼)나 습원을 찾기가 쉽지 않다. 다행히 우리나라 삼림식생의 변천사(變遷史)를 연구하고 규명하는데 가장 이상적인 고층습원(高層濕原)이 바로 대암산(大岩山)에 자리하고 있는 것이다. 이 습원이 바로 남한에 하나밖에 없다는 유명한 "큰용늪(大龍沛)"인 것이다.

1) 예비 연구(1980년)

그러면, 수 천년 전에 대암산 주위의 삼림은 어떤 종류의 나무들과 숲으로 구성되었었을까? 강상준(1980)은 앞서 설명한 방법으로 습원 표면에서부터 1m 깊이까지 10cm 간격으로 차례차례 순서대로 이탄을 채취하여 그 속에 들어있는 꽃가루 및 홀씨의 종류와 상대적인 양을 알아보았다(그림 55).

그림 55에서 보는바와 같이 습원의 표면에서 40cm~50cm 깊이 이탄 속에는 소나무속과 참나무속의 꽃가루가 가장 많이 나타났다. 그 외에도 자작나무속, 전나무속, 개암나무속, 오리나무속 그리고 철쭉과 식물의 꽃가루가 들어 있었다.

풀 종류(草本類)로는 사초과 식물, 쑥 종류, 물이끼와 고사리 식물의 홀씨가 약간씩 나타났다. 특히 물이끼(*Sphagnum*) 홀씨가 50cm깊이에서부터 출현한다는 것은 용늪이 고층습원의 특징을 나타내기 시작한 것은 이 때 부터임을 알 수 있다. 전술한 바와 같이 탄소동위원소를 사용하여 이때의 절대연대(絶對年代, absolute year)를 측정해 본 결과 1,900±70년BP, 즉 약 2,000년 전후임을 알 수 있다.

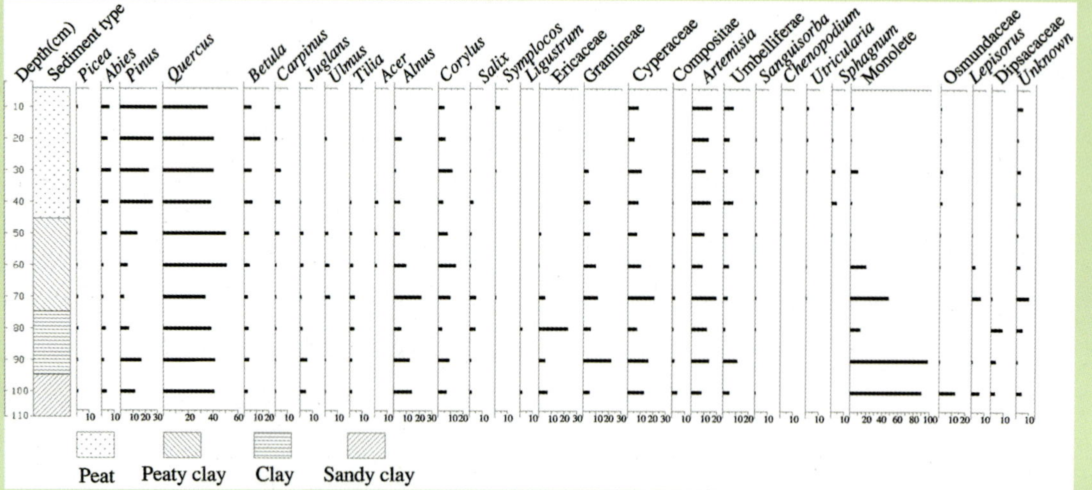

그림 55. 용늪 이탄의 화분도(花粉圖)(강상준 1980)(Pollen diagram of peat analyzed by KOH-Acetolysis method in Yongnup bog)

1: 지표면-10cm(물이끼로 구성된 검은색의 섬유질 이탄)
2: 10-20cm(물이끼로 되어있는 갈색의 섬유질 이탄)
3: 20-30cm(황갈색의 이탄)
4: 30-40cm(황갈색의 이탄)
5: 40-50cm(갈색으로 부식이 잘된 이탄)
6: 50-60cm(연한 갈색의 부식 이탄)
7: 60-70cm(회색의 부식 이탄)
8: 70-80cm(회색의 진흙)
9: 80-90cm(회색의 진흙)
10: 90-100cm(회색의 모래와 진흙)

Pinus(소나무속) *Abies*(전나무속) *Picea*(가문비나무속) *Quercus*(참나무속) *Betula*(자작나무속)
Alnus(오리나무속) *Carpinus*(서나무속) *Corylus*(개암나무속) *Tilia*(피나무속) Ericaceae(진달래과)
Cyperaceae(사초과) Gramineae(벼과) *Artemisia*(쑥속) Fern spore(고사리식물 포자, Monolete type 단구형)

그리고 소나무의 꽃가루가 많이 나타났다는 것은 자연에 대한 인간의 간섭(干涉, impact, interferences)이 시작되었음을 암시해주는 것으로 약 2,000년~2,500년 전 부터 인류의 농경활동(農耕活動)으로 말미암아 원시림(原始林)이 파괴되기 시작했음을 의미하는 것이다. 고고학적 편년에 따르면 이 시기는 신석기 시대(新石器 時代, Neolithic era, New stone age) 전기 또는 중기로 집약농업(集約農業)이 행해지는 시기에 해당된다.

깊이 40cm에서 70cm 사이의 이탄 속에는 참나무 꽃가루가 전체의 50% 이상을 차지하였다. 소나무의 꽃가루는 현저히 그 양이 줄어들었고 개암나무속과 오리나무속의 꽃가루는 위쪽의 층에서 보다 그 출현비율이 다소 높았다. 이렇게 참나무속, 오리나무속, 개암나무속 등의 갈잎나무(闊葉樹)의 꽃가루가 많이 나타나는 것은 이때의 기후가 지금보다 따뜻했음을 의미한다. 특기할만한 일은 이 깊이에서는 물이끼의 홀씨가 전연 나타나지 않는 대신, 고사리 식물의 홀씨 출현비율이 매우 높다는 것이다.

이것은 대암산 큰용늪이 고층습원으로서 그 모양과 특징을 갖추기 시작한 것은 약 2,000년 전부터 시작되어 현재에 이르고 있음을 암시해주고 있다. 그리고 70cm에서 100cm 깊이까지의 이탄속의 꽃가루의 종류와 양을 보면, 이 깊이에서 역시 참나무속의 꽃가루가 대부분을 차지하였고 철쭉과 식물, 벼과 식물, 사초과 식물, 쑥 종류의 꽃가루 및 고사리 식물의 홀씨가 비교적 많이 나타났다.

깊이 100cm~110cm 지점 및 155cm~170cm 지점의 이탄에 대한 절대연대는 각각 3,470±240년 BP 및 4,105±175년 BP이였다. 그러나 상층의 이탄은 5cm 간격으로 측정한 반면, 하층의 이탄은 10cm~15cm 간격으로 측정했으므로 오차가 클 수밖에 없고, 만일 하층의 이탄을 더 세분하여 5cm 또는 그 이하의 간격으로 시료를 채취하여 측정하면 더욱 오랜 시대를 나타내었을 것이다.

2) 정밀 연구(2009년)

강상준(1980)의 화분분석에 대한 최초의 예비연구 후, 28년이 지난 2008년 8월 8일 최기룡 교수와 장병오 박사(2008)는 용늪의 2개 지소, 즉 자동기상관측기기를 설치한 곳에서 입구 사이의 목도 부근인 이탄 깊이 147cm의 조사지점 5(Site 5)와 북쪽 하단 물의 유출지역과 가까우며 대암산 산록 방향의 꼬리조팝나무군락이 형성된 인근지점의 180cm 깊이인 조사지점 6(Site 6)에서 이탄을 채취, 화분분석을 정밀하게 연구하였다(그림 56, 그림 57).

최기룡 교수와 장병오 박사(2009)의 연구결과에 의하면 Site 5에서 3개의 화분대(花粉帶, pollen zone), Site 6에서 4개의 화분대를 확인하고 이들 분석결과를 서로 보완한 후, 4개 화분대로 구분하여 다음과 같이 설명하고 있다.

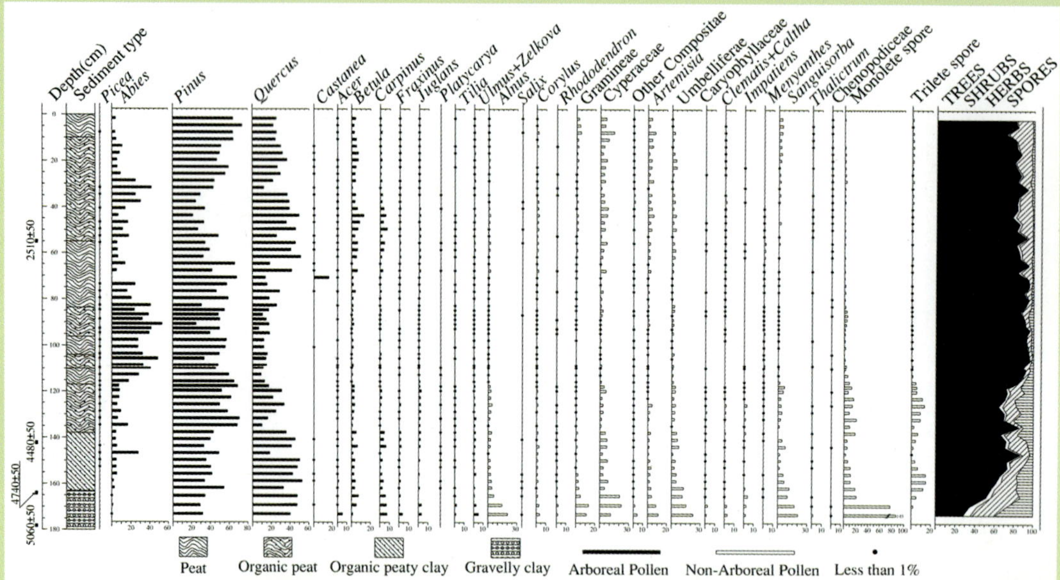

그림 56. 용늪 site 6 화분변천도(최기룡·장병오 2009, 미발표)(Pollen diagram of peat in Yongnup bog, Site 6)

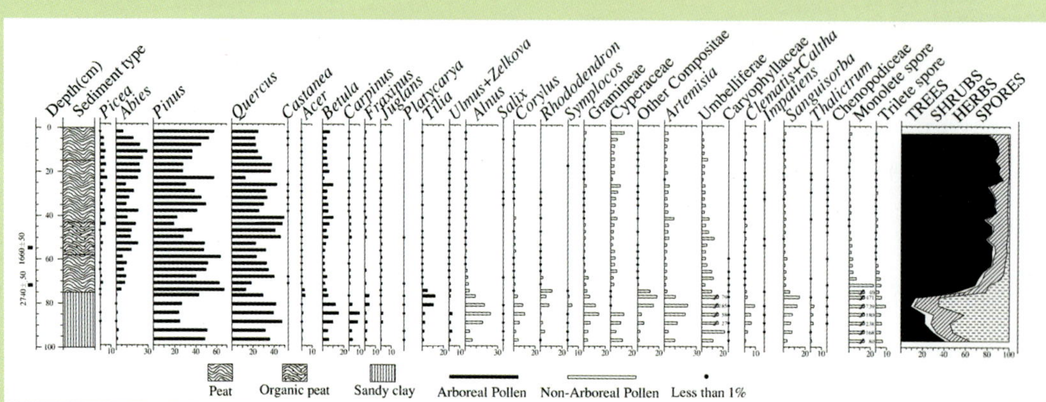

그림 57. 용늪 site 5 화분변천도(최기룡·장병오 2009, 미발표)(Pollen diagram of peat in Yongnup bog, Site 5)

(1) 참나무속-소나무속 화분대(*Quercus-Pinus* pollen zone, 깊이 180cm~116cm)

최하층인 180cm 퇴적물의 절대연대는 5,060±50년 BP, 보정연대(calibration year)는 3,850년 BC이고 160cm 퇴적물의 절대연대는 4,740±50년 BP, 보정연대는 3,500년 BC, 그리고 140cm 퇴적물의 절대연대는 4,480±50년 BP, 보정연대는 3,200년 BC로 추정되지만(표 9), 이 화분대의 퇴적물은 최하층인 180cm에서 부터 110cm 사이에 퇴적된 이탄이며 약 5,100~4,300년 BP에 퇴적된 것으로 확인되었다.

이 깊이에서는 참나무속과 소나무속 화분이 다량 출현하는 것이 특징이다. 참나무속 화분은 110cm 및 130cm 부근에서 10% 전후로 낮게 출현하는 층도 있지만 대부분의 층에서 30~50%로 비교적 높은 빈도로 출현하였으며, 특히 소나무속은 29~70%까지 출현하는 층도 있다.

아한대침엽수인 전나무속(*Abies*)은 10% 미만이나 자작나무속(*Betula*), 서어나무속(*Carpinus*), 오리나무속(*Alnus*)은 비교적 많이 출현하고 있다. 초본의 경우 벼과(Graminiae), 사초과(Cyperaceae), 산형과(Umbelliferae), 쑥속(*Artemisia*), 오이풀속(*Sanguisorba*)이 다른 초본에 비하면 상대적으로 많이 출현함을 알 수 있다. 그리고 양치식물의 단구형 포자(單溝形 胞子, monolete spore)와 물이끼의 삼구형 포자(三溝形 胞子, trilete spore)의 출현이 비교적 많았다.

이들 초본식물과 특히 삼구형 포자의 산포식물(散布植物)인 물이끼는 용늪 형성 초기에 늪의 내부 또는 늪가에서 생육했음을 의미하며 오늘날에도 사초과, 벼과식물들은 용늪식생의 우점식물로 자리하고 있고 물이끼는 이탄의 표면에 매트상으로 분포하고 있음을 관찰할 수 있다.

이러한 점을 고려해 보면, 5,100년 BP 때에 용늪은 축축한 기질위에 서서히 발달되기 시작했음을 알 수 있고, 인근의 대암산 산록에서 정상에 이르기 까지 참나무속 즉, 신갈나무(*Quercus mongolica*)가 우점하고 서어나무속(*Carpinus*), 자작나무속(*Betula*), 물푸레나무속(*Fraxinus*), 피나무속(*Tilia*), 가래나무속(*Juglans*)이 혼생하는 냉온대 중부 낙엽활엽수림(deciduous broad-leaved forest in cool-temperate central zone)으로 형성된 식생이 피복되었을 것으로 생각된다.

능선부의 건조지대에는 이엽송(diploxylon)인 소나무의 속성으로 보아 반문상(斑紋狀, mosiac patch)으로 서식했을 것이며, 참나무속이 감소되면서 아한대요소인 전나무속(*Abies*)과 오엽송

(haploxylon)인 잣나무(*Pinus koraiensis*)가 점점 침입, 정착한 것으로 추정할 수 있겠다.

(2) 소나무속-전나무속-참나무속 화분대(*Pinus-Abies-Quercus* pollen zone, 깊이 116cm~72cm)

이 깊이의 퇴적물의 절대연대는 4,300~3,200년 BP이다. 참나무속 화분 출현율이 28%에 이르는 층도 있지만 전반적으로 보면 10%~17% 이내로, 5,100~4,300년 BP인 아래층의 퇴적물보다 참나무속 화분이 현저히 낮아짐을 알 수 있고 그 대신에 전나무속 화분이 15%~49%로 특히 높았으며, 소나무속 화분 역시 24%~65%로 많았다. 삼림에서 교목층을 형성하는 다른 수종들의 화분 출현은 대부분 1% 미만이고 초본식물과 양치식물의 단구형 포자와 물이끼의 삼구형 포자 출현율은 매우 낮았다.

화분 출현율의 조성에 의하면 이 깊이에서의 주변 식생은 주로 아고산대 침엽수가 우점하는 식생이었음을 알 수 있다. 안정동위원소를 이용한 고기온(paleo-temperature)의 추정에서도 4,500년 BP는 약간 차고 서늘한 시기였음을 알 수 있다(Nakai and Hong 1980). 특히 4,500년 BP 경에는 일시적으로 매우 한냉하였다. 이 화분대를 지나 표층으로 감에 따라 다시 참나무속 화분이 증가하기 시작했고 소나무속과 전나무속의 화분 출현율은 다시 낮아지기 시작한다.

(3) 참나무속-소나무속-전나무속 화분대(*Quercus-Pinus-Abies* pollen zone, 깊이 72cm~12m)

55cm 깊이의 이탄의 절대연대는 2,510±50년 BP, 보정연대는 630년 BC이지만 72cm~12cm 깊이의 절대연대는 약 3,200~200년 BP이내가 된다. 참나무속이 전체 화분의 50%를 넘을 정도로 다시 증가하기 시작했으며 소나무속은 68%로 다량 출현하다가 상부에서는 갑자기 21%로 급감했으며 전나무속 화분은 24%~40%까지 비교적 많은 출현율을 보이기도 했으나 전체적으로 보면 10%~15% 전후로 출현율이 낮은 편이다. 이 시기의 자작나무속과 서어나무속 화분의 출현은 다시 많아지기 시작하였으며 초본류인 사초과, 벼과 및 국화과의 쑥속도 다소 증가하는 경향을 보이고 있다.

이러한 결과는 4,300년 BP~3,200년 BP 사이에 우점식물로서 분포범위를 확장하던 전나무속과 소나무속이 수직적으로는 대암산 정상으로, 수평적으로는 위도가 높은 북부지역으로 물러나거나 퇴진한 것으로 판단되며, 그 자리에 참나무속이 침입, 우점하는 낙엽활엽수림으로 대체된 시기로 추정할 수 있다.

(4) 소나무속-참나무속 화분대(*Pinus-Quercus pollen* zone, 깊이 12cm~0cm)

이 화분대의 이탄에 대한 절대연대 측정은 실시하지 못했으나 강 및 Yoshioka(2005)가 측정한 표층(0~5cm)의 절대연대는 180±70년 BP로 약 200년 BP 전후이다(표 8). 최기룡 교수와 장병오 박사(2009)의 추정에 의한 연대 역시, 12cm~0cm의 이탄층에서 200년 BP로 계산되었다.

이 화분대의 특징은 3,200년 BP~200년 BP에 상대적으로 높게 출현하던 전나무속 화분이 10% 이하로 급격히 감소하는 한편, 소나무속 화분은 74%로 급격하게 증가한다는 것이 특징이다. 또한 참나무속 화분은 앞의 참나무속-소나무속-전나무속 화분대에 비하여 다소 출혈율은 낮았으나 여전히 22%~25%의 출현율을 보인다는 점이다.

소나무의 꽃가루가 많이 나타났다는 것은 삼림식생에 대한 인간의 직접적인 간섭(干涉, impact, interferences)이나 교란(disturbance)에 의한 것으로 농경활동을 위한 원시림(原始林)의 파괴로 2차림이 형성되었음을 의미한다. 200년 BP인 이 시기는 역사적 편년으로 보면 조선 영조시대(英祖時代, 1724~1776)에 해당된다.

자연식생의 훼손과 파괴는 후술하는 <안전동위원소가 말하는 용늪의 환경변천>에서 기술했듯이, 1670년 현종 11년과 1671년 현종 12년, 그리고 1695년 숙종 21년과 1696년 숙종 22년의 대기근(大饑饉)을 촉발했던 전 지구적 기후변화인 소위 17세기 “소빙기(little glacial period)” 이후 조선 백성들의 농경활동이 더욱 적극적으로 이루어졌기 때문이 아닌가 사료된다.

위의 4개의 화분대를 고려하면 지금부터 약 5,000년~5,100년 전에 대암산 지역은 참나무를 주로 하는 숲으로 덮여있는 원시림이었고, 지금의 큰 용늪은 지형적으로 오목하고 습한 분지(盆地)이었을 뿐 현재와 같은 고층습원이 아니었음을 꽃가루는 밝혀주고 있다.

이와 같이 현미경적 크기의 꽃가루는 과거의 식생변천사(植生變遷史, vegetational history)를 밝혀주는 단서가 될 뿐 아니라, 우리 선조들의 농경의 기원과 그에 따른 식생파괴 상태, 더 나아가서 과거의 고기후(古氣候, past climate)를 해석하는데 유용한 비밀을 간직하고 있는

것이다(그림 55, 그림 56, 그림 57)

우리의 속담에 "사람은 죽어서 이름을 남기고 호랑이는 죽어서 가죽을 남긴다."는 말이 있다. 이를 원용하면 "꽃가루는 죽어서 인류를 위하여 자연 변천사의 기록을 남긴다고" 말할 수 있겠다(그림 58, 그림 59).

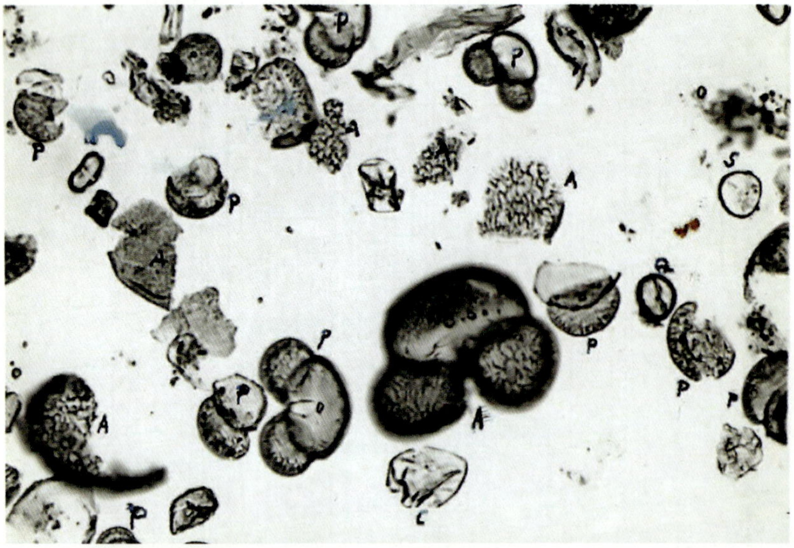

그림 58. 현미경하에서 본 꽃가루와 포자들(×250)(이 사진은 약 2,000년 전의 꽃가루들이다) 온전한 꽃가루와 화학적 처리를 하는 동안 부서져버린 꽃가루들이 보인다.(Microscopic observation of pollens and spores extracted from peat accumulated at 2,000 yr BP years in Yongnup moor. ×250)

A: *Abies*(전나무속) P: *Pinus*(소나무속) Q: *Quercus*(참나무속) C: Cyperaceae(사초과) S: *Sphagnum*(물이끼속)

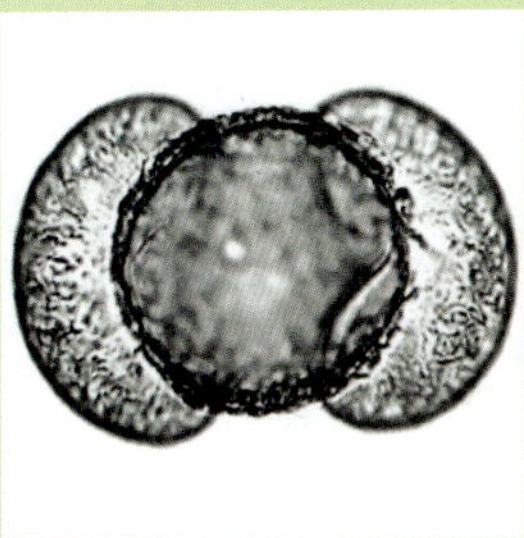

소나무속(*Pinus*)

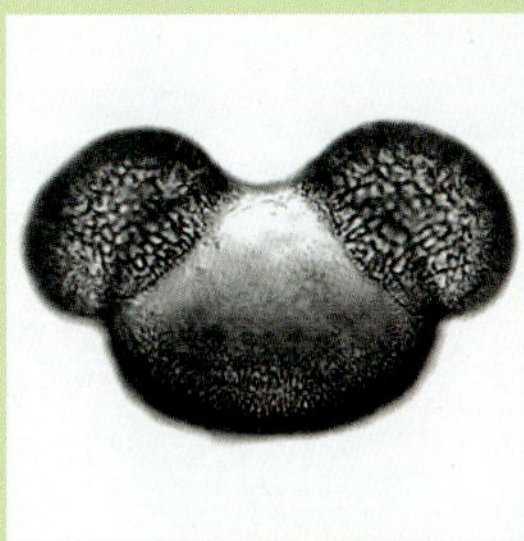

전나무속(*Abies*)

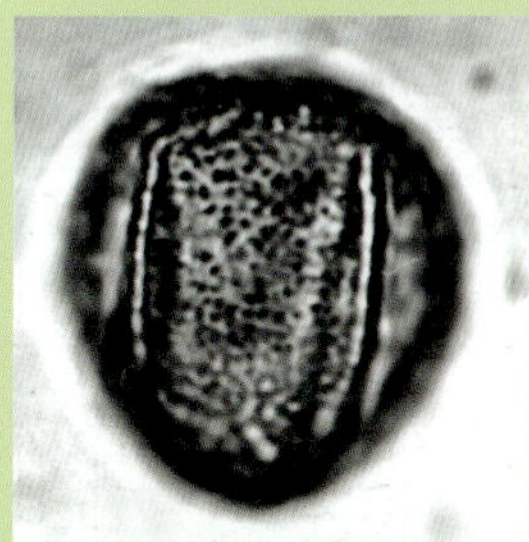

참나무속(낙엽성, *Quercus* deciduous)

오리나무속(*Alnus*)

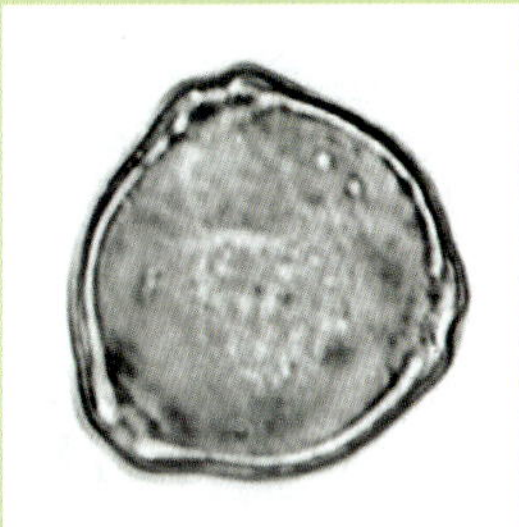

개암나무속(*Corylus*)

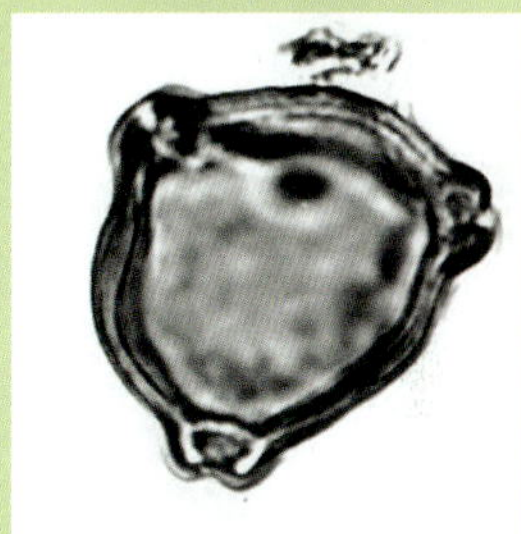

자작나무속(*Betula*)

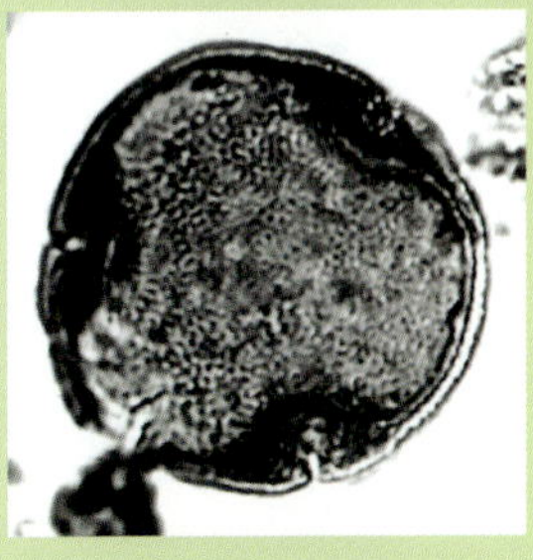

피나무속(*Tilia*)

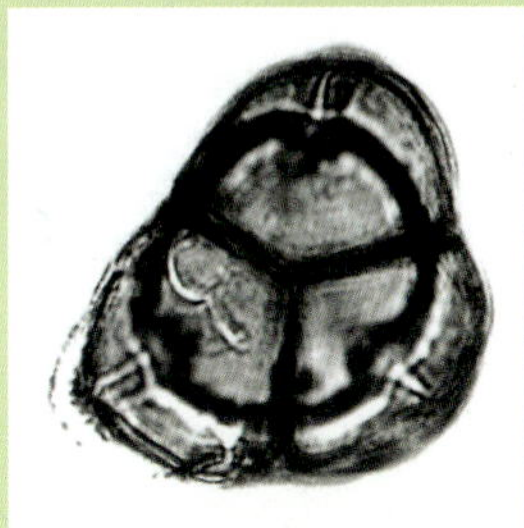

진달래과(Ericaceae)

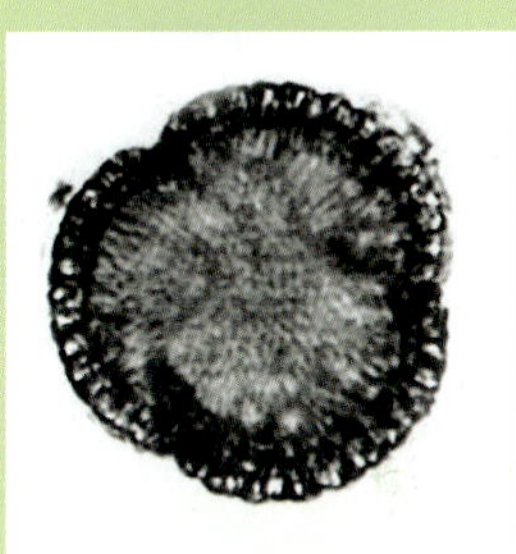

쥐똥나무속(*Ligustrum*)

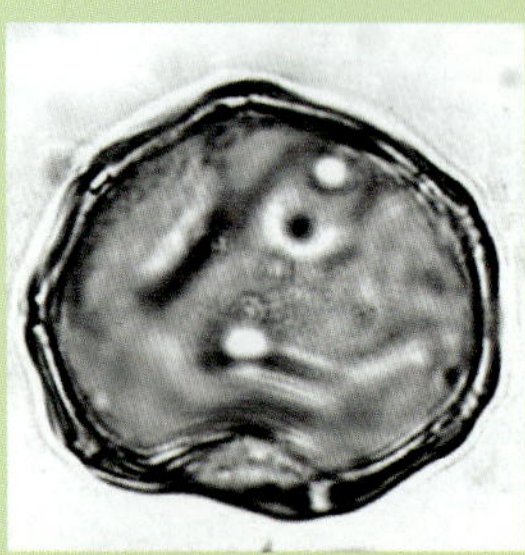

가래나무속(*Juglans*)

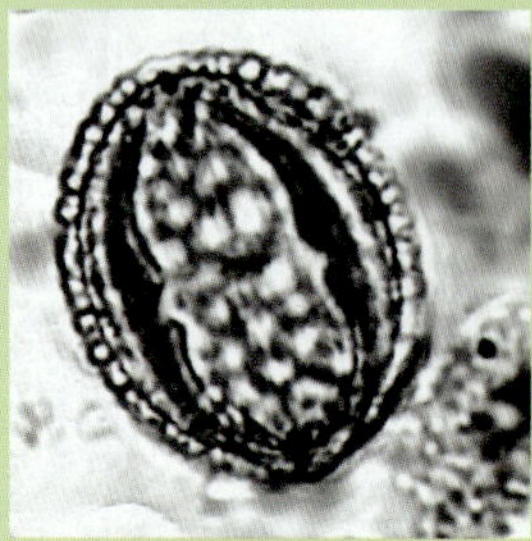

버드나무속(*Salix*)

끈끈이주걱속(*Drosera*)

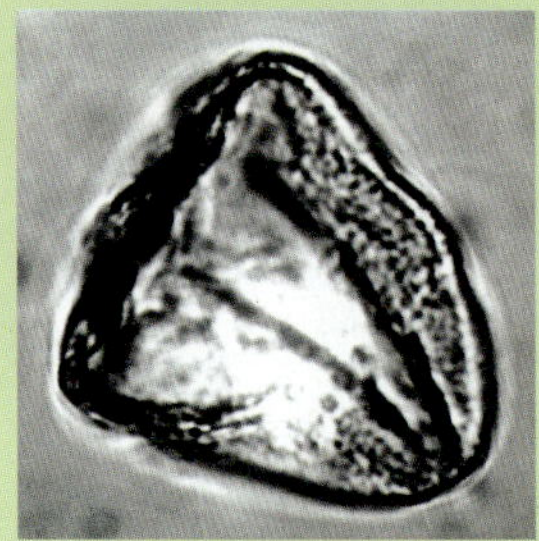

사초과(Cyperaceae)

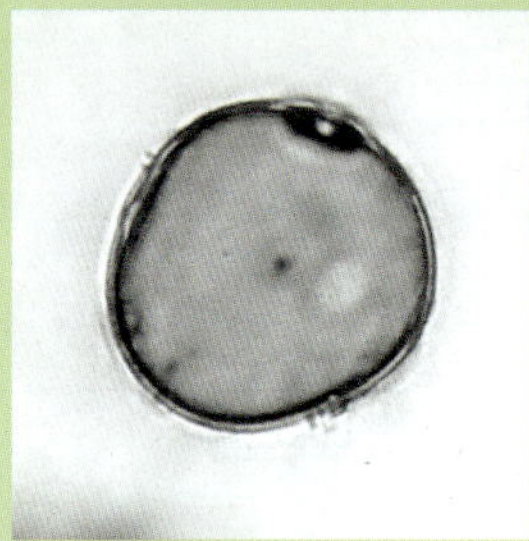

벼과(Gramineae)

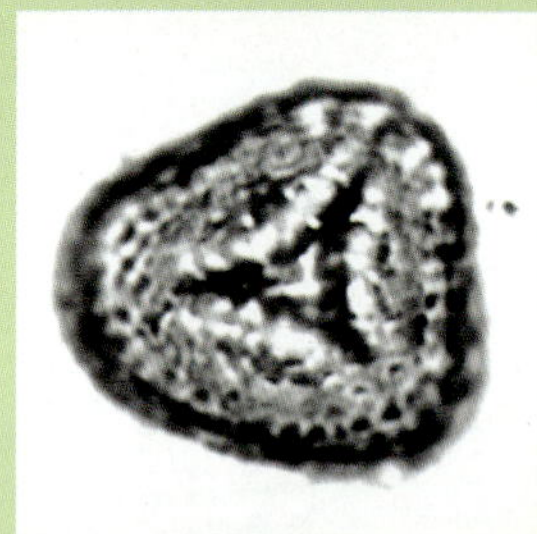

고사리삼속, 삼구형(*Botrychium*, trilete)

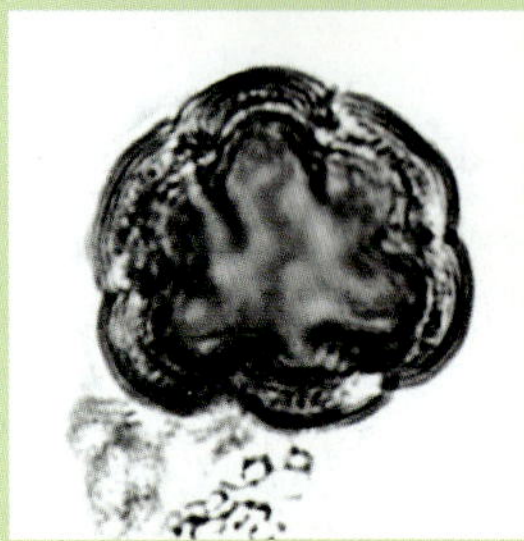

오이풀속(*Sanguisorba*)

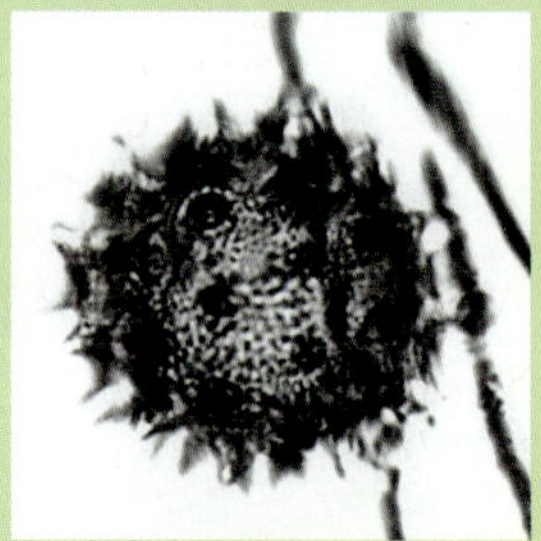

국화과(Compositae)

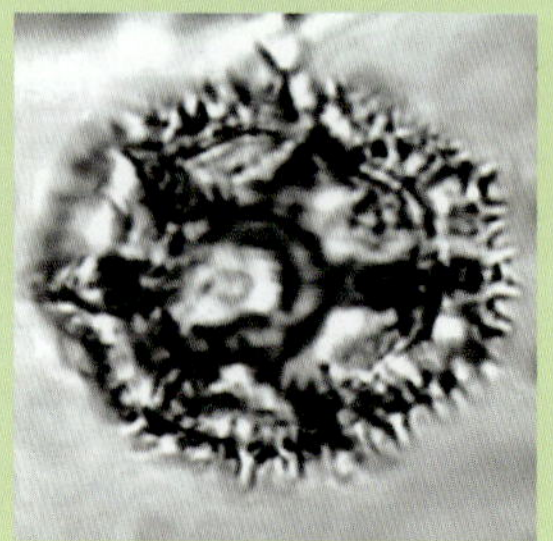

국화과(Compositae)

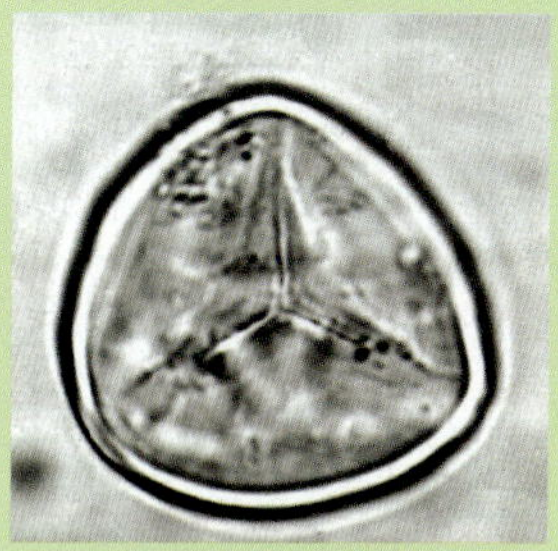

물이끼 포자(삼구형, 三溝形)
(*Sphagnum*, trilete)

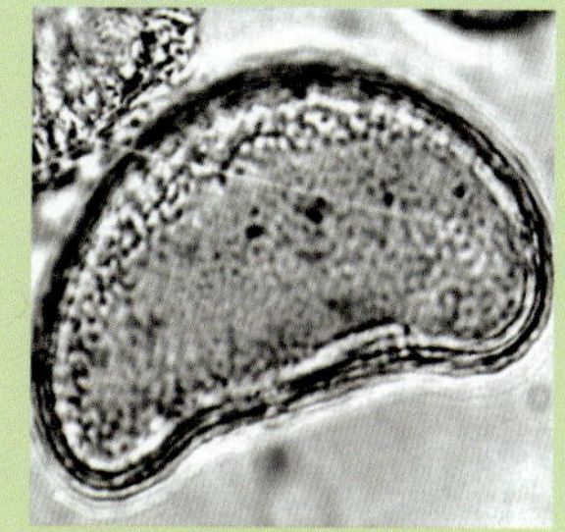

단구형(單溝形) 포자
(monolete spore)

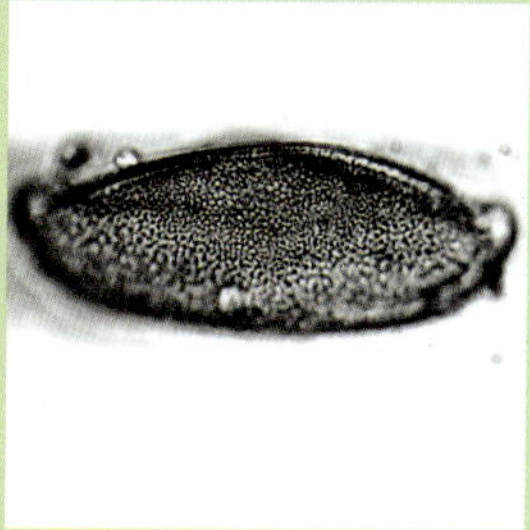

붓꽃과(Iridaceae)

그림 59. 용늪에서 관찰된 대표적인 꽃가루(이 사진은 약 2,000년 전의 꽃가루들이다)(Representative fossil pollens and spores extracted from peat accumulated at 2,000 yr BP years in Yongnup moor.)

7. 안정 동위원소가 말하는 용늪의 환경변천

1) 안정동위원소란?

생물체를 구성하는 주요 원소인 탄소(C), 수소(H), 산소(O), 질소(N) 등에는 몇 개의 안정동위원소 또는 안정동위체(安定同位元素, 安定同位体, stable isotopes = SI =silent isotope, safety isotope)가 존재한다(표 10). 예를 들면 질소는 원자량이 다른 ^{14}N과 ^{15}N의 2종이 있는데 그 비율은 각각 99.635%, 0.365%비로 존재한다.

동위체(同位体, isotope)란 외곽 전자의 수와 배열은 같으나 원자핵 내의 중성자수의 차이가 있기 때문에 질량수(質量數)가 다르므로 화학적 성질은 매우 비슷하지만, 엄밀하게 말하면 통계 열역학적 성질에는 차이가 있고 또 물리화학적, 생화학적 과정에서도 각 동위체를 포함한 거동(擧動)에는 약간의 차이가 생긴다. 이를 동위체 효과(同位体 効果, isotope effect)라 한다.

그러므로 자연계의 물질순환에 관여하는 모든 생물 유래의 물질은 다른 동위체 조성비(또는 安定同位体比, stable isotope ratio)를 나타내게 된다. 여러 가지 물질의 동위체 비를 정밀하게 측정함으로서 그 물질의 순환계(循驪系)내에서의 위치, 생성경로, 생성기구와 그 반응

표 10. 생물체를 구성하는 몇 가지 원소의 동위체 비율(Fritz & Fontes 1980)(Stable isotope ratio of several elements composed of living organism)

원소	동위체	원자량 (%)	분자량 (%)
수소(H)	^{1}H	99.985	99.970
	$^{2}H(D)$	0.015	0.030
탄소(C)	^{12}C	98.89	98.80
	^{13}C	1.11	1.20
질소(N)	^{14}N	99.635	99.609
	^{15}N	0.365	0.391
산소(O)	^{16}O	99.759	99.731
	^{17}O	0.037	0.039
	^{18}O	0.204	0.230
황(S)	^{32}S	95.00	94.73
	^{33}S	0.76	0.78
	^{34}S	4.22	4.47
	^{35}S	0.014	0.02

동태에 관련된 지식을 얻을 수 있다.

따라서 생태계를 파악하는 수단으로 이들 안정 동위체의 자연 존재비율(存在比率)을 측정하여 과거의 식생 변화나 기후 변화를 규명하는 연구가 최근에 활발히 진행되고 있다.

2) 안정동위원소 비의 측정과 표현법

안정동위체 비는 질량분석계(mass spectrometer)로 측정하는데(그림 60), 표 10에서 보는 바와 같이, 각 원소의 무거운 동위체의 존재비율은 1%정도 또는 그 이하이고, 변화폭도 매우 적으므로 안정 동위체 측정 전용의 질량분석계(예, Finnigen MAT 251, Hitachi RMU-6R; SIRA-10, VG, UK 등)를 사용한다(Wada *et al* 1995).

연소법(燃燒法, combustion method)으로 이탄과 같은 유기물 시료속의 탄소는 CO_2로, 질소는 N_2로 gas화하고, 정제(精製)된 CO_2, N_2가스는 질량분석계를 사용하여 동위체 비를 측정한다.

동위체 비(比)는 다음 식과 같이 표준물질(標準物質)과의 차(差)를 천분율(千分率)로 나타낸 치, 즉 델타 치(δ 値, 단위 permil, ‰)로 표현한다.

$$\delta^{13}C \text{ 또는 } \delta^{15}N(‰)=(R \text{ 시료}/R \text{ 표준물질 } -1) \times 1000$$

여기에서 R은 $^{13}C/^{12}C$, $^{15}N/^{14}N$ 비(比)를 의미하고, 표준물질로서 탄소는 PDB(Pee Dee Belemnitella, 미국 South Carolina 주 백악기층(白堊紀層)에서 산출되는 탄산칼슘화석인 *Belemnitella americana*의 탄소를 표준 시료로 한다), 질소는 대기 중의 질소가스를 사용한다. δ 치가 (+)의 경우는 표준물질보다 무거운 동위체 함량이 높고, (-)인 경우는 표준물질보다 동위체 함량이 낮음을 의미한다.

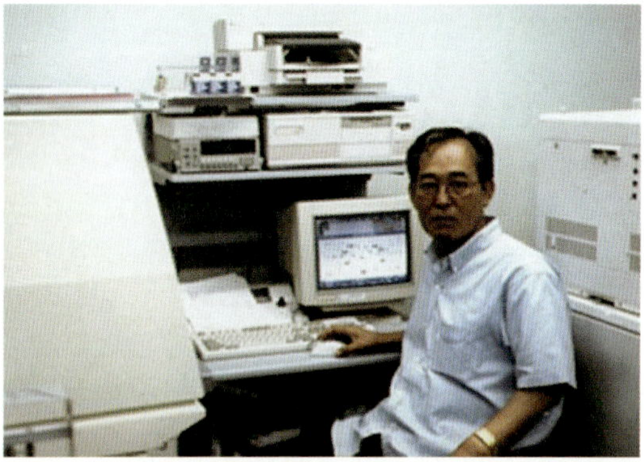
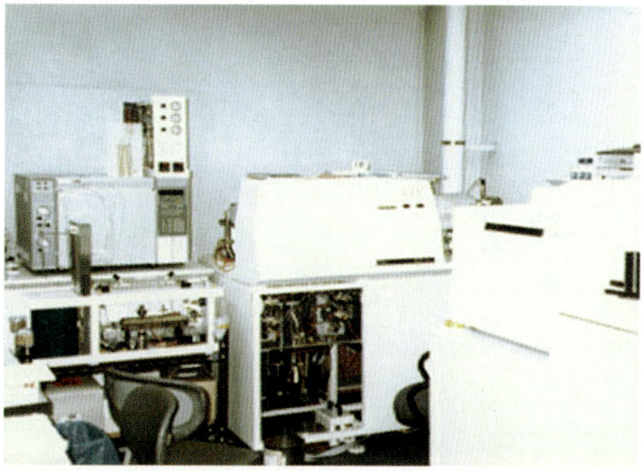

그림 60. 안정동위원소 측정 전용의 질량분석계(Finnigen MAT 251). 일본 Nagoya대학교 대기-수권과학연구소의 강상준 교수(1996년 8월 26일)(Mass spectrometer, Finnigen MAT 251, for measurement of stable isotopes established at Institute for Hydrospheric-Atmospheric Sciences, Nagoya University, Japan and Prof. Sang-Joon Kang)

3) 생태계의 안정동위원소의 분포

안정동위체 비는 물리화학적, 생화학적 과정에서 변동이 되지만, 주로 생물학, 생태학 분야에서 지금까지 얻어진 결과를 간단히 열거해 본다(Wada *et al* 1995).

① 생체성분은 각각 그 합성경로와 반응의 동태(dynamic)에 따른 고유의 동위체 비를 나타낸다, 예를 들면 단백질을 구성하는 각종 아미노산은 다른 탄소, 질소 동위체 비를 나타낸다.

② 생성물이 기체가 되는 반응에서는 동위체 효과가 크고, 탈질세균(脫窒細菌)이나 메탄 생성세균에 의해 만들어진 N_2O 및 CH_4 의 동위체 비는 낮아진다. 또한 질소 고정에 의해 고정된 유기질소의 동위체 비는 0‰전후이다.

③ 기질의 농도가 일정한 경우, 식물플랑크톤(phytoplankton)의 탄소, 질소 동위체 비는 증식속도가 빠를수록 높다. 또한 기질의 농도가 낮을수록 동위체 비가 높아지는 경향도 있다.

④ 육상 고등식물의 탄소동위체 비는 광합성회로의 차이에 따라 크게 3개 군으로 나눌 수 있다. C_3식물의 탄소동위체 비는 -35‰~-20‰이고(평균 -27‰), C_4식물은 -7‰~-15‰(평균 -11‰), CAM식물은 -10‰~-22‰이다. C_3식물과 C_4식물은 δ치가 중복되지 않기 때문에 ^{13}C치를 이용하여 C_3식물과 C_4식물을 구별할 수 있다.

⑤ CAM식물은 CO_2를 C_3식물 모드(mode)로 고정하느냐, C_4식물 모드(mode)고정하느냐에 따라서 그 범위가 변한다.

⑥ 그것은 CAM식물은 밤에는 PEP(phosphoenolpyruvate) Carboxylase 에 의해서, 낮에는 RuBP(ribulose bisphosphate) Carboxylase에 의해서 CO_2를 고정하기 때문이다.

⑦ 수계(水系)에 서식하는 식물의 탄소동위체 비는 일반적으로 육상식물보다도 변동이크다. 또한 중위도(中緯度) 지역에서 해양의 식물플랑크톤은 -20‰정도이기 때문에 해저 퇴적물중 유기물의 기원(source)을 탄소동위체 비로 추정이 가능하다.

⑧ 식물연쇄에 따라 탄소, 질소동위체의 비는 대개 일정한 변화를 나타낸다. 즉 피식자(被食者)에 대하여 포식자(捕食者)는 탄소 0‰~1‰, 질소 3‰~5‰씩 높아진다.

4) 안정동위원소가 말하는 용늪의 환경변천

식물의 생장은 광합성에 의해서 대기 중의 이산화탄소(CO_2)를 유기물로 합성해내는 능력에 따라 좌우된다. 또한 식물은 광합성 회로에 따라 C_3식물, C_4식물 및 CAM(Crassulacean acid metabolism)식물의 3군으로 나눌 수 있다.

오염되지 않은 깨끗한 공기속의 이산화탄소(CO_2)는 ^{12}C가 98.89%, ^{13}C가 1.11%, ^{14}C가 10^{-10}%의 비율로 들어 있다. 식물은 광합성을 하는 동안 이들 3가지 동위원소를 같은 비율로 고정(固定)할 것으로 생각되지만, 전술한 바와 같이 CO_2고정에 관여하는 PEP Carboxylase와 RuBP Carboxylase라는 효소(酵素, enzyme)가 무거운 형태의 ^{13}C 동위체를 식별(discrimination)해 내기 때문에, 1968년 Bender와 1971년 Smith and Epstein은 식물체의 탄소안정동위원소 구성으로부터 C_3식물, C_4식물을 식별해 낼 수가 있다고 하였다. 다시 말하면 C_3식물과 C_4식물은 δ치가 중복되지 않기 때문에 δ^{13}값의 양을 안정동위체 측정 전용의 질량분석계(예, Finnigen MAT 251, Hitachi RMU-6R)를 사용하여 측정해 냄으로서 C_3식물과 C_4식물을 구별해 낼 수 있다는 것이다.

식물체의 탄소·질소동위원소비($\delta^{13}C$· $\delta^{15}N$)는 식물의 서식환경을 반영하여 변동한다. $\delta^{13}C$의 값(値)은 식물의 수분이용효율(water use efficiency)을 반영하여 변동하기 때문에 건조한 조건에서는 식물의 $\delta^{13}C$의 값은 높고 습윤한 조건에서는 낮아진다(Farquhar and Richard 1984).

1993년 Sukumar는 인도 남부의 열대 이탄지(peatland)에서 C_3식물과 C_4식물의 비율을 이탄의 $\delta^{13}C$로 부터 측정하여 후빙기 제4기의 기후변화 복원을 시도한 바도 있다.

마찬가지로 용늪의 이탄 표층에서 부터 아래층으로 일정한 간격으로 이탄을 채취한 후, 이들 시료의 $\delta^{13}C$ 값을 측정하고 그의 변화를 추적해 보면 용늪이 형성된 뒤 기후가 건조하고 따뜻했는지(dry or warm), 혹은 습하고 한랭했는지(wet or cool) 등 용늪 지역의 과거의 기후 환경 변천과정을 알아 볼 수 있는 것이다.

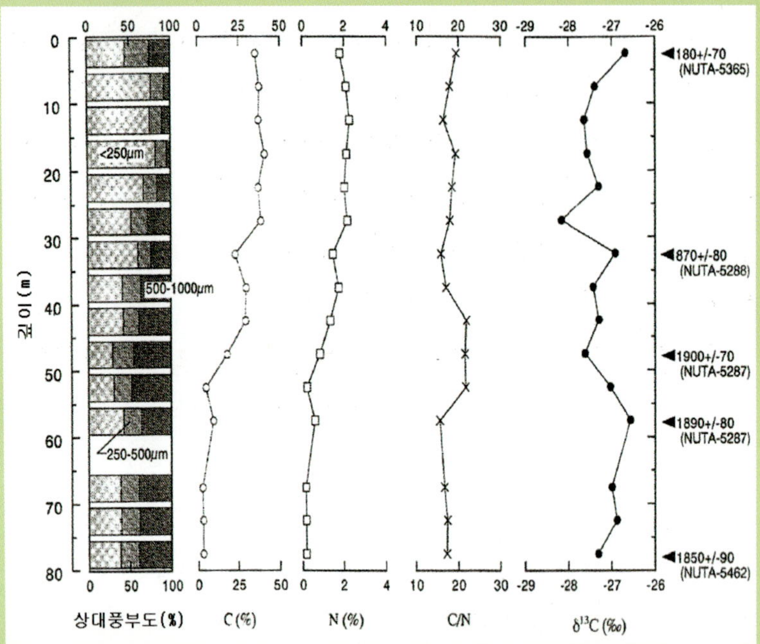

그림 61. 이탄의 입자 크기, 유기탄소(○), 총 질소(□), 탄소/질소비(X) 및 탄소동위체비(●)(강상준 및 Yoshioka 2005)(Vertical distributions of relative abundance of size fractions(bars), organic carbon(open circle) and total nitrogen(open square), C/N ratio(X) and carbon isotope ratios(closed circle) of the peat sediments of Yongnup in Mt. Dae-am san. Measured ^{14}C ages(yr BP±1 δ) were indicated at the right-hand side).

그림 61은 용늪에서 채취한 이탄의 입자 크기(size fraction), 유기탄소(organic carbon, C), 총 질소(total nitrogen, N), 탄소/질소 비(C/N ratio) 및 탄소 동위체비(carbon isotope ratio)를 나타낸 것이다.

이탄 입자는 250μm 이하, 250~500μm 그리고 500~1000μm의 크기로 구분하였는데, 표층에서 20cm까지의 이탄은 250μm 크기의 분획이 75~82%를 점유하였고, 35cm 이하깊이의 이탄은 40% 전후 또는 그 이하로 낮았다. 500μm 이상 크기의 분획은 아래층에서 많고 35cm 이하의 이탄에서는 40~50%를 차지하고 있다. 이는 하층의 이탄이 분해가 많이 되었음을 의미한다.

유기탄소(organic carbon)와 질소 함량은 30cm 깊이까지는 거의 비슷한 경향을 보이는데 표층에서 부터 30cm 깊이까지 이탄의 탄소는 35%~45%, 질소는 1.5%~2.5%로 매우 높았으나

45cm 이하의 이탄에서는 급격히 줄어들어 50~55cm 의 이탄에서 최소치를 나타낸 후 70cm 이하의 이탄에서는 탄소 5%, 질소 0.3%이하로 감소되었다.

탄소/질소 비(炭素/窒素 比, carbon-nitrogen ratio, C/N ratio)란 유기물에 들어 있는 질소에 대한 탄소의 비율로, 살아있는 식물체는 C/N비가 높지만 식물체가 죽어서 분해될 때 미생물들은 탄소보다는 질소를 빨리 이용하는 반면, 탄소는 서서히 호흡으로 잃기 때문에 C/N비가 적어지는 것이다.

이탄의 C/N비는 표층에서 아래층으로 감에 따라 최소치 18~19에서 최대치 22.7~25.5로 변동(fluctuation)이 심하였는데 이것은 이탄의 분해 상태가 이탄층마다 일정하지 않고 다르다는 것을 의미한다. 이탄의 분해는 환경조건, 특히 건습(乾濕)과 한랭(寒冷) 조건에 따라 다르므로, 탄소 동위원소비의 변화를 함께 고려하여 과거의 기후변화를 추정해 볼 수 있다.

탄소동위원소 비를 보면, 이탄층의 전체 변화폭은 -28.2‰ ~ -26.6‰로 작으나 변화의 양상은 유기탄소나 질소에 비해서는 복잡하였고, 10cm~15cm, 25cm~30cm, 45cm~50cm층의 이탄에서 최소치를, 75cm~80cm층에서도 낮은 치를 보이었다.

White 등(1994)은 물이끼로 구성된 이탄과 사초과 식물로 구성된 이탄에서 $\delta^{13}C$치가 차이를 보이는 것은 수분조건과 흡수된 CO_2 동위체의 농도 효과 때문이라 하였고, Minomo 등(1999)과 Benner 등(1987)은 식물체내 유기물 중에서 섬유소(cellulose)와 리그닌(lignin)은 분해가 진행됨에 따라 리그닌이 증가함으로 $\delta^{13}C$치가 낮아진다고 하였다. 그러므로 용늪 이탄의 깊은 층에서 낮은 $\delta^{13}C$치를 나타내는 것은 리그닌의 잔존량이 많기 때문이라고 할 수 있다.

그렇지만 이탄의 깊이가 깊어짐에 따라 일방적으로 $\delta^{13}C$치가 낮아지는 것만은 아니고 또 사초과식물의 비율이 다소 많은 30~50cm의 이탄층과 물이끼의 비율이 높은 0~10cm층에서 공히 $\delta^{13}C$치가 낮을수록 유기탄소 함량이 높아진다는 공통점이 있다는 점에서 어떤 환경변화를 나타내는 지표가 될 수 있다고 생각된다.

이런 점을 종합해 보면, 900년 전에서 1,900년 전 사이인 30cm~50cm 깊이와 최근(연간 0.4mm씩의 퇴적속도로 환산하여 약 400년 전)의 퇴적물인 0cm~15cm 깊이의 이탄에서 $\delta^{13}C$치가 상승했다는 것은 기후가 온난화(溫暖化, warm) 내지는 건조화(乾燥化, dry)되었다고 생각되며, 25cm~30cm 깊이와 45cm~50cm 깊이의 이탄층에서 δ^{13}C치가 1‰이하로 저하하고 있는 것으로 보아 900년 전경부터 100여 년 동안 이 시기에는 급격한 한랭화(寒冷化, cool) 내지는 습윤화(濕潤化, wet)가 있었다는 것으로 추정이 된다(그림 62).

이와 비슷한 연구는 강원도 속초시 영랑호에서 실시된 바 있다(中井과 洪, 1980). 그들은 영랑호의 퇴적물을 이용하여 호저 퇴적물속의 δ^{13}C치로부터 고환경(古環境, paleoenvironment)의 해석을 우리나라에서 처음으로 시도하였다.

그 결과에 의하면, 방사성 탄소측정연대로 2,500년전 부터 1,000년전 사이에 δ^{13}C치가 최소를 보였는데 이 시기는 청동기 중기(靑銅器 中期)의 빙기(氷期, glacial period)였다. 1,800년전 부터 1,300년에 걸쳐서 δ^{13}C치가 약간 상승했다가 저하되었으며 660년전 이후에는 δ^{13}치가 크게 상승하였다.

中井과 洪(1980)의 결과와 비교해도 대암산 용늪은 1,900년부터 900년전 사이에 δ^{13}C치의 상승과 그 후 저하의 시기를 거쳐 현재를 향해서 다시 상승하는 패턴(pattern)임으로, 영랑호의 결과와 비슷하고 양 지역이 서로 대응 관계가 있음을 알 수 있다.

과학적 기록이 없었던 잃어버린 자연사, 대암산 지역을 중심으로 하는 한반도의 기후는 지금으로부터 (1) 약 400년 전, (2) 900년 전에서 1,900년 전 사이의 약 1,000년간 두 차례에 걸쳐서는 온난(溫暖, warm) 혹은 건조(乾燥, dry)한 기후를 보이었고, (3) 900년 전경부터 100여 년 동안 이 시기에는 급격한 한랭(寒冷, cool) 내지 습윤(濕潤, wet)했던 기후로 추정되었다. 약 400년 전 부터 오늘에 이르기 까지 한반도의 기후는 소위 온난, 건조한 기후가 이어져 왔음을 우리는 대암산 용늪의 이탄 퇴적물에 대한 탄소 안정동위원소비를 분석함으로서 밝혀진 것이다.

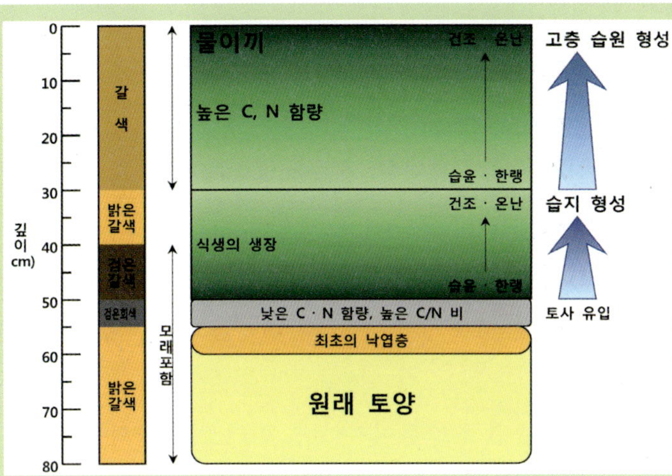

그림 62. 용늪의 발달과정 모식도(강상준 및 Yoshioka 2005)(Possible process of development of Yongnup bog in Mt. Daeam-san)

온난화(溫暖化)와 한랭화(寒冷化)라는 지구의 기후변화는 예나 지금이나 흔히 발생할 수 있는 자연현상이다. <조선왕조실록(朝鮮王朝實錄)>에 보면 조선 사회를 뿌리 채 뒤흔들 만큼 강력했던 대기근(大饑饉)의 기록을 볼 수 있다. 광주교육대학교 김덕진 교수의 "대기근(大饑饉)-조선을 뒤덮다(2008. 12. 3.)"와 서울경제신문사 장선희 기자 "책과 세상"(2008. 12. 6.토)의 내용을 발췌 소개한다.

조선왕조 500년 동안 재해(災害)와 기근(饑饉)은 반복되었지만 그래도 유독 심한 때가 있었다. 모두 17세기에 있었다. 첫 번째는 1670년(현종 11년, 庚戌年)과 1671년(현종 12년, 辛亥年)에 연이어 든 '경신대기근(庚辛大饑饉)'이고, 두 번째는 1695년(숙종 21년, 乙亥年)과 1696년(숙종 22년, 丙子年)에 연이어 든 '을병대기근(乙丙大饑饉)'이다. 조선 역사상, 아니 5천년 민족사상(民族史上) 이보다 더 위협적인 대기근은 없었고 조선 사회는 충격에 빠져 뿌리까지 흔들렸다. 조선 정부는 수습책 마련에 100년 가까운 기간을 보냈다고 한다.

1670년 7월 때 아닌 우박과 서리에 이어 눈까지 내렸다. 서리가 일찍 내려 추수를 눈앞에 둔 작물이 죄다 말라 죽었고, 계란만한 우박이 내려 성한 곡식이 없었다. 기온 하강현상은 혹심한 겨울 추위로 이어졌고 이듬해에는 심각한 봄 가뭄으로 대지가 타 들어갔다.

농업이 주요 산업이었던 조선은 1670년(庚戌年) 현종 11년 들어 최대의 위기를 맞았다. 임진왜란, 병자호란으로 어수선해진 나라 사정과 상관없이 몰아친 자연재해로 국운마저 위태로울 지경에 이르렀다. 경신 대기근은 기후변화가 불러온 재앙인 것이었다. 17세기 '소빙기(小氷期, little glacial period)'현상에 의해 벌어진 전 지구적 기후변화가 조선에도 영향을 주었던 것이다.

한편, 식물체의 δ^{15}N치는 식물이 이용하는 질소 영양염의 양과 그 동위원소 비에 영향을 받으며 질소고정(窒素固定, nitrogen fixation)이나 강우속의 질소 이온(ion)에 의존하는 식생, 즉 외부 순환(NO_3-depending cycle)을 하는 식생의 δ^{15}N치는 0‰ 전후의 낮은 치를 나타내고, 토양에서의 무기화(無機化, mineralization, 혹은 암모니아화, ammonification)에 의한 내부 순환(closed N-cycle)에 의존하고 있는 식생에서는 높다(Vitousek 등, 1989). 또한 토양의 유기질소(有機窒素, organic nitrogen)는 탄소에 비해서 빨리 분해됨으로 질소 함량이 낮아지므로 질소 동위원소비(窒素同位元素比, nitrogen isotope ratio)가 상승한다(Mariotti 등 1989, Nadelhoffer와 Fry 1988).

대암산 용늪에서 물이끼로 구성되는 고층습원이 만들어지기 전 이라고 생각되는 55cm 깊이 이하에서 이탄의 δ^{15}N치는 일반적인 삼림토양의 δ^{15}N치 범위를 보이는데, 이것은 습원으로 발전하기 전에는 용늪도 삼림토양에서 일어나는 질소순환과정에 따랐음을 의미하는 것이고, 표층인 0cm에서 부터 50cm에 걸쳐서 질소 함량이나 δ^{15}N치가 이탄 깊이가 깊어짐에 따라 높아지는 것은 삼림토양에서 일어나는 질소의 동태와는 다름을 뜻한다(그림 63).

용늪이 습원으로 점점 발전함에 따라 유기물의 분해가 억제되고 질소의 회귀(回歸)가 적어져서 습원 전체로 볼 때 질소 결핍상태가 되었다. 그 결과 대암산 용늪은 강우속의 질산음이온(NO^-_3) 또는 질소고정을 주로 하는 외부 순환계에 크게 의존한 생태계를 형성했다. 다시 말하면 이탄 퇴적물의 표층을 향해서 δ^{15}N치의 저하는 습원이 형성되는 도중에 질소의 외부 의존도가 많다는 것을 시사해 주는 것이다.

δ^{15}N치의 변동이 30cm-40cm에서부터 시작된다는 것은 첫째 그 때 까지 사초과 식물(*Carex* sp.)로 구성되었던 용늪이 서서히 물이끼(*Sphagnum* sp.)로 구성되는 이탄으로 변했거나, 둘째 지하수위 변동, 즉 습원의 발전, 확대 등에 따라 질소 영양염의 공급이나 흡수과정에 변화가 있었기 때문으로 보이고, 따라서 용늪이 고층습원으로서의 모습을 나타내기 시작한 것은 30cm-40cm 전후부터라고 볼 수 있다(그림 62). 다시 말하면 지금으로부터 1,900±70년 전, 약 2,000년 전후 용늪은 지금의 고층습원의 모습을 보이기 시작한 것으로 추정된다.

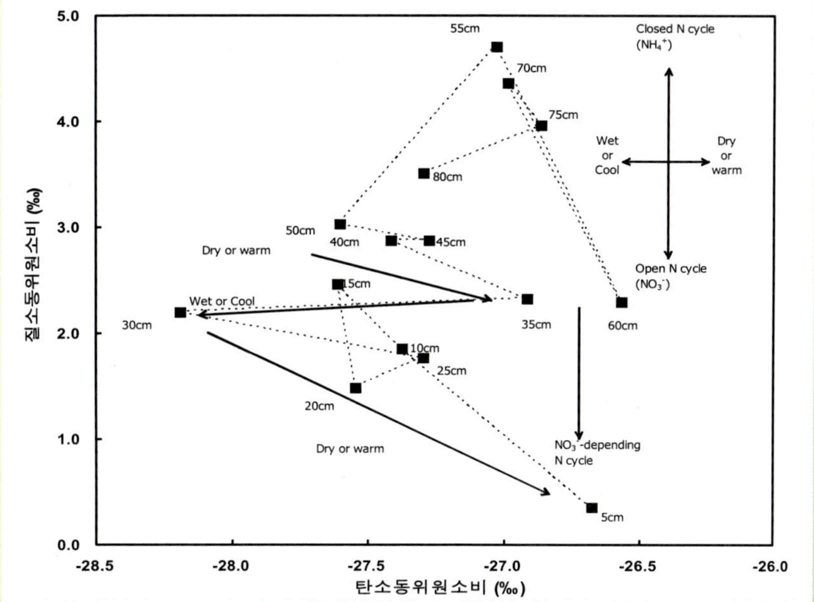

그림 63. 탄소 및 질소 안정동위원소비의 상호 관계 지도(강상준 및 Yoshioka 2005)(Map of carbon and nitrogen isotope ratios in peat of Yognup bog)

5장 용늪의 기상 환경

1. 기온

대암산에는 기상관측기기가 없으므로 계속적으로 기온을 측정 기록하기 어렵다. 데이터·로거(Data Logger) KADEC US와 온도 센서 Pt 100을 이용하여 1998년 8월 20일부터 11월 11일까지 약 3개월간 측정한 바에 의하면, 최고기온은 9월15일 24.2℃로 최고였고 9월21일과 9월26일에 온도가 급격히 하강하였으며, 10월 24일 부터 영하의 기온을 보이기 시작하였다. 9월중에는 일교차가 10℃이상인 날이 많았고 일교차가 가장 클 때는 9월 16일로 14℃이었다(그림 64).

건국대학교 박종관 교수(2001)는 자동기상측정장치를 이용하여 2000년 여름에서 겨울까지 5개월 간 용늪의 기온변화를 측정하였다(그림 65). 용늪의 월 평균 기온은 7월 17.7℃, 8월 17.1℃, 9월 11.3℃, 10월 6.3℃ 그리고 11월 1.7℃이고 9월말부터 영하의 기온을 나타내기 시작하였다.

또한 최고 기온은 7월의 25℃로서 1998년 9월의 최고기온 24.2℃와 비슷하였으나 시기적으로 다소 차이가 있음을 알 수 있다. 이들 결과는 대암산의 최난월(最暖月, maximum warm month)의 평균기온이 18℃이하로서 고층습원이 형성될 수 있는 기후적 조건이 충분하다는 것을 의미한다.

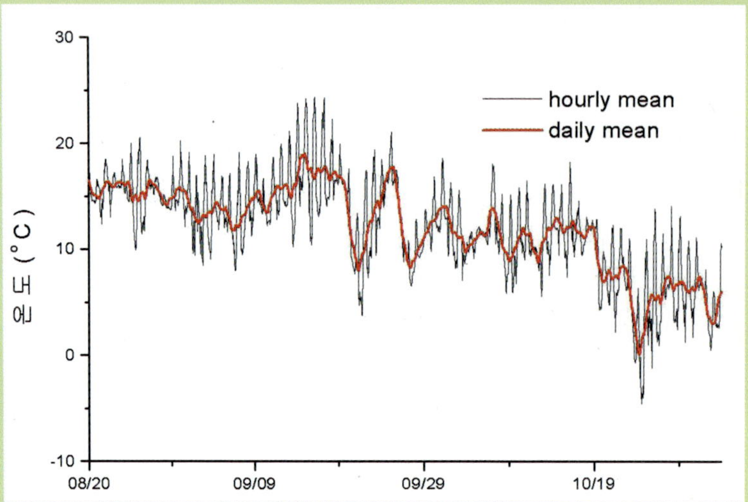

그림 64. 데이터 로거로 측정한 용늪의 기온 분포 (김재수 1998)(Variation of air temperature in Yongnup bog obtained in situ by data logger.Y-axis indicates air temperature and X-axis indicates the days from Auto 20 to November 11, 1998)

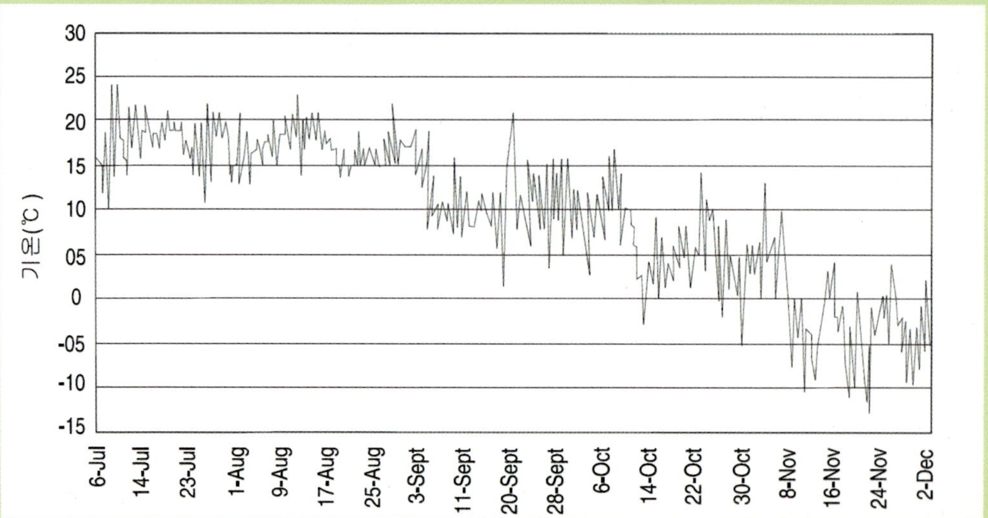

그림 65. 용늪의 기온변화(박종관 2001)(Variation of air temperature in Yongnup bog. Y-axis means air temperature and X-axis means the days from July 6 to December 2, 2000)

2. 강우량

용늪 주변 3개 지역(양구, 해안, 방산)의 강수량을 표 11과 그림 66에 나타내었다. 월별 차이는 있으나 3개 지역에서 강우량의 차이는 총량의 3% 내외이다. 그리고 시간당 강우량의 분포를 보면, 4월, 7월 및 8월에는 강우량이 많으나 5월, 6월 및 9월의 강우량은 매우 적다(김재수 1998).

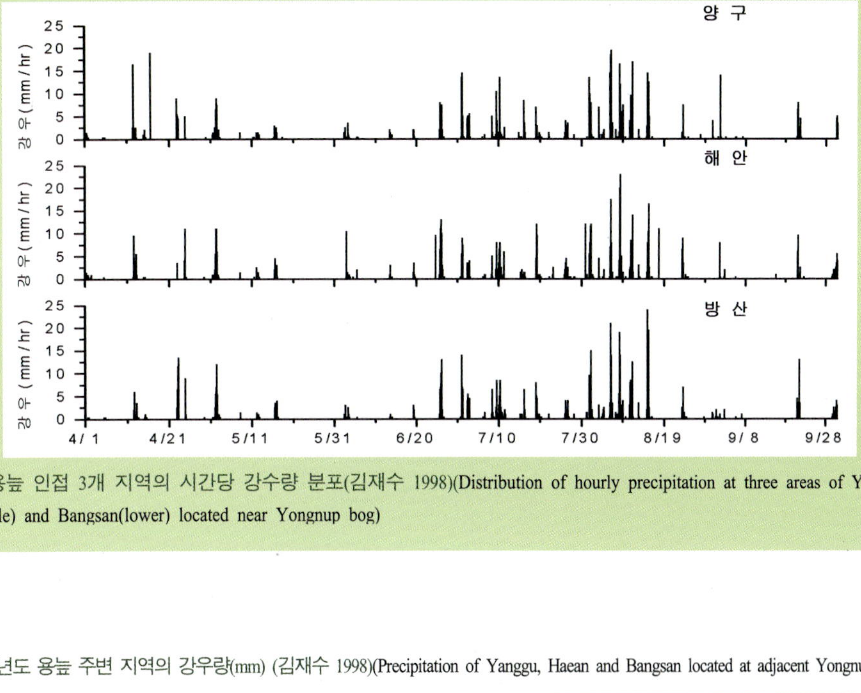

그림 66. 용늪 인접 3개 지역의 시간당 강수량 분포(김재수 1998)(Distribution of hourly precipitation at three areas of Yanggu(upper), Haean(middle) and Bangsan(lower) located near Yongnup bog)

표 11. 1998년도 용늪 주변 지역의 강우량(mm) (김재수 1998)(Precipitation of Yanggu, Haean and Bangsan located at adjacent Yongnup bog in 1998)

지역＼월	4	5	6	7	8	9	계
양 구	122.5	91.5	123.5	280.5	411.0	82.5	1111.5
해 안	74.5	112.5	172.0	290.0	391.0	106.0	1146.0
방 산	98.5	121.0	143.0	270.5	396.5	89.5	1119.0

용늪의 보전과 관련하여 유의해야 할 점은, 이른 봄 어린 싹이 나올 시기인 5월 초에서 6월 사이에 비가 내리지 않으므로 이탄 표면이 건조하게 되고, 이 때 사람들이 들어가 이탄을 밟게 되면 이탄은 부스러지게 된다. 세립화(細粒化) 혹은 단립상(單粒狀, single grain)으로 된 이탄 입자는 빗물에 의해 쉽게 유실되고 심한 강우 때에는 부유성 유기물질(suspended organic matter) 형태로 일시에 다량으로 유출이 되게 된다. 원주지방환경청에서 실시하고 있는 「대암산 용늪 생태학습 탐방」이나 인제군 서흥리 「대암산 용늪보존회」가 주관하는 탐사 행사 등은 여름방학기간 중인 8월에 실시되고 있다. 특히 일선 중고등학교 교사들이 행사시기를 6월로 앞당겨 추진해 달라는 요구가 있지만 전술한 이유 때문에 8월 이전에는 일반인의 출입은 물론 용늪 생태학습탐방은 통제되어야 한다.

박종관 교수(2001)는 2007년 7월 6일부터 12월 2일 까지 5개월 동안 자동기상측정장치(미국 Handar사 Model 404)를 용늪 중앙에 설치하여 강우량을 측정하였다(표 12, 그림 67).

표 12. 관측기간(2000년 7월 6일-12월 2일)의 월별 강우량(mm)(박종관 2001)(Monthly precipitation(mm) measured by automatic meteorological apparatus from July 6 to December 2, 2000)

	7월	8월	9월	10월	11월
강우량(mm)	282.25	544.64	295.25	30.05	10.25
누적강우량(mm)	282.25	826.89	1122.14	1152.19	1162.44

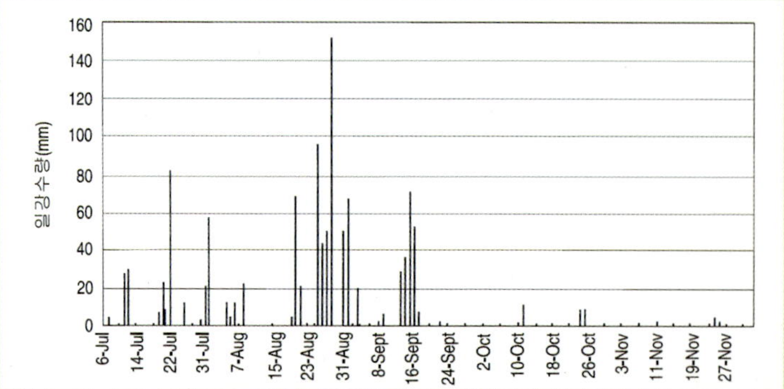

그림 67. 용늪의 일강수량 변화(박종관 2001)(Variation of daily precipitation in Yongnup bog. Y-axis means daily precipitation and X-axis means the days from July 6 to December 2, 2000)

측정기간 동안의 월별 강우량은 7월 282.25mm, 8월 544.64mm, 9월 295.25mm, 10월 30.05mm 및 11월 10.25mm로 총 강우량은 1,162.44mm로(표 12 및 그림67), 김재수 교수(1998)가 제시한 용늪 주변지역인 양구, 해안 및 방산의 강우기인 4월-9월 사이의 1,111.5mm ~1,146.0mm보다도 많았다.

6장 용늪의 토양 및 지하수 환경

1. 습지는 탄소의 저장고

지구는 태양으로부터 0.5 ㎛ 전후인 단파장의 태양 방사(shortwave radiation)를 흡수하고 10 ㎛ 전후의 장파장(long wave radiation)의 형태로 에너지를 반사한다(Mackenzie 1998). 대기 중에 존재하는 온실가스(greenhouse gases, GHG's)의 존재로 대기로 방출되는 장파장의 방사는 억제되지만 단파장의 방사는 이들 가스에 별로 영향을 받지 않는다.

온실 가스는 에너지 흐름(energy flux)에 영향을 미쳐서 많은 에너지가 지구에 유지되게 함으로서 지구의 온도를 높인다. 온실가스에는 이산화탄소(CO_2)외에 메탄(CH_4), 아산화질소(N_2O), 3종류의 프레온가스(CFC's)도 있지만, 온실효과(greenhouse effect)의 66%를 차지하는 가장 일반적인 온실 가스는 이산화탄소(carbon dioxide, CO_2)이다. 탄소를 함유하고 있는 물질이 산화되면 이산화탄소가 발생한다.

$$\mathbf{C} \quad + \quad \mathbf{O_2} \quad \rightarrow \quad \mathbf{CO_2}$$

(탄소) + (산소) → (이산화탄소)

이 화학식(化學式)은 탄소(C) 1몰(mole)[5]이 산화되면 1몰(mole)의 이산화탄소(CO2)가 생성

5) 몰(mole): 연필 한 타스(12개), 계란 한줄(10개), 마늘 한접(100개)등과 같이 작은 입자인 원자, 분자, 이온, 전자 수를 나타낼 때 몰(mole)을 사용한다. 즉 1몰에는 입자수가 아보가드로(Avogadro)수(6.022×10^{26})만큼 들어있다. 다시 말하면, 질량수 12인 탄소(C) 12g에 들어있는 탄소의 수를 아보가드로 수라한다.

됨을 의미한다. 산화(oxidation)는 화석 연료가 연소(fossil combustion) 될 때에는 빠르게, 생체 내의 대사 작용(biological metabolism)에서는 약간 늦게 일어난다. 무게 또는 밀도측정에 의하면, 1g의 탄소가 산화되면 약 3.75g의 이산화탄소가 발생한다.

그러므로 인간에 의해서 발생되고 있는 기후변화를 막기 위해서는 대기 중에 적정 수준의 이산화탄소를 유지하는 것이 필수조건이고, 생태계 내 이산화탄소의 발생원(發生源, source)과 흡수원(吸收源, sink) 혹은 저장고(貯藏庫, storage)를 알기 위해서는 양적 연구가 필요하다고 하겠다.

습지에 퇴적된 이탄(peat)은 이산화탄소의 흡수 및 저장고로서 매우 중요하다. Davis(1946)는 식물체의 구성성분인 섬유소(纖維素, cellulose)가 이탄(泥炭, peat)으로 전환되는 화학식(化學式)을 다음과 같이 제시하였다.

$$C_{72} + H_{120} + O_{60} \rightarrow C_{62}H_{72}O_{24} + H_2O + CO_2 + CH_4$$

이 식이 화학적으로 평형이 되려면 다음과 같이 되어야 한다.

$$C_{72} + H_{120} + O_{60} \rightarrow C_{62}H_{72}O_{24} + 20\ H_2O + 8\ CO_2 + 2CH_4$$

이 반응식에 따르면, 섬유소 1 mole 마다(섬유소 1 mole은 섬유소 1,944g와 같음), 8 mole의 이산화탄소(352g), 2 mole의 메탄(32g), 20 mole의 물(360g)이 생성되고, 나머지 744g의 탄소(C)는 이탄 속에 저장되는 것이다. 따라서 이탄은 최대 38%(744/1,944=38.27%)의 탄소를 저장한다는 말이 되고, 습지를 탄소 저장고(active carbon sinks, carbon sequestration)라고 하는 것이다.

저장되는 양은 습지형(wetland types), 크기(size), 식생(vegetation), 습지토양의 깊이(soil depth), 지하수위(water level), 영양분 상태(nutrient level), pH, 기타 요인에 따라 다르다(Kusler 1999).

더욱이 습지에 탄소가 저장되느냐, 아니면 방출되느냐는 대기의 이산화탄소 양, 수위, 수온, 습지관리, 산불 등에 좌우되며, 습지에 저장된 탄소는 특히 지하수위가 낮아지거나 토양의 산화를 촉진하는 습지 관리가 되면 오히려 다량의 탄소가 대기 속으로 방출이 된다. 즉 습지를 잘 관리하면 CO_2 흡수원(sink)이 되지만 관리를 잘못하면 오히려 CO_2 와 CH_4의 발생

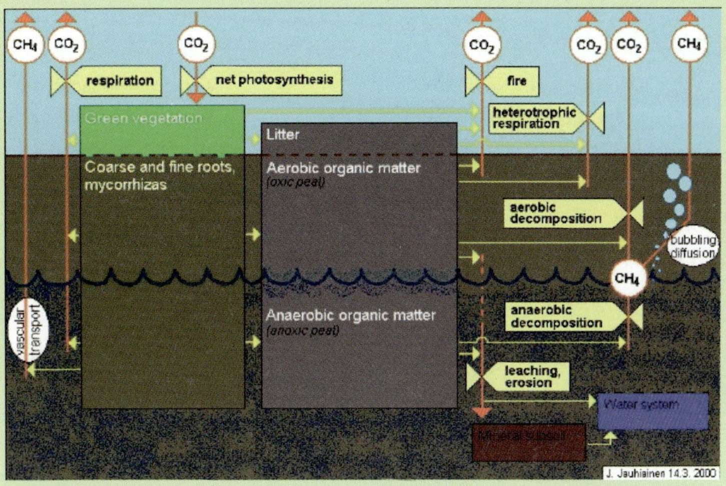

그림 68. 고층습원의 산성이탄(oxic peat)과 혐기성이탄(anoxic peat)하에서 CO_2와 CH_4의 배출도(Diagram of emission of CO_2 and CH_4 in acrotelum and catotelum conditions in bog)

원(source)이 되는 것이다. 습지가 순수한 탄소 저장고인가, 아니면 탄소를 배출하는가 하는 문제는 매우 복잡한 이슈가 된다(그림 68).

습지에 탄소저장을 높이기 위해서는 우선 배수(drainage)와 산화(oxidation)가 되지 않도록 하고, 자연적 재생(natural regeneration)이 일어나도록 하며, 이탄 유실(peat erosion)이 되지 않도록 하는 일이다.

습지가 탄소 저장고라는 관점에서 본 학자들의 계산에 의하면 유럽, 시베리아, 북미 등 전 세계 습지에 저장되어있는 탄소의 양은 과거 인류가 70년간 공업적으로 방출한 탄소의 양과 비슷하다고 한다.

탄소 저장의 최적 조건은 년 평균 온도가 4℃~10℃인 온대지역이며, 북반구의 습지(예, bog, fen)에서는 탄소 퇴적율(carbon accumulation rate)이 0.21t C $ha^{-1}yr^{-1}$, 남반부의 열대지역(예, 인도네시아)에서는 0.61~1.45t C $ha^{-1}yr^{-1}$으로 추정하였다(Clymo et al 1998).

한편 Pearce(1994)는 교란되지 않은 이탄은 대기로부터 0.7t C $ha^{-1}yr^{-1}$의 탄소를 축적한다고 하였으며, 습원은 탄소를 축적하기도 하지만 혐기적 분해(嫌氣的 分解)에 의해 메탄(CH_4)도

방출한다. 그러나 자연 상태의 습원에서는 이산화탄소(CO_2)흡수와 메탄(CH_4)생성이 서로 상쇄(相殺, offset)되므로 실제적으로는 이산화탄소(CO_2)와 메탄(CH_4)의 기여도는 지구온난화에 zero(0)가 된다고 하였다.

모든 대륙에 이탄지나 습지가 분포되어 있지만 얼마만한 양인지, 면적인지 추정하기 어렵다. 왜냐하면 이탄지에 대한 정보가 아직은 부족하고 또 국가마다 습지 분류기준이 다르기 때문이다.

그러나 가장 최근의 추정에 의하면 전 세계의 습지는 얼음이 얼지 않은 육지 면적(earth's ice-free land area)의 4%정도인 400만㎢가 이탄지로 알려져 있으며(Gorham 1990), 이탄 속에 저장된 탄소는 전 세계 토양 탄소 풀(soil carbon pool)의 약 25%를 점유하고, 만일에 지구상의 모든 이탄지가 파괴된다면 50조 M/T(megaton, M/T란 10^6톤)의 이산화탄소가 방출된다고 추정되고 이들 탄소가 방출되면 지구온난화 및 기후변화를 촉진할 것이라고 하였다(Dugan 1993). 그러므로 습지를 "탄소 시한폭탄(carbon time-bomb)"이라고도 한다.

IUCN(국제자연보호연맹, 1999)에 의하면, 전 지구 표면의 10%가 습지이고 그 중 호수(lake) 2%, 고층습원(bog) 30%, 소택지(fen) 26%, 늪(swamp) 20% 그리고 하천 홍수터(flood plain) 15%라고 보고하였다.

그리고 Eswaran et al (1993)은 전 세계의 습지는 육상의 약 4%를 점유하며 모든 토양 유기물의 33%를 습지가 저장하고 있다고 추정한 바 있다.

습지에 침입, 정착한 삼림을 벌채하거나 습지를 개발하거나 또는 산불이 발생하여 이탄지를 태우게 되면 다량의 이산화탄소가 방출되는데 특히 열대지역인 인도네시아에서는 1977년 삼림의 벌채 및 산불로 말미암아 29억 톤~85억 톤의 이산화탄소가 대기로 방출되었다는 보고도 있다(Silpola 2007). 이 양은 화석연료 사용으로 발생되는 전 지구 탄소의 30%에 해당된다.

습지에 이탄이 퇴적되는 것은 식물생산이 분해를 초과함으로 그 결과 유기물 속에 들어있는 탄소가 순전히 축적되기 때문이고, 이탄지가 이렇게 많은 탄소를 저장할 수 있는 것은 습지생태계의 식생이 다른 생태계에 비하여 생산력이 매우 큰 때문이다.

2. 습지의 토양 특성

습지의 표면은 물로 덮여 있어서 육상의 토양에 비하여 수분함량이 매우 높다. 그러므로 물이 질퍽한 이탄이나 토양 속에서 산소의 이동속도는 공기의 1만분의 1 이하이기 때문에 이탄은 혐기적 조건(嫌氣的 條件, anaerobic condition)이 된다(犬伏 1994).

아직까지는 고층습원의 이탄 퇴적물이 왜 분해가 되지 않는지 또는 분해속도가 왜 느린지에 대한 해답은 알려지지 않았으나, 페놀산화효소(phenol oxidase)가 그 중심에 있다는 사실만은 밝혀졌다. 고층습원의 이탄에는 산소가 거의 없으므로 분해효소인 페놀산화효소가 작용을 할 수 없는 불활성(不活性, inactivity)인 채로 있고, 비록 페놀화합물이 만들어진다고 해도 이 화합물은 이탄을 분해시키는 세균(bacteria)의 활동을 차단시키기 때문이다.

그런데 이탄이 건조하게 되면 산소가 쉽게 이탄 속으로 침투되므로 분해효소(enzyme's activity)인 페놀산화효소(phenol oxidase)의 활성을 촉진하게 되고 이런 건조 상태에서 이탄의 분해 속도는 무려 7배나 되게 하는 방아쇠(trigger) 역할을 한다고 해서 이 분해효소를 "방대한 양의 탄소를 이탄에 저장하게 하는 연약한 빗장기구(a fragile latch mechanism holding in place a vast carbon storage)"라고 불렀다(Freeman *et al* 2001).

혐기성인 이탄이나 토양에서는 산소(O_2)의 소실, 질산음이온(NO_3^-)의 탈질(脫窒), 망간(Mn(Ⅳ)의 환원(還元), 철(Fe(Ⅲ)의 환원, SO_4^{-2}의 환원 그리고 메탄(CH_4)의 생성이라는 환원과정(還元過程)의 진행에 따라서 호기성 세균(好氣性 細菌, aerobic bacteria)으로 부터 혐기성 세균(嫌氣的 細菌, anaerobic bacteria)으로 미생물 대사계의 변화 및 미생물 자신의 천이가 일어난다.

습지토양의 환원층(還元層)에서는 유기물의 양에 비하여 용존산소(溶存酸素, dissolved oxygen)가 매우 적으므로 습지의 미생물은 산소 이외의 다른 물질을 산화제(酸化劑)로 이용한다.

산소의 소실 후 $O_2 \rightarrow NO_3^- \rightarrow MnO_2 \rightarrow Fe(OH)_3 \rightarrow SO_4^{-2} \rightarrow CO_2$ 순서로 차례로 이들 물질을 이용, 환원되어서 환원 생성물인 N_2, Mn^{+2}, Fe^{+2}, S^{-2}, CH_4가 축적이 된다. 이러한 일련의 반응에 따라서 산화환원전위(酸化還元電位, Redox potential, Eh)가 낮아지는 것이다(犬伏 1994).

표 13과 그림 69는 대암산 용늪의 이탄층에서 산화환원전위(Eh)를 측정한 실측 결과이다.

즉 0~5㎝까지는 산화층(oxidized layer)이지만 깊이 10㎝부터는 환원층(reduced layer)임을 알 수 있다.

이런 환원적 환경에서는 특히 메탄(CH_4)이 생성되어 그 일부가 대기로 방출된다. 그러므로 습지, 습원을 주로 하는 수계 퇴적물은 논, 동물(흰개미 포함)의 소화관과 함께 생물에 의한 메탄(CH_4)의 3대 발생원(發生源, source)의 하나로 알려졌다(陽 1995).

대기로 방출되는 메탄의 발생원에는 산소가 극히 적은 생태계에서 미생물의 작용에 의하여 생성되는 것과 미생물이 관여하지 않는 과정에서 생성되는 것이 있다.

표 13. 이탄의 층위별 산화환원 전위차(mV)(강상준 1998)(Redox potential of peat according to sediment layers in bog(a_1 and a_2), skating rinks(b and c) and bare soil(d)

깊 이(㎝)	습 원 내		스케이트장 내 사초기둥(b)	스케이트장 볼록부분(c)	토양노출지 (d)
	a_1	a_2			
5	+50	+20	+54	+417	+643
10	-4	-78	-48	+392	+553
15	-288	-309	-118	+35	+324
20	-460	-427	-271	-71	-72

a_1 : 물이끼로 형성된 hummock(凸)부근 a_2 : 자연재생이 일어난 사초기둥 부근

b : 스케이트장 내 사초기둥 부근 c : 스케이트장 내 凸 부근 d : 토양 노출지 하단 부근

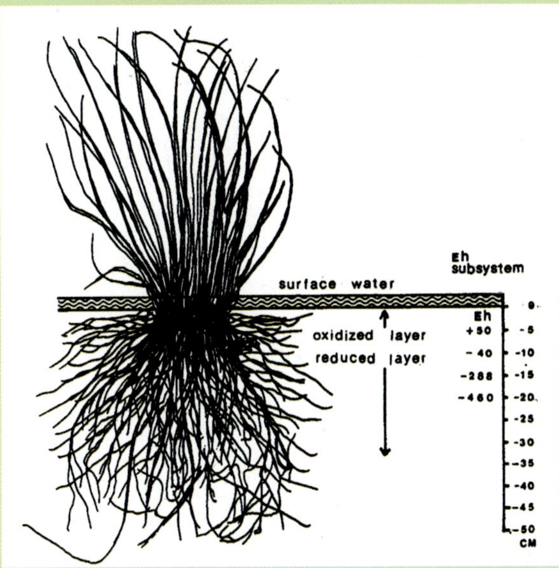

그림 69. 용늪 이탄의 층위별 산화환원전위(Eh, mV)(강상준 1998)
(Oxidation-reduction potential, Eh mV, of peat layers in Yongnup bog.)

미생물에서 유래하는 발생원으로서는 습지, 논 및 폐기물 매립지 등이 있고 소(牛)로 대표되는 반추동물(反芻動物)이나 흰개미(*Leucotermes speratus*) 등의 장내 발효에 의한 것도 있다. 그 외에도 해양이나 호소 등도 발생원이다.

1992년 기후변화에 관한 정부 간 패널(Intergovernmental Panel on Climate Change, IPCC)의 조사한 결과에 의하면 연간 총 메탄 발생량은 525 Tg CH_4(Teragram=10^{12}g)인데 습지(22%), 논(21%) 및 가축(15%)으로 부터 발생되는 양이 전체 메탄 발생량의 58%를 점유한다.

지구변화(또는 지구 온난화, Global Change or Global Warming)에 대한 관심이 높아지면서 1980년대에 들어서 습지나 논으로 부터의 메탄 유동(CH_4 flux) 측정과 그 발생량을 추정하기 시작하였다.

왜냐하면 메탄은 적외선(infrared light)을 흡수하므로 중요한 온실기체(greenhouse gas)이고 대기 중으로 방출되는 메탄의 1/3 내지 1/2은 습지로부터 유래하기 때문이다(Cicerone and

Ormland 1988, Whiting and Chanton 1993).

아직까지는 실측예가 많지 않고 거의 온대지역에서 측정한 자료에 한하고 있기 때문에 메탄 발생량의 추정에는 다소 부정확한 요소가 포함되고 있다. 우리나라에서도 메탄 유동(methane flux), 특히 습지와 논에 대한 연구가 행해져야 한다고 생각된다.

3. pH의 분포

습원의 pH는 수위가 높아지면 낮아지고 표면의 건조에 의해 수위가 낮아지면 높아지는데 pH가 높아지고 Ca양이 증가하게 되면 물이끼 생장에도 영향을 미치게 된다. 전형적인 습원(typical bog)의 물의 pH는 3.3~5.5이고 전이적인 습지(transitional bog)의 물의 pH는 4.5~6.0범위이다.

용늪이 훼손되지 않았던 발견 초기, 즉 소위 스케이트장 조성 이전에 11개 지점에서 이탄의 pH를 측정한 바 있다(강상준 1970). 11개 지점 중 pH 3.4~4.6의 8개 지점은 강산성을 띄고 있었으며, 3개 지점은 pH 5.1 이상으로 약산성을 띄고 있었다(표 14).

표 14. 용늪의 pH 분포(강상준 1970)(Distribution of pH in Yongnup bog)

지점	1	2	3	4	5	6	7	8	9	10	11
pH	3.4	4.3	4.6	4.5	3.9	4.1	4.0	5.1	4.4	5.6	5.7

용늪으로 들어가는 출입구인 동남쪽 지역의 산새풀이 분포하고 있는 부근, 즉 무기토양이 혼재되어있는 지역에서 pH 5.6~5.7, 현재 기상관측시스템이 설치되어있는 동쪽 부근인 이탄이 퇴적되어 볼록해진 물이끼 지역에서 pH 3.9~4.6, 기타 삿갓사초가 분포되어있는 지역에서 pH 4.1~5.1로 용늪의 평균 pH는 4.6이었다. 고층습원의 pH는 3~5 범위인데 이렇게 산성(酸性)이 되는 것은 물이끼와 양이온(cation)의 교환, 황산화물(sulfur compounds)의 산화 그리고 유기산(organic acid)이 존재하기 때문이다. 특히 산(acids)은 물이끼의 잎 속에 존재한다.

그러나 스케이트장의 조성 후 20여년이 지난 뒤, 고재기 교수와 최기룡 교수(1997)는 물이끼군락 pH 4.90~5.70, 가는오이풀군락 pH 4.51~6.06, 산새풀군락 pH 5.36~6.24, 동의나물군락 pH 5.58, 지이할강군락 pH 5.83으로 평균 pH 5.62로 측정한 바 있으며, 박종관 교수(1998)는 물길을 중심으로 측정하였는데 유입수 pH 5.59~5.72, 유출수 pH 5.58~6.03, 본류의 물길 pH 5.83~6.17, 최종 유출수 pH 6.26~6.28 였다.

건국대학교 박종관 교수(1998, 2003)는 강우량이 많은 6월과 적은 11월에 지하수 관측정(觀測井)에서 측정한 6월 pH 5.25~6.43, 11월 pH 3.5~6.75로 강우기와 비강우기에 차이가 있고 조사지점에 따라 차이가 있으며 평균 pH는 5.0~6.0이고 지하수위의 심도가 깊어질수록 pH는 낮아진다고 하였다(그림 70). 다시 강조하지만 습원에서 수위가 높아짐에 따라 pH는 낮아지고, 건조로 인하여 수위가 낮아지게 되면 pH는 높아지며, 또 Ca양이 증가하게 되면 물이끼 생장에도 영향을 미치게 된다.

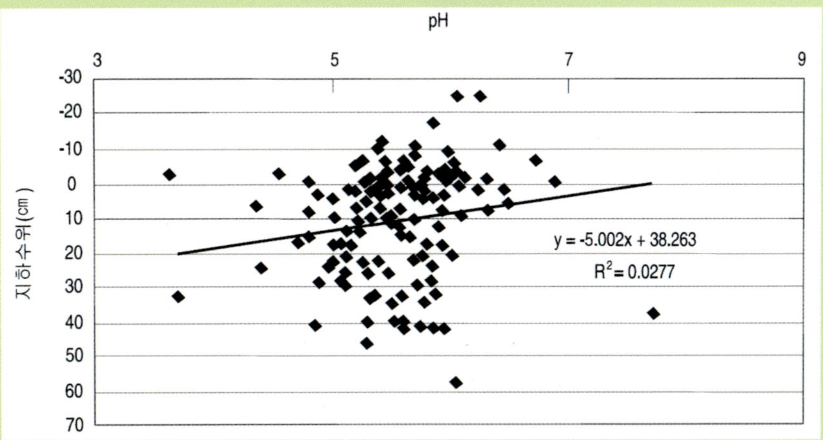

그림 70. 용늪의 지하수위와 pH와의 관계(박종관 2003)(Water table versus pH in Yongnup bog)

이런 결과들에 의하면, 여기에서 주목할 것은 용늪이 훼손되기 전후의 pH치에 차이가 난다는 것이다. 바꾸어 말하면, 훼손되기 전의 용늪은 전형적인 고층습원의 조건인 pH 3.0~5.0임에 반하여(강상준 1970), 훼손 후에는 낮은 수위로 말미암아 pH가 덜 산성조건으로 되었다는 것이다. 즉 강수함양성(降水涵養性, ombrotrophic)인 고층습원의 특성이 변화되었음을 뜻한다.

2008년 8월 8일 용늪의 80여 지점의 in site 에서 pH를 직접 측정하였다(류새한 및 강상준 2008. 미발표). 표 15에서 보는바와 같이 물이끼군락에서 pH 3.77~3.98, 진퍼리새군락 pH 4.82~5.63, 삿갓사초군락 pH 5.02~5.79, 동의나물군락 pH 5.33~5.70, 달뿌리풀군락 pH 6.61, 물길(유로) pH 5.53~5.79, 웅덩이 pH 5.35~5.55 그리고 훼손된 지역에 만들어진 웅덩이 pH 6.10~6.46 등이었다.

전체적으로 보면 물이끼군락, 삿갓사초군락, 진퍼리새군락은 pH 5.0 이하로 그래도 고층습원의 특징을 보이고 있지만, 기타 지역은 pH 5.0 이상으로 고층습원의 특징이 상실되었음을 알 수 있다. 특히 달뿌리풀군락과 스케이트장 안에 새로 만들어진 웅덩이에서는 pH 6.61~6.46로 이것은 유역으로부터 무기토양이나 영양염류가 포함된 지표수가 유입되었기 때문이다. 그림 71은 pH 5.0 이하의 측정치를 연결한 등pH곡선(等pH曲線, iso-pH line)으로 고층습원의 특성을 보이는 지역을 나타낸 것이다(류새한 및 강상준 2008. 미발표).

1970년, 1997년, 2008년에 측정된 pH치만을 비교해 보면 1970년대의 강산성(strong acidic)→ 1997년대의 덜 산성(less acidic)→ 2008년대의 더한 산성(more acidic) 조건으로 변하고 있음이 확인되었는데, 이것은 1970년대 후반 용늪이 훼손된 이후 자연적 복원력에 의해서 서서히 과거 상태로 회복되고 있을 시사한다.

표 15. 식물군락 별 pH의 비교(류새한·강상준 2008. 미발표)(Comparison of pH in each community in 2008)

	물이끼	진퍼리새	삿갓사초	개통발	달뿌리풀	동의나물	물 길	웅덩이	훼손지 물웅덩이	산기슭 물
pH	3.77~ 3.98	4.82~ 5.63	5.02~ 5.79	4.58~ 5.71	6.61	5.33~ 5.70	5.53~ 5.97	5.35~ 5.55	6.10~ 6.46	6.02~ 6.05

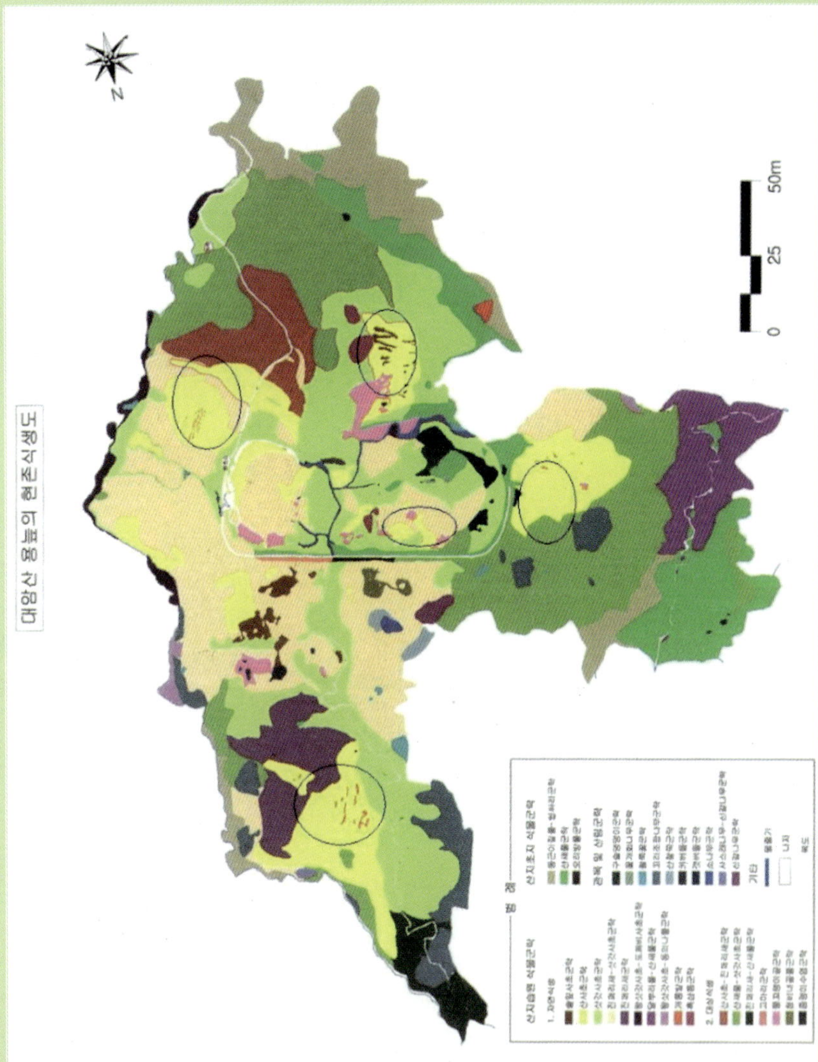

그림 71. 등pH곡선(等pH曲線)을 이용한 고층습원의 특성을 보이는 지역. 타원형으로 표시된 지역은 pH 4.0 이하인 지역임(류새한 및 강상준 2008. 미발표).(Elliptical and circular areas indicated by iso-pH line below pH 4.0 in the Figure seem to be raised bog)

4. 지형지수

지형지수(地形指數, topographical index)란 토양의 수분포텐셜(soil water potential)에 대한 지형의 영향을 나타내는 지수로서 Beven and Wood(1983)에 의하여 $\ln(a/\tan\beta)$로 정의된다. 여기서 a 는 어느 특정지점의 집수면적(集水面積)을 말하고, $\tan\beta$ 는 그 지점의 사면경사(斜面傾斜)를 나타낸다(그림 72).

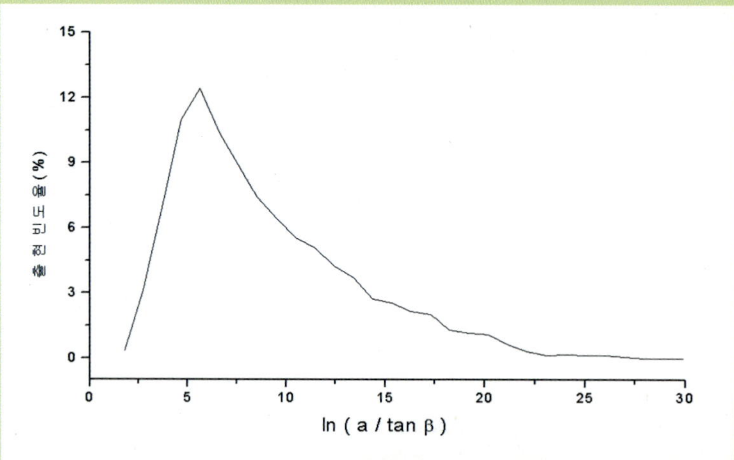

그림 72. 지형 지수의 출현 빈도(김재수 1998)(Frequency of topographical index in Yongnup bog and adjacent area)

집수면적이 크고 사면의 경사가 완만하면 그 토지(土地)에 물이 모이기 쉽기 때문에 지하수면 형성이 용이하게 된다. 만약 어떤 임의의 유역 내에서 지형지수가 같다면 토양수분과 지하수 생성에 대한 시계열적(時系列的)인 특성이 같다고 할 수 있다.

예를 들면, 경기도 광릉수목원에서 측정한 자료에 의하면 광릉수목원의 지형 지수는 3.5에서 극치(極値)를 이루고 있으나 (Lim, 1998), 용늪의 지형 지수는 5.6으로 전체 용늪의 12.4%를 점유하고 있는데 광릉수목원 보다 높았다. 광릉수목원에 비하여 용늪의 지형지수가 높은 이유는 유역 면적은 상대적으로 작지만 용늪은 경사가 완만하기 때문이다. 용늪에서 지형지수 15이상이 11.9 %를 차지하고 있는데 이것은 이 지역에 삿갓사초군락(*Carex dispalata* community) 이 분포하고 있는 지역과 거의 일치한다(그림73).

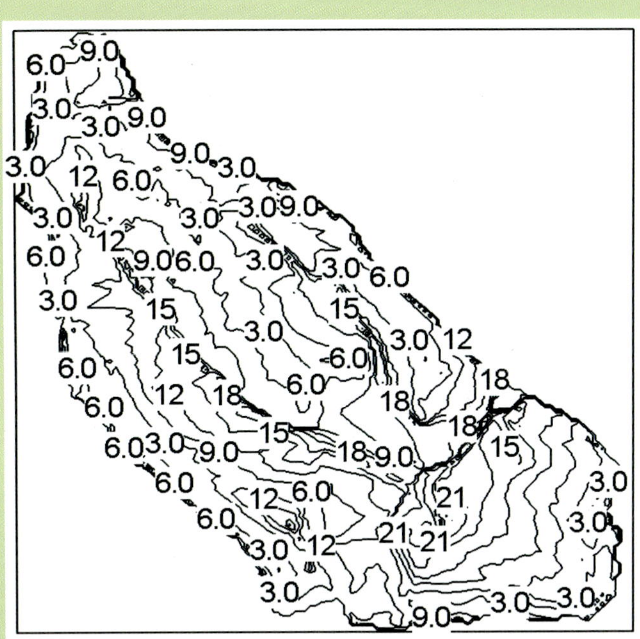

그림 73. 지형지수 분포도(김재수 1998)(Distribution map of topographical index in Yongnup bog and adjacent area)

5. 유속

용늪 중앙부를 따라 흐르는 수로(1-1번 지점에서 1-16번 지점)와 서쪽의 지표수가 다량 유입되는 수로(2-1번 지점에서 2-13번 지점)에서 1998년 6월 13일-14일 양일간 유속(流速)을 측정한 결과를 그림 74에 나타내었다. 이 시기에는 강우량이 적은 시기였다(그림 79. 양구지방의 강우량과 용늪의 지하수위의 연속변화곡선 참조).

장마철 다량의 유입수에 의한 유속을 고려하면, 조사 때인 6월 중순은 유량이 상대적으로

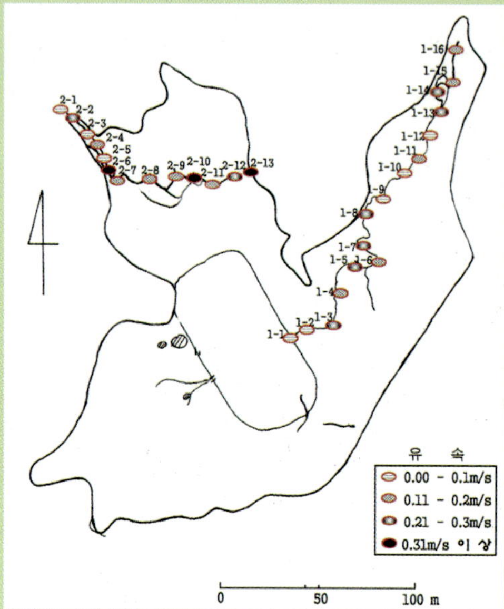

그림 74. 용늪의 유속 분포(김재수 1998)(Velocity of water current of water channels in Yongnup bog)

낮은 시기라고 생각되지만 유속의 공간적 분포는 알 수 있다. 스케이트장 아래의 중앙부 수로에서 측정된 유속은 0.21m/s~0.1m/s 으로 비교적 느린 편이었으나, 군사도로로 부터 다량의 지표수가 유입되는 수로의 유속은 0.21m/s~0.31m/s로 중앙부의 수로보다 유속이 빨랐다(김재수 1998).

이는 작은 용늪을 포함한 집수유역(集水流域, watershed)이 비교적 넓으며 빗물을 토양으로 침투시킬 수 있는 토양층 발달이 빈약하고 더욱이 도로위에 내린 빗물이 일시에 흘러들기 때문으로 생각된다. 유역으로부터 다량의 물 유입은 수로의 확대 및 이탄 침식을 촉진하는 원인이 된다. 용늪 이탄의 수분함량을 높이고 일정 수위를 유지하기 위해서는 느린 유속이 요구된다.

유속을 저감시키기 위해서는 연질(軟質)의 차수재료(遮水材料)를 이용하여 수로를 막아주는 일일 것이다. 즉 용늪에 서식하는 삿갓사초나 산새풀 등 우점식물을 늦은 가을에 예취(刈

取)하여 볏단 모양의 묶음을 만들어 수로의 이탄면(泥炭面)에 세우거나 깔아줌으로서 이탄 침식을 줄이도록 한다. 이런 경우 나무도막이나 판자와 같은 경질(硬質)의 재료 사용은 하지 않는 것이 좋다. 흐르는 물은 경질의 차수막(遮水幕)을 만나게 되면 인접하고 있는 연질상태인 이탄으로 스며들거나 침식을 일으켜 또 다른 새로운 수로를 만들어내기 때문이다.

용늪의 물골(수로)을 흐르는 유속에 대한 직접적인 조사는 1998년의 결과뿐이며 아직까지 용늪의 유출량(流出量)에 대한 자료는 얻어진 바 없으므로 앞으로 조사가 이루어져야 할 것이다.

최근 <대암산 용늪 토사유입 방지시설 설치를 위한 모니터링>보고서에서 홍수 유출량을 산정한 바 있는데(환경부·UNDP·GEP 2005), 이 결과는 유역 전체에 대한 홍수량으로서 이들 강우가 용늪 중앙부의 수로를 따라 흐르는 물의 유속에 대한 연변화(年變化, yearly variation)를 측정한 결과는 아닌 것이다. 보고서 안에는 2005년 8월 28일과 9월 30일의 측정 유량 각각 0.006㎥/s, 0.095㎥/s 및 유속 각각 0.222m/s 0.467m/s의 자료는 제시되어 있다.

용늪을 함양하는 물은 강우 시 유역에서 일시에 유입되어 단시간에 용늪을 거쳐 유출되어 버리는 물이 아니라, 용늪 지표에 강우가 내려 이탄으로 여과(infiltration)된 후 이탄 속을 서서히 흐르는 물이나 복류수(伏流水, vadose water)로 침투(percolation)되는 물이다.

한편 영남대학교 이헌호 교수(2008)에 의한 경상남도 양산시 천성산에 위치하고 있는 밀밭늪은 대암산 용늪과는 다소 상이한 유형의 습지이지만 산악에 위치한 습지라는 점에서 이곳에서 얻은 결과를 참고하면 용늪의 유출량을 파악하는데 도움이 될 것이다(그림 75, 그림 76).

그림 75에서 보면, 측정기간 동안의 수위 데이터를 수위-유량 관계식(水位-流量 關係式)을 이용하여 유출량으로 환산한 결과, 유출량은 14.09~444.64ℓ/min의 범위에서 증감하였다. 가뭄기인 2007년 11월~2008년 5월의 7개월 동안에 밀밭늪에 내린 강우량은 20mm이하이었고 최대 유출량은 4월과 5월의 400ℓ/min~450ℓ/min, 평균 유출량은 56.3ℓ/min로 관측되었으며 겨울철에는 5mm~15mm로 약간의 강우가 있었지만, 유출량은 거의 일정하여 변화폭이 적었다. 이것은 밀밭늪의 습지에 빗물이 흡수되어 저장됨을 의미한다.

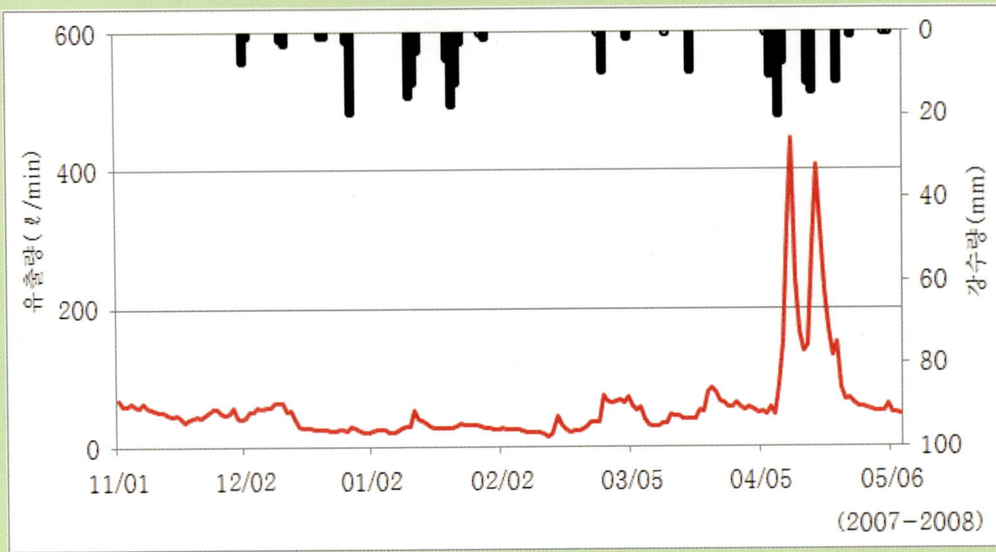

그림 75. 천성산 밀밭늪의 유출량 시계열 변화 Ⅰ(이헌호 2008)(Variation of water discharge in Milbat moor, Nov. 2007-May 2008)
black bars: precipitation(mm), curved lines: amount of water discharge(ℓ/min)

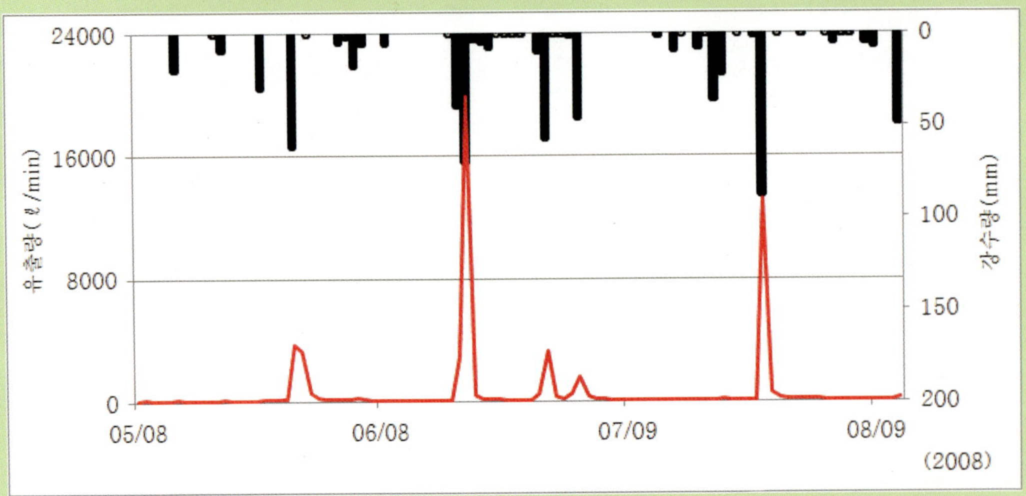

그림 76. 천성산 밀밭늪의 유출량 시계열 변화 Ⅱ(이헌호 2008)(Variation of water discharge in Milbat moor, May-Aug. 2008)
black bars: precipitation(mm), curved lines: amount of water discharge(ℓ/min)

그림 76은 2008년 5월 8일부터 8월 9일까지의 강우량과 유출량을 나타낸 것이다. 측정기간 동안의 수위 데이터를 수위-유량 관계식을 이용하여 유출량으로 환산한 결과, 유출량은 18.3~19,920ℓ/min의 범위에서 증감하였다. 호우기간인 7월~8월 강우량 70mm~80mm의 2개월 동안의 평균 유출량은 422.3ℓ/min로 관측되었다. 따라서 유출량과 강우사이에 직접적인 관계가 있음을 알 수 있다. 밀밭늪의 자료로 보면, 용늪에서도 역시 유출량은 강우에 좌우된다고 할 수 있겠다.

6. 투수 계수

용늪 주위의 대암산 숲속의 토양은 전형적인 갈색 산림토양(brown forest soil)이다. 용늪의 이탄과 숲속 삼림토양의 특성을 비교하기 위하여 400cc 용량의 토양 채취용 금속 통(can)을 이용하여 포화투수계수(飽和透水係數, coefficient of permeability)를 측정하였다.

대암산 숲속 산림토양의 포화투수계수는 표층 토양에서 $1.5x10^{-3}$ ~ $2.2x10^{-3}$ m/s, 10cm 깊이의 토양에서 $1.2x10^{-3}$ ~ $2.8x10^{-4}$ m/s, 20 cm 깊이의 토양에서 $1.4x10^{-4}$ m/s 로 비교적 물이 땅속으로 침투가 잘되고 있으나, 용늪을 출입할 때 주로 내려가는 접근로, 즉 답압(踏壓, trampling)이 심한 지역의 표층 토양은 $2.9x10^{-5}$ m/s로 삼림토양과는 무려 2승(2乘)의 차이를 나타내고 있어 토양 속으로 물의 침투가 잘 되지 않음을 알 수 있다.

다시 말하면 용늪의 이탄 또는 토양 속으로 침투(浸透)되는 물인 침투수(浸透水, penetrating water)가 적다는 것을 의미한다. 이탄 속으로 물이 침투되지 않으면 강우 때 내린 다량의 빗물은 유출구로 유하(流下)되어 버리므로 이탄을 함양(涵養)하는 수분이 부족하게 된다.

또한 도로나 인근 훼손지역으로 부터 지표수와 혼입된 자갈(礫, gravel), 거친 모래(粗砂, coarse sand), 가는 모래(細砂, fine sand), 미사(微砂, silt), 점토(粘土, clay)등이 지표수와 함께 이탄지인 용늪으로 유입되어 이탄을 피복(被覆)하게 되므로 물의 침투를 방해하여 건조하게 되고 그런 곳에는 육상식물이 침입하게 된다.

한편 단위용적질량(bulk density, 줄여서 단위중량 또는 가비중이라고도 한다)은 삼림 토양

0.86~1.16인데 비하여, 탐방객 출입이 잦은 답압지역은 2배 가까운 1.67이었다. 이는 사람들의 잦은 출입으로 용늪 토양이 매우 다져져있다는 것을 의미한다.

그러나 고층습원의 양태(樣態)를 유지하고 있는 용늪 내부의 이탄층에서는 포화투수계수가 표층에서부터 50cm의 깊이까지 $1.3x10^{-3}$ ~ $1.5x10^{-3}$ m/s 범위의 분포를 보이고 있어 투수성이 매우 양호하고, 이탄의 단위용적질량(bulk density) 역시 0.97 ~ 1.02의 범위로 이탄이 매우 치밀하게 퇴적되어 있음을 알 수 있다.

7. 지하수위

용늪은 주로 강우에 의해 함양되지만 대암산의 산록에서 흘러내리는 지표수나 삼림 토양층에 스며든 지하수는 일단 습원가(濕原辺)의 물웅덩이에 고인 후(그림 77), 용늪의 수로(심구, 深溝, water channel)를 통하거나 복류수(伏流水)가 되어 하류로 유출된다.

그림 77. 대암산 산록에서 흘러내린 물이 고인 웅덩이(2008. 8. 8.)(Stagnant pool flowed from the foot of Mt. Dae-am san)

그림 78은 1969년도에 용늪으로 물을 유입시키는 수로와 물웅덩이(watery pools)의 분포를 사실적으로 묘사한 것이다(강상준 1988). 강우 외에도 이런 물웅덩이에 저수되었던 물이 이탄층을 복류하면서 용늪의 지하수위를 높여주게 된다.

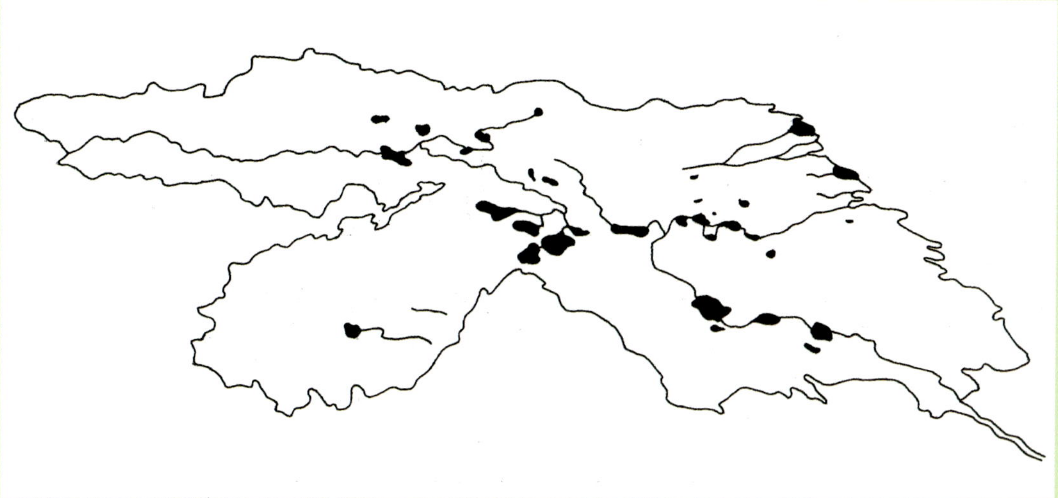

그림 78. 1969년도에 작성된 용늪으로 물을 유입시키는 수로(심구, 深溝)와 물웅덩이의 분포도(강상준 1988)(Distribution map of water channels and watery pools depicted in 1969. Curved lines and black spheroids mean water channels and watery pools, respectively.)

중앙부에 지하수위 관측정(觀測井)을 설치하여 수위계(水位計, piezometer, WLD 14, Global water Company, USA)를 이용, 지하수위의 변화를 측정한 결과를 보면(그림 79), 일년 중 지하수위가 가장 낮은 때는 6월 24일로 무려 지표면에서 -23.4cm나 밑으로 내려간다(김재수 1998). 6월말 까지는 지하수위의 하향(下向)으로 이탄 표면이 건조하기 때문에 방문객이 들어가서 밟게 되면 답압(踏壓, trampling)으로 말미암아 이탄 구조가 파괴되고 소량의 강우나 안개비에 의해서도 이탄이 유실될 수 있다.

여름철 호우가 온 뒤 지하수위는 상승하기 시작하여 7월 10일에는 이탄 표면 가까이 -5cm까지 상승하는데 그것은 물이끼가 다량의 강우를 흡수하여 체내에 저수하고 있으며, 물길 즉 수로(심구 深溝, water channel)를 따라 유역으로부터 물이 유입되면서 이탄 속으로 침윤(percolation)되기 때문이다.

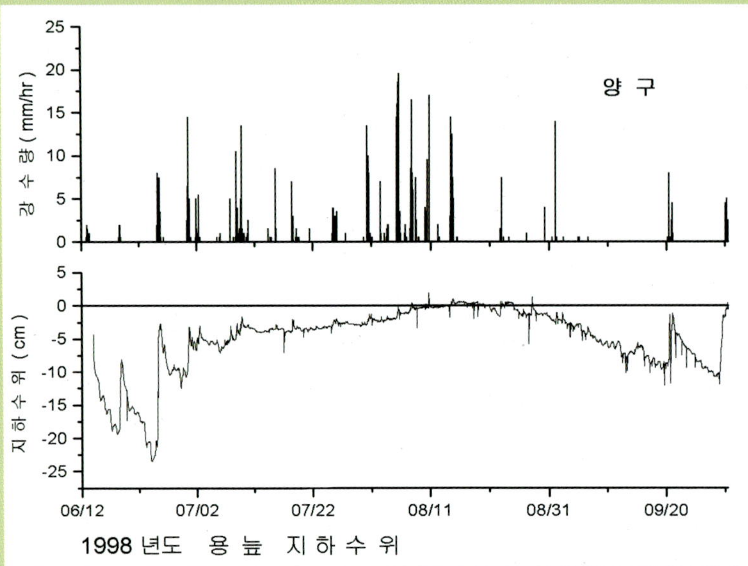

그림 79. 양구지방의 강수량(위)과 용늪의 지하수위(아래)의 연속변화 곡선(김재수 1998)(Continued variation curves of precipitation at Yanggu (upper) and water table of Yongnup bog(lower)

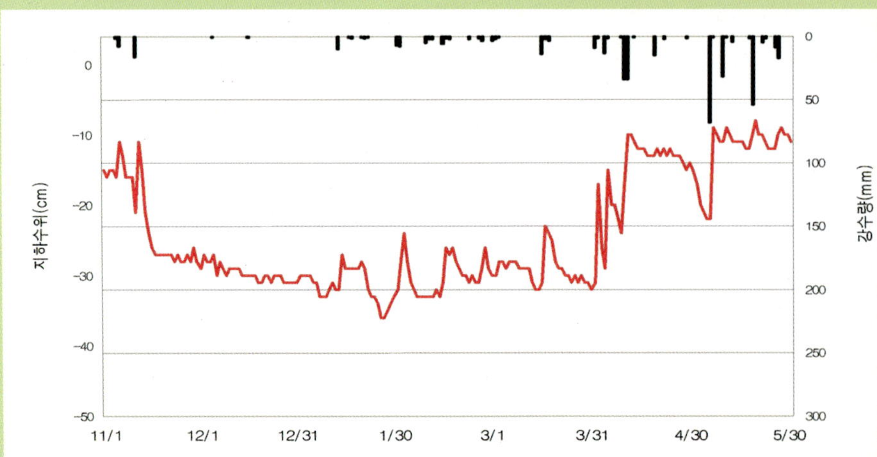

그림 80. 밀발늪의 강우량(막대)과 지하수위(곡선)의 시계열 변화(이헌호 2006)(Variation of precipitation, bar, and water table, curve, in Milbat moor)

8월 8일부터 20mm전후의 강우가 계속 내려 지하수위는 거의 지표면에 이르게 되고 8월말까지 이 상태가 유지된다. 그 후 비가 오지 않으면 지하수위는 서서히 감소하기 시작하여 9월 20일 -8.7cm까지 완만하게 지하수위가 감소하고 그 후에도 강우가 내리지 않으면 다음해까지 낮은 지하수위의 상태가 유지되는 수문학적 현상이 해마다 반복된다.

참고로 영남대학교 이헌호(2006)교수의 경남 양산시 천성산 밀밭늪의 지하수 변화를 보자. 2005년 11월 -21.63cm, 12월 -29.67cm, 2006년 1월 -31.45cm, 2월 -30.00cm, 3월 -29.19cm, 4월 -15.7cm, 5월 -12.25cm로 나타나 겨울로 접어들면서 지하수위가 서서히 낮아지고 봄에 되면서 높아지는 경향이 뚜렷하였다(그림 80).

2008년 5월 8일부터 8월 3일 까지 지하수위는 지표 기준 -28.9cm ~ -4cm의 범위였고, 평균 지하수위는 2008년 5월 -20.4cm, 6월 -11.6cm, 7월 -11.3cm, 그리고 8월 -17cm이었다(그림 81).

지하수위는 강수량과 밀접한 상관관계가 있는 것으로 알려져 있는데, 천성산 밀밭늪의 지하수위 변화 경향도 강수량의 증감에 비례하여 변화한다는 것을 알 수 있으며 여름철 호우로 인하여 지하수위가 다른 계절에 비하여 높게 나타난다는 것도 확인할 수 있다.

그러므로 대암산 용늪이든 천성산 밀밭늪이든 산지 습원의 지하수위는 강우와 깊은 관계가 있는 것으로 판단된다.

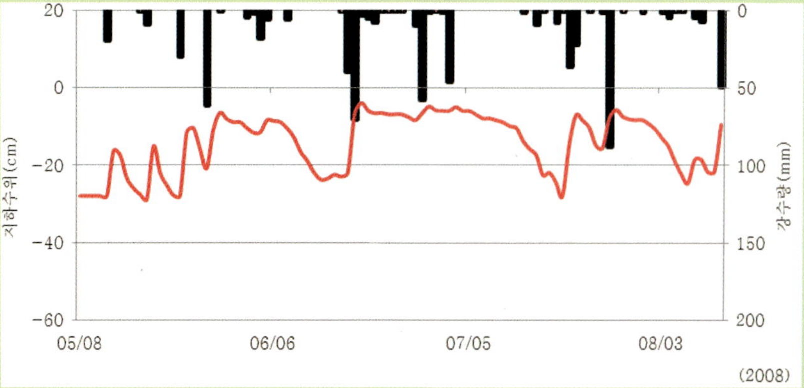

그림 81. 밀밭늪의 강우량(막대)과 지하수위(곡선)의 시계열 변화(이헌호 2008)(Variation of precipitation, bar, and water table, curve, in Milbat moor)

8. 유기물 함량

이탄이 퇴적되어 있는 습원이나 또는 이탄지에서는 죽은 식물의 유체(遺體, plant remains)가 차곡차곡 퇴적되어 있으므로 유기물 함량이 높다. 용늪의 경우 전형적인 습원으로 보이는 지역, 즉 스케이트장 조성으로 훼손이 되지 않은 지역인 대암산 산록으로 부터 헬기 착륙장을 향하는 동서 방향에 9개 지점을 선정하여, 이탄 표면에서부터 최고 166cm에 이르는 깊이에서 이탄을 채취하여 음건(陰乾, air dry)시킨 후 작열감량(灼熱減量, loss on ignition)에 의하여 유기물 함량을 측정하였다.

표 16에서 보는바와 같이 유기물 함량은 70%~85% 범위이고 최고 98.60%를 나타내는 지점이 있으며 바닥의 경우에는 10%~30%이내였다(최기룡 1998). 습원의 유기물 함량은 일반적으로 건중량(乾重量, dry weight)의 30%이상으로 알려져 있으며, 鈴木(1994)은 일본의 여러 습지를 대상으로 이탄에 포함된 유기물을 조사한 결과 대부분 습원의 표층에서부터 2m 깊이에서 유기물 함량은 45~90%정도라고 한 것으로 보아, 용늪은 유기물 함량이 높은 편이고 무제치늪에서도 45~90% 이상이 확인되었다(김주용 등 1997).

표 16. 동쪽에서 서쪽 방향으로 깊이별 채취된 용늪 이탄의 유기물 함량(최기룡 1998)(Content of organic matter of peat collected from Yongnup bog in range of east and west directions)

채집지점 및 거리		이탄 깊이(cm)	유기물 함량(%)
ST. 1	5m	8~10	83.30
		25~27	74.30
		38~40	71.30
		53~55	34.50
ST. 2	15m	13~15	98.60
		40~44	70.00
		80~83	73.70
		80~100	11.00
ST. 3	25m	19~22	83.00
		48~50	89.60
		78~80	72.70
		102~104	66.00
		117~120	22.60
		127~130	11.80
ST. 4	35m	24~25	79.60
		43~45	89.10
		78~80	75.80
		95~97	66.00
		113~115	79.00
ST. 5	45m	15~20	73.30
		49~50	85.30
		80~82	75.90
		113~115	85.00
		140~143	67.20
		164~166	19.90
ST. 6	57m	15~17	61.70
		49~50	76.50
		58~60	15.70
ST. 7	65m	10~12	76.40
		24~26	86.20
		79~81	40.10
ST. 8	75m	8~10	74.20
		38~40	84.00
		57~58	74.00
		117~118	57.60
ST. 9	90m	8~10	21.50
		54~55	85.20
		88~90	32.40
		110~112	3.20

7장 용늪의 생태학적 접근

1. 식생조성과 식생도로 본 용늪의 변화

용늪이 발견된 후 최초로 만들어진 식생도는 1969년 당시 춘천 제1고등학교(현 강원대학교 사범대학 부설고등학교) 생물교사 김두영 선생과 한상화 선생이 묘사한 것이다(그림 82). <대암산 고층습원의 종합조사-강원도 인제군 DMZ 부근->이라는 제목으로 전국 과학전람회에 출품하여 국무총리상을 수상한 작품의 내용 중에 식생도가 포함되어 있다.

이 조사에는 당시 춘천교육대학 조규송 교수(전 강원대학교 교수)와 강상준 교수(현 충북대학교 명예교수)가 적극적인 자문과 협조로 지질(geology), 식생(vegetation), 꽃가루 분석(pollen analysis), 플랑크톤(plankton) 등 다양한 분야를 조사하여 종합한 과학 작품이다.

그림 82에서 보는 바와 같이 삿갓사초군락(*Carex dispalata* community)이 거의 전 면적에 걸쳐서 분포하고 있으며, 가는오이풀군락(*Sanguisorba tenuifolia* var. *alba* community)은 수로(water channel)를 따라 분포하고 물이끼군락(*Sphagnum palustre* community)은 동쪽 대암산 기슭의 아래 지역에 넓은 면적에 걸쳐서 분포하고 있다. 습원의 서쪽 경계 부근에는 미쳐 다 자라지 못한 소형 버드나무군락(*Salix koreensis* community)이 분포하며, 고층습원 특징의 하나인 작은 물웅덩이(pool)가 보인다.

김과 한(1969)이 1969년 5월부터 6월에 걸쳐 조사한 결과에 따르면, 용늪의 북쪽 지역은 가는오이풀-삿갓사초군락, 중앙 지역에는 가는오이풀-삿갓사초-물이끼군락, 동쪽 지역은 삿갓사초-물이끼-끈끈이주걱군락 그리고 지금의 입구 쪽인 남쪽지역은 삿갓사초-산새풀군락이 분포하는 것으로 보고되었다.

이 결과를 보면 물이끼(*Sphagnum palustre*)와 끈끈이주걱(*Drosera rotundifolia*)이 지금보다는 더 넓은 면적에 걸쳐 분포하고 있어 전형적인 고층습원의 식생조성을 하고 있었고 훼손도 되지 않은 모습을 갖추고 있었음을 알 수 있다.

더욱이 스케이트장 조성지역은 전연 보이지 않을 뿐 아니라 군사도로로 부터 다량의 물이 일시에 유입되어 흐르는 큰 물길, 소위 유로(流路)는 없었다. 그러므로 "문제의 큰 물길"은 1977년 이후에 새로 만들진 것임을 알 수 있다.

그림 83은 최기룡 교수(울산대학교 생명과학부)와 고재기 교수(대구한의대학교 한방생약자원학과)가 1988년에 작성한 식생도이다. 삿갓사초군락(*Carex dispalata* community)이 거의 전 지역을 피복하고 있으며 1969년의 식생도처럼 동쪽 지역에는 넓은 면적에 걸쳐서 이때만 해도 물이끼군락(*Sphagnum palustre* community)이 분포하고 있다.

또한 스케이트 조성 지역의 일부 및 습원 북쪽의 양편에는 산사초군락(*Carex canescens* community)이, 스케이트장 조성 지역에는 물꼬챙이골군락(*Eleocharis mamillata* var. *cyclocarpa* community)이, 그리고 군사도로로 부터 큰물이 유입되는 지역에는 새-갈대군락(*Arundinella hirta -Phragmites communis* community)이 분포하고 있다.

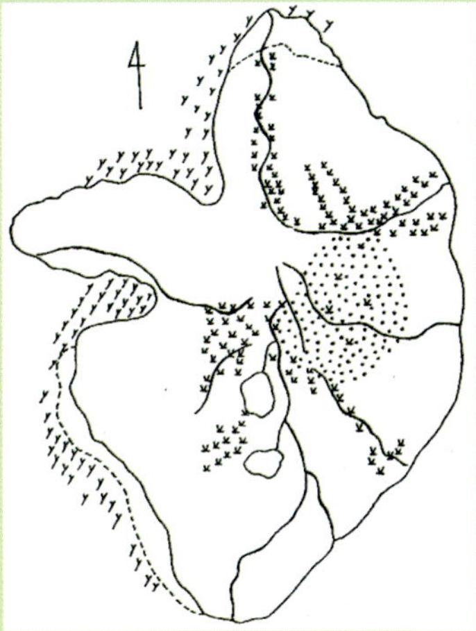

그림 82. 1969년도 용늪의 식생 분포(김두영·한상화 1969)(Actual vegetation map of 1969)

∴ : 물이끼군락　× : 가는오이풀군락
y : 버드나무군락　□ : 삿갓사초군락
ㆁ : 작은 연못　∿ : 수로

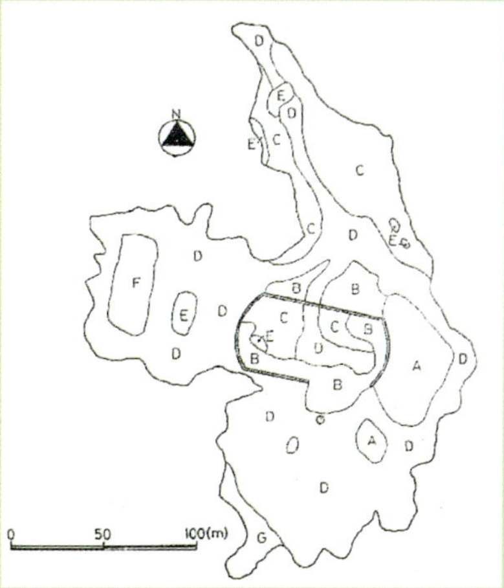

그림 83. 1988년도 용늪의 식생도(최기룡· 고재기 1988)(Actual vegetation map of 1988)

A : 물이끼군락　B : 물꼬챙이군락
C : 산사초군락　D : 삿갓사초군락
E : 꼬리조팝나무군락　F : 새-갈대군락
G : 지리강활군락

그리고 식생조사표를 정리하여 습원내의 식물군락은 1군락군(群落群, community group) 4군락(群落, community) 5아군락(亞群落, subcommunity)으로 구분하였다(최 및 고 1988, 1989).

A. 가는오이풀군락군(*Sanguisorba tenuifolia* var. *alba* community group)

a. 물이끼군락(*Sphagnum palustre* community)

Ⓐ 전형아군락(Typical subcommunity)

Ⓑ 물꼬챙이골아군락(*Eleocharis mamillata* var. *cyclocarpa* subcommunity)

Ⓒ 산사초아군락(*Carex canescens* subcommunity)

b. 삿갓사초군락(*Carex dispalata* community)

c. 꼬리조팝나무군락(*Spiraea salicifolia* community)

d. 꽃쥐손이군락(*Geranium eriostemon* var. *megalanthum* community)

Ⓐ 새-갈대아군락(*Arundinella hirta-Phragmites communis* subcommunity)

Ⓑ 지리강활아군락(*Angelica purpuraefolia* subcommunity)

종합적으로 대암산 용늪의 식물군락은 빈영양성인 물이끼군락과 습원 주변으로 부터의 토양 유입 및 이탄의 소실 등으로 교란된 지역에 분포하는 삿갓사초군락, 꼬리조팝나무군락, 꽃쥐손이군락으로 크게 나눌 수 있다고 하였다.

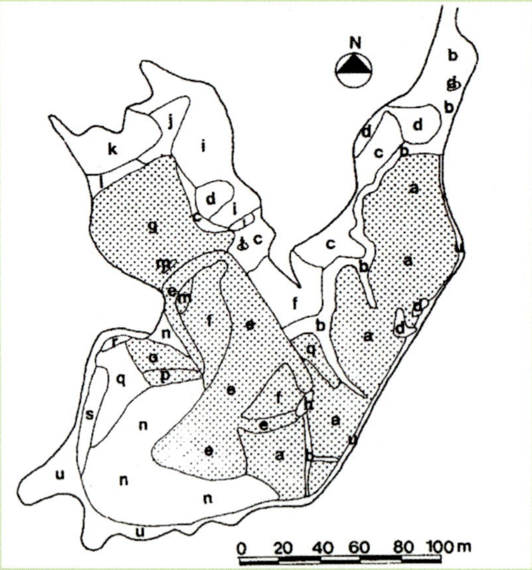

그림 84. 1998년도 용늪의 현존식생도(강상준·곽애경 1998, 2000)(Actual vegetation map of Yongnup bog in 1998)

a:진퍼리새-삿갓사초군락 b:가는오이풀-진퍼리새군락 c:진퍼리새-가는오이풀군락
d:꼬리조팝나무군락 e:삿갓사초군락 f:진퍼리새군락
g:진퍼리새-솔잎사초군락 h:나지(바닥 노출지역) i:산새풀-가는오이풀군락
j:꽃쥐손이-산새풀군락 k: 갈대군락 l:가는오이풀-산새풀군락
m:버드나무군락 n:삿갓사초-가는오이풀군락 o:삿갓사초-솔잎사초군락
p:삿갓사초-물꼬챙이군락 q:삿갓사초-진퍼리새군락 r:동의나물-가는오이풀군락
s:꽃쥐손이-가는오이풀군락 t:철쭉군락 u:지리강활군락
▒: 물이끼군락

그림 84는 강상준 교수와 곽애경 박사(대진대학교)가 1998년 6월과 8월 2회에 걸쳐서 총 32개 지점에서 식생조사를 실시한 후 작성한 식생도이다. 식생의 조성은 종조성표(種組成表)에 따르면 가는오이풀군락군(*Sanguisorba tenuifolia* var. *alba* community group)으로 11개 군락으로 구분되었다(표 17).

표 17. 대암산 용늪의 식생 조성표(강상준·곽애경 1998, 2000)(Vegetation table of Yongnup bog in Mt. Daeam)

군락형번호	1									2							3					4		5		6		7	8	9	10	11	
조사지번호	19	17	25	16	21	22	30	31	32	1	2	3	12	6	23	15	4	5	13	18	20	8	14	28	29	24	7	10	27	11	26	9	Fr.
가는오이풀	5.5	5.5	4.4	2.2	2.2	3.3	1.1	2.2	1.1	3.3		2.2	1.1	2.2	1.1	2.2	3.3	4.4	3.3	3.3	3.3	2.2	1.1	1.1	1.1	2.2	3.3	2.2		1.1	2.2		29
감자개발나물	+	+		+	1.1	1.1		+	+			+	1.1	+	1.1	+		1.1	+			+				1.1		1.1			+		18
물매화							+	+	+	+	+	+										1.1						+					8
처녀치마						1.1	+			+	1.1	1.1									+	+											7
비로용담							+				1.1	+	1.1						1.1		1.1												6
삿갓사초	2.2	1.1	1.1	5.5	5.5	5.5	5.5	5.5	5.5	1.1	1.1	+	1.1		2.2		+		+							1.1		+				1.1	19
솔이끼	+				1.1	1.1																											3
체꽃					1.1			+																									2
물이끼	+				3.3	3.3	+	1.1	+	5.5	5.5	5.5	5.5	5.5	5.5	5.5	+				1.1		2.2								+		21
끈끈이주걱											2.3			1.1																			2
통발							+	+			1.1	+		2.2																			5
진퍼리새	+	1.1					+	+							1.1		4.4	5.5	5.5	5.5	5.5												10
벌사상자															+						1.1												2
기생꽃																		1.1			+					+							3
여로																	+		+														2
솔잎사초																3.3						5.5	5.5										3
산새풀																								4.4	3.3				1.1		3.3		4
꽃쥐손이					+																			3.3	2.2								4
갈대																									2.2			+					2
진범																									1.1								1
골풀																										5.5	4.4						2
버드나무														2.2													2.2	4.4					3
꼬리조팝나무																													5.5				1
청비녀골풀																														4.4			1
동의나물			1.1																									+			4.4		3
흑삼릉																																5.5	1
철쭉꽃					1.1	+								1.1							1.1												4
줄방제비꽃									+			1.1		+														1.1					4
숫잔대									2.2														1.1			1.1							3
지이강활			1.1																					1.1									2
쉽싸리			+																					1.1									2
참조팝나무																												+	+				2
가는네잎갈퀴					+																		+										2
자주물이끼																							2.2										1
곰취			+																														1
물쇠뜨기														1.1																			1
고려엉겅퀴			1.1																														1
신감채																													1.1				1
노루오줌																												+					1

1) 삿갓사초군락(*Carex dispalat*a community)

2) 물이끼군락(*Sphagnum palustre* community)

3) 진퍼리새군락(*Molinia japonica* community)

4) 솔잎사초군락(*Carex biwensis* community)

5) 산새풀군락(*Calamagrostis langsdorffii* community)

6) 골풀군락(*Juncus effusus* var. *decipiens* community)
7) 버드나무군락(*Salix koreensis* community)
8) 꼬리조팝나무군락(*Spiraea salicifolia* community)
9) 동의나물군락(*Caltha palustris* var. *membranacea* community)
10) 흑삼릉군락(*Sparganium stoloniferum* community)
11) 청비녀골군락(*Juncus papillosus* community)

즉 습원의 주요 군락은 삿갓사초군락과 물이끼군락이다. 스케이트장 조성지역에는 솔잎사초군락과 청비녀골군락이 함께 분포하였고, 지하수위가 저하된 건조한 지역에는 진퍼리새군락을 중심으로 꼬리조팝나무군락, 산새풀-꽃쥐손이군락 외에 골풀군락, 버드나무군락, 동의나물군락, 흑삼릉군락이 분포하고 있다(강 및 곽 1998, 2000).

그림 83의 1988년도에 작성된 식생도와 비교해 보면, 둑(渠)이 무너진 곳에 침입했던 물꼬챙이골군락은 10여년이 지난 1998년에는 거의 소멸되었고 그 자리는 삿갓사초군락으로 대치되었으며 그 분포 역시 광역적임을 알 수 있다. 또한 스케이트장 안에는 삿갓사초군락 이외에 진퍼리새군락이 넓게 침입, 분포하고 있다. 이것은 시간이 지남에 따라 서서히 중간습원으로 변화하고 있음을 의미한다.

그림 85는 1999년 7월부터 2002년 9월까지 용늪에 대한 식생을 정밀 조사한 후 2004년에 완성한 식생도이다(류새한 2004). 습원의 군락은 자연식생(natural vegetation)과 대상식생(substitute vegetation)으로 구분하여 표시하였고, 기타 초지식물군락, 관목 및 삼림군락도 묘사되었다.

식생도에서 보는 바와 같이 삿갓사초군락(*Carex dispalata* community)과 진퍼리새-삿갓사초군락(*Molinia japonica-Carex dispalata* community)이 가장 넓은 면적에 분포하고, 삿갓사초-산새풀군락(*Carex dispalata-Calamagrostis langsdorffii* community), 달뿌리풀-산새풀군락(*Phragmites japonica-Calamagrostis langsdorffii* community), 진퍼리새군락(*Molinia japonica* community)등이 비교적 넓은 면적에 걸쳐서 분포하고 있다.

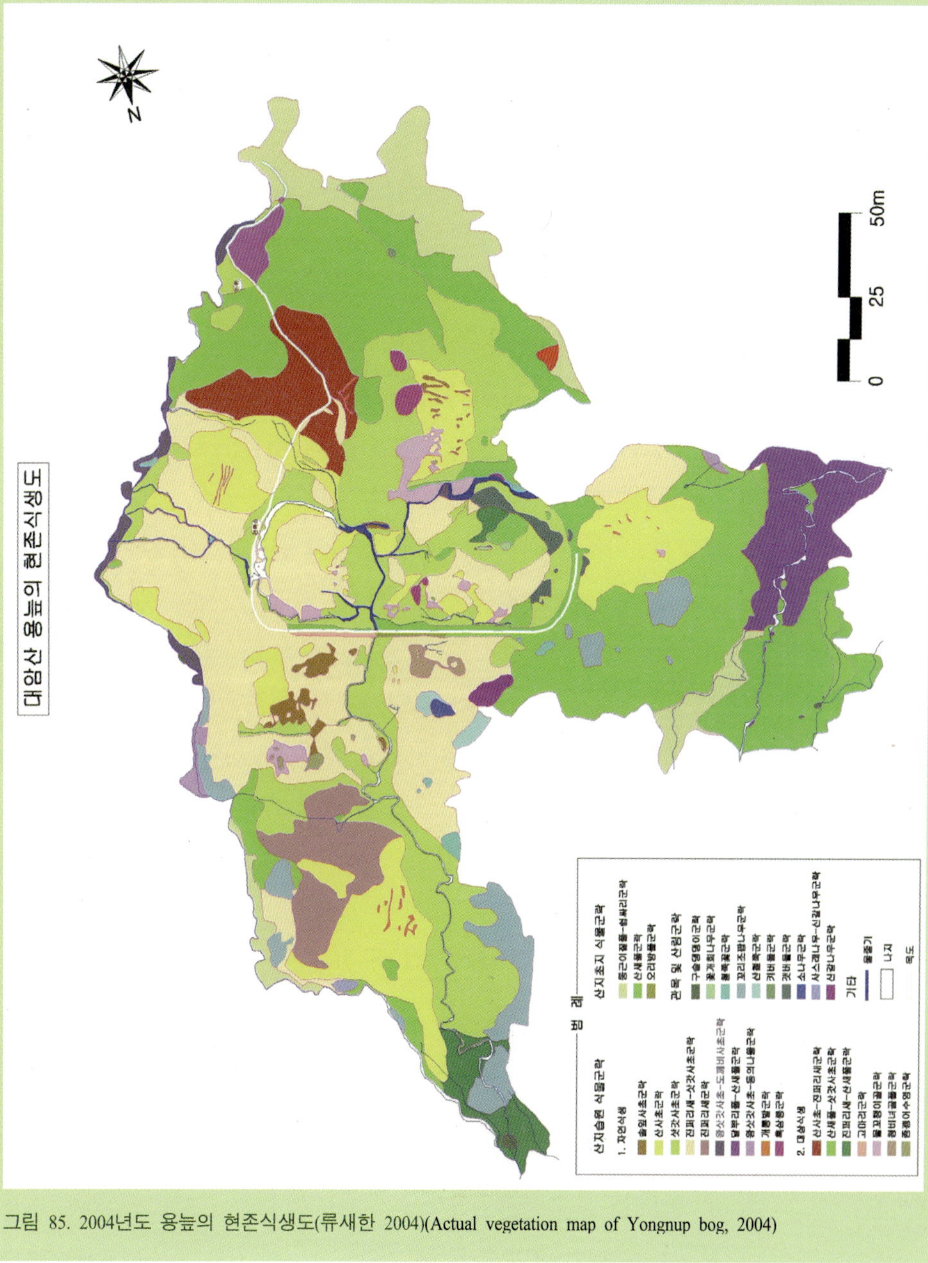

그림 85. 2004년도 용늪의 현존식생도(류새한 2004)(Actual vegetation map of Yongnup bog, 2004)

고층습원 군락으로는 물이끼군락(*Sphagnum palustre* community), 솔잎사초군락(*Carex biwensis* community), 산사초군락(*Carex canescens* community) 및 개통발군락(*Utricularia intermedis* community)을, 중간습원의 특징을 나타내는 군락은 진퍼리새군락(*Molinia japonica* community), 진퍼리새-삿갓사초군락(*Molinia japonica-Carex dispalata* community), 삿갓사초군락(*Carex dispalata* community) 및 산사초-진퍼리새군락(*Carex canescens-Molinia japonica* community)을 저층습원의 속성을 나타내는 군락은 왕삿갓사초-동의나물군락(*Carex rhymchophysa-Caltha palustris* var. *membranacea* community)), 동의나물-도깨비사초군락(*Caltha palustris* var. *membranacea-Carex dicknsii* community), 달뿌리풀-산새풀군락(*Phragmites japonica-Calamagrostis langsdorffii* community) 및 흑삼릉군락(*Sparganium stoloniferum* community)을 들고 있다.

대상식생군락으로는 좀괭이수염군락, 솔잎사초-흰개수염군락, 산새풀-삿갓사초군락, 진퍼리새-산새풀군락, 흰개수염군락, 실새풀-흰개수염군락, 청비녀골군락, 물꼬챙이골군락으로 구분하였고, 삼림으로 연결되는 지역에는 둥근이질풀-산새풀군락, 삿갓사초-둥근이질풀군락, 꿩고비군락, 산새풀군락이, 습원 내부에 정착하고 있는 관목은 구슬댕댕이군락과 꼬리조팝나무군락을 제시하였다.

한편 빈영양성인 고층습원에서는 물이끼로 구성되어있는 볼록한 습지구(濕地丘, 독 Bulte, 영 Hummock)와 오목한 습지요지(濕地凹地, 독 Schlenke, 영 Hollow)의 복합체가 보이는데(그림 86), 이런 미지형에서도 약간의 다른 식생이 분포한다(표 18).

그림 86. 습지구(독 Bulte, 영 hummock)와 습지요지(독 Schlenke, 영 hollow)에 서식하는 식물의 모식도(Diagram of plants on hummock and hollow)

표 18. 습지구(濕地丘)와 습지요지(濕地凹地)에 서식하는 식물(강상준 1988)(Plants inhabited on hummock and hollow)

습지구(Hummock)	습지요지(Hollow)
Sphagnum palustre (물이끼)	*Sphagnum palustre* (물이끼)
S. fuscum (대암물이끼)	*S. fuscum* (대암물이끼)
S. magellanicum (자주물이끼)	*S. magellanicum* (자주물이끼)
Sanguisorba tennuifolia var. *alba* (가는오이풀)	*Sanguisorba tennuifolia* var. *alba* (가는오이풀)
Carex canescens (산사초)	*Carex biwensis* (솔잎사초)
Gentiana jamesii (비로용담)	*Getiana jamesii* (비로용담)
G. triflora (과남풀)	*Heloniopsis orientalis* (처녀치마)
Heloniopsis orientalis (처녀치마)	*Trientalis europaea* (기생꽃)
Parnassia palustris (물매화)	*Viola verecunda* (콩제비꽃)
Iris nertschinskia (붓꽃)	*Utricularia intermedia* (개통발)
Ostericum sieboldii (묏미나리)	
Sium ninsi (감자개발나물)	
Carex chordorhiza (바늘사초)	
13 종	10 종

또한 표 18에서 보는바와 같이 습지구(Bulte, hummock)에는 물이끼, 대암물이끼, 자주물이끼, 가는오이풀, 산사초, 비로용담, 처녀치마, 물매화 등 13종이, 습지요지(Schlenke, hollow)에는 물이끼, 대암물이끼, 자주물이끼, 기생꽃, 개통발 등 10종이 생육한다. 고층습원의 dome상 윗부분과 사면사이에는 수분조건이 다르기 때문에 서식하는 식물종도 이것을 반영한다고 생각되며 dome의 사면부에는 비교적 습윤하므로 물이끼의 생장이 왕성하다.

표 19에서 보면 습지구(hummock)의 높이는 7.5cm~24.0cm 범위로 평균 높이는 16.17±5.25cm, 장경(長徑)은 27.5cm~316cm, 평균 135.96±67.12cm, 단경(短徑)은 23.7cm~258cm, 평균 98.64±60.56cm, 그리고 체적(體積)은 평균 14.48±29.28m^3이다. 따라서 용늪에 분포하고 있는 습지구(hummock)는 그 크기가 일정하지가 않다.

표 19. 습지구(濕地丘)의 높이, 장경(長徑), 단경(短徑) 및 체적(體積)(강상준 1988)(Height, major axis, minor axis and volume of hummock)

습지구 번호	높이(cm)	장경(cm)	단경(cm)	체적(㎥)
1	20.0	27.5	23.7	0.08
2	16.5	116.0	82.0	4.08
3	20.0	88.0	73.0	2.45
4	15.9	132.0	61.0	2.57
5	7.5	98.0	104.0	5.54
6	24.0	154.0	101.0	8.22
7	19.0	104.0	72.0	2.82
8	23.5	120.0	48.0	1.44
9	16.0	316.0	258.0	110.00
10	10.0	191.0	61.0	3.71
11	12.5	120.0	168.0	17.7
12	9.1	165.0	132.0	15.0
평균	16.17	135.96	98.64	14.48
편차	5.24	67.12	60.56	29.28

그리고 용늪에는 늦가을이 시작되면서 삿갓사초 더미가 마치 벼 낟가리를 세워 놓은 듯, 여인이 머리를 풀어 놓은 듯, 또는 여인의 젖가슴을 펼쳐 놓은 듯 규칙적으로 분포하고 있는 특이한 모양의 사초기둥(tussock)이 있다. 일본에서는 곡지방주(谷地坊主, yachibosu), 중국에서는 탑두(塔頭)라고 한다.

이들 사초기둥이 만들어지는 과정은 다음과 같이 설명할 수 있다. 즉 사초과 식물의 뿌리가 마구 엉겨 붙어 이탄을 포착하고 있는 상태에서 지상부의 식물체는 생장기 동안 자라게 되고 가을이 되어 기온이 낮아지면 고사하게 된다. 6개월 이상의 냉혹한 겨울동안 고사한 식물위에 쌓였던 눈은 이른 봄이 되면 녹아내린다. 눈 녹은 물이 위에서 바닥으로 흘러내리면서 엉겨 붙은 이탄 주위를 침식, 씻어 내림에 따라 사초기둥이 발달되는 것이다.

2. 용늪의 식물상

용늪의 식물상(植物相, Flora)에 대한 연구는 1968년 6월부터 1969년 9월까지 6회에 걸쳐서 용늪 및 그 주변에서 조사한 결과 총 63과 163종이 보고된 것이 최초이다(김두영·한상화, 1969).

춘천 제1고등학교 김두영 교사와 한상화 교사(1969)는 그 결과를 함경북도 길주군의 해발 1,720m에 있는 대택(大澤)의 습원과 비교하여 이 두개의 습원에 공통적으로 서식하는 식물을 다음과 같이 제시하였다. 즉 끈끈이주걱(*Drosera rotundifolia*), 물매화(*Parnassia palustris*), 피나물(*Hylomecon vernale*), 숫잔대(*Lobelia sessilifolia*), 닻꽃(*Halenia corniculata*), 쉽싸리(*Lycopus ramosissimus* var. *japonica*), 고려엉겅퀴(*Cirsium setidens*) 및 마가목(*Sorbus commixta*)이 그것이다.

또한 이화여대의 이영로(1969) 교수는 "대암산(강원도)의 습원식생"이라는 제하의 논문에서 대암사초(*Carex chordorhiza* Ehrh.)를 보고했으며, 그 후 이화여대의 박봉규(1973) 교수는 용늪을 "유사(위)고층습원(類似(僞)高層濕原, Pseudo-high moor)"으로, 중앙대학교의 임양재 교수 등(1973)은 민통선 내 식물상의 변화에 관한 연구에서 용늪의 식물상과 식생에 관하여 기술한바 있다.

그후 1988년 강원대학교의 이우철 교수는 큰용늪과 그 주변(30m 이내)의 식물을 63과 144속 196종 4변종으로 총 200 분류군(分類群, Taxa)을 보고하면서 특기할만한 식물 10종과 희귀식물 16종을 기재하였다.

우리나라 특산식물은 누른종덩굴(*Clematis chiisanensis*), 큰는쟁이(*Cardamine komarovi* var. *macrophylla*), 터리풀(*Fillipendula glaberrima*), 지리산오갈피(*Acanthopanax chiisanensis*), 산앵도나무(*Vaccinium koreanum*), 참좁쌀풀(*Lysimachia coreana*), 숫명다래나무(*Lonicera coreana*), 병꽃나무(*Weigela subsessilis*), 고려엉겅퀴(*Cirsium setidens*) 및 금강초롱(*Hababusaya asiatica*) 등 10종으로, 특히 금강초롱꽃속(*Hanabusaya*)은 우리나라 특산속(特産屬)식물로 세계적으로 진귀한 식물이다.

한편 휘귀식물로는 요강나물(*Clematis fusca* var. *coreana*), 왜우산풀(*Pleurospermum kamtschaticum*), 기생꽃(*Trientalis europaea* var. *arctica*), 비로용담(*Gentiana jamesii*), 조름나물(*Menyanthes trifoliata*), 북통발(*Utricularia ochroleuca*), 가는네잎갈퀴(*Galium trifidum*), 개들쑥(*Lonicera coerulea* var. *emphylloca lyx*), 애기앉은부채(*Symplocarpus nipponicus*), 솔체꽃(*Scabiosa mansenesis*), 숫잔대(*Lobelia sessilifolia*), 금강애기나리(*Disporum ovale*), 두루미꽃(*Majanthemum bifolium*), 연영초(*Trillium camschatcense*), 흰제비란(*Platanthera hologlottis*), 큰방울새란(*Pogonia japonica*) 등이 서식하고, 용늪의 외곽에 서식하고 있는 희귀식물로 제비동자꽃(*Lychnis wilfordii*), 토현삼(*Scorphularia koraiensis*), 만삼(*Codonopsis pilosula*), 참배암차즈기(*Salvia chanroenica*) 등을 제시하였다.

강상준 교수와 곽애경 박사(1998, 2000)는 대암산 용늪의 습원 경계 안에 분포하고 있는 식물은 선태류 4과 4속 7종이고, 관속식물은 49과 127속 153종 30변종 1품종으로 총 191 분류군을 기재하였다(표 20).

이 가운데 습원 안(Interior of bog)에 생육하고 있는 식물은 85종이고, 습원 가(margin of bog)에 서식하는 식물은 99종이며 습원 안과 경계지역 두 곳에 공통으로 나타나는 종은 7종임을 기술하고 있다. 또한 습원 안에 침입, 정착하고 있는 목본식물은 분비나무(*Abies nephrolepsis*), 떡버들(*Salix hallaisanensis*), 버드나무(*S. koreensis*), 사스래나무(*Betula ermanii*), 조팝나무(*Spiraea prunifolia* var. *simpliciflora*), 참조팝나무(*S. fritschiana*), 꼬리조팝나무(*S. salicifolia*), 미역줄나무(*Tripterygium regelii*), 당단풍(*Acer pseudo-sieboldianum*), 철쭉꽃(*Rhododendron schlippenbachii*), 흰철쭉꽃(*R. schlippenbachii* for. *albiflorum*), 물푸레나무(*Fraxinus rhynchophylla*), 붉은병꽃나무(*Weigela florida*), 청괴불나무(*Lonicera subsessilis*) 등 14종이 습원 안에 들어와서 자라고 있음을 지적하였다. 대표적인 용늪의 식물은 그림 87~그림 108에 제시하였다.

한편 용늪과 같은 전형적인 고층습원이 북한에도 있다고 한다(山口 1941, 中井 1941). 과거 조선총독부의 촉탁으로 있었던 식물학자 나까이(中井猛之進)박사는 <함경북도 대택과 장지의 식물(1941)>이란 보고서에서, 대택은 크고 작은 2개의 연못으로 되어있으며, 상지(上池)는 둘레가 1.6 km, 하지(下池)는 3.0 km정도로 주변지역보다 2m 정도 움푹 들어가 있어 배수가 잘 되지 않고 바닥은 현무암 풍화토인 탓에 물이 잘 스며들지 않아 물이 고여 있어 깊이는 약 2m이다. 호수 주위는 만주이깔나무와 이깔나무가 혼생하는 구릉모양의 낮은 산으로 둘러싸여 있고 호수 가에는 물이끼, 초본, 소형 관목이 서식하고 있다고 기술하였다.

목본의 종류는 만주이깔나무(*Larix olgensis*), 이깔나무(*Larix olgensis* var. *koreana*), 가문비나무(*Picea jezoensis*), 분비나무(*Abies nephrolepis*)외에 덤불오리나무(*Alnus fruticosa* var. *manshurica*), 분버들(*Salix rorida*), 참오글잎버들(*S. siuzevii*), 산버들(*S. flodeusii* var. *glabra*), 호랑버들(*S. hulteni*), 황철나무(*Populus maximowiczii*), 자작나무(*Betula platyphylla* var. *japonica*), 좀자작나무(*B. fruticosa*), 부전자작나무(*B. fusenensis*), 대택자작나무(*B. cyclophylla*), 꼬리까치밥나무(*Ribes komarovii*), 이노리나무(*Crataegus komarovii*), 당마가목(*Sorbus amurensis*), 황산차(*Rhododendron parvifolium*)등이 서식하며, 초본은 속새(*Equisetum hyemale*), 물속새(*Equisetum limosum*), 능수쇠뜨기(*Equisetum sylvaticum*), 산새풀(*Calamagrostis langsdorffii*), 진퍼리사초(*Carex arenicola*), 새방울사초(*Carex vesicaria*), 솔방울고랭이(*Scirpus karuizawensis*), 참황새풀(*Eriophorum gracile*), 흰고양이수염(*Rhynchospora alba*), 부채붓꽃(*Iris setosa*), 오이풀류(*Sanguisorba* sp.), 끈끈이주걱(*Drosera rotundifolia*)도 자라고 있다고 기술하였다.

표 20. 대암산 큰 용늪의 식물상(강상준·곽애경 1998, 2000)(Flora of Yongnup bog in Mt. Dae-am san)
I: 습원 내(Inside or Interior area of moor) M: 습원 가(Margin or Exterior area of moor)

국명	학 명	비 고
물이끼과	**Sphagnaceae**	
대암물이끼	*Sphagnum fuscum* (SCHIMPER) KLINGGR.	I
자주물이끼	*Sphagnum magellanicum* BRID	I
물이끼	*Sphagnum palustre* LINNE	I
솔이끼과	**Polytrichaceae**	
솔이끼	*Polytrichum commune* HEDW.	I
큰솔이끼	*Polytrichum formosum* HEDW	I
초롱이끼과	**Mniaceae**	
덩굴초롱이끼	*Plagiomnium maximoviczii* (LINDB.) KOP.	I
나무이끼과	**Climaciaceae**	

국명	학 명	비 고
깃털나무이끼	*Pleuroziopsis ruthenica* (WEINM.) KINDB	I
속새과	**Equisetaceae**	
물쇠뜨기	*Equisetum pratense* EHRH.	I
쇠뜨기	*Equisetum arvense* L.	M
고비과	**Osmundaceae**	
꿩고비	*Osmunda cinnamomea* var. *fokiensis* COPEL.	I
음양고비	*Osmunda claytoniana* L	I
면마과	**Aspidiaceae**	
가래고사리	*Phegopteris polypodioides* FEE	I
개면마	*Matteuccia orientalis* (HOOKER) TREV.	I
관중	*Dryopteris crassirhizoma* NAKAL	I
개고사리	*Athyrium niponicum* (METT.) HANCE	M
드문고사리	*Lastrea laxa* (FR.etSAV.) COPEL.	M
설설고사리	*Phegopteris decursive-pinnata* (VANHALL) FEE	M
털고사리	*Athyrium pycnosorum* H. CHRIST	M
소나무과	**Pinaceae**	
분비나무	*Abies nephrolepis* MAX.	M
흑삼릉과	**Sparganiaceae**	
흑삼릉	*Sparganium stoloniferum* HAMILTON	I
벼과	**Gramineae**	
껍질용수염	*Diarrhena mandshurica* MAX.	I
산새풀	*Calamagrostis langsdorffii* (LINK.) TRIN.	I

국명	학 명	비 고
갈대	*Phragmites communis* TRIN.	I
억새	*Miscanthus sinensis* var. *purpurascens* RENDLE	M
왕미꾸리광이	*Glyceria leptolepis* OHWI	I
진퍼리새	*Molinia japonica* HACK.	I
사초과	**Cyperaceae**	
솔잎사초	*Carex biwensis* FR.	I
물꼬챙이골	*Eleocharis mamillata* var. *cyclocarpa* KITAGAWA	I
산사초	*Carex canescens* L.	I
세모고랭이	*Scirpus triqueter* L.	I
솔방울고랭이	*Scirpus karuizawensis* MAKINO	I
왕비늘사초	*Carex maximowiczii* MIQ.	I
청사초	*Carex breviculmis* R. BR.	I
흰꼬리사초	*Carex brownii* TUCKERM.	I
삿갓사초	*Carex dispalata* BOOTT	I
천남성과	**Araceae**	
넓은잎천남성	*Arisaema robustum* (ENGL.) NAKAI	I
애기앉은부채	*Symplocarpus nipponicus* MAKINO	M
골풀과	**Juncaceae**	
청비녀골풀	*Juncus papillosus* FR. et SAV.	I
골풀	*Juncus effusus* var. *decipiens* BUCHEN.	I
백합과	**Liliaceae**	
각시둥굴레	*Polygonatum humile* FISCH.	M

국명	학 명	비 고
두루미꽃	*Majanthemum bifolium* (L.) F. W. SCHM.	I
박새	*Veratrum patulum* LOES. fil.	M
삿갓나물	*Paris verticillata* BIEB.	M
얼레지	*Erythronium japonicum* DECNE.	M
여로	*Veratrum maackii* var. *japonicum* T. SHIMIZU	I
파란여로	*Veratrum maackii* var. *parviflorum* HARA et MIZUSHIMA	I
처녀치마	*Heloniopsis orientalis* (THUNB.) C. TANAKA	I
연령초	*Trillium kamtschaticum* PALL.	I
마과	**Dioscoreaceae**	
부채마	*Dioscorea nipponica* MAKINO	M
붓꽃과	**Iridaceae**	
꽃창포	*Iris ensata* var. *spontanea* (MAK.) NAKAI	I
붓꽃	*Iris nertschinskia* LODD.	I
버드나무과	**Salicaceae**	
버드나무	*Salix koreensis* ANDERSS.	M
자작나무과	**Betulaceae**	
사스래나무	*Betula ermani* CHAM.	M,I
참나무과	**Fagaceae**	
신갈나무	*Quercus mongolica* FISCH.	M
쐐기풀과	**Urticaceae**	
거북꼬리	*Boehmeria tircuspis* MAKINO	M
마디풀과	**Polygonaceae**	

국명	학 명	비 고
여뀌	*Persicaria hydropiper* (L.) SPACH	M,I
고마리	*Persicaria thunbergii* H. GROSS	M,I
닭의덩굴	*Bilderdykia dumetora* (L.) DUM.	M
미꾸리낚시	*Persicaria sieboldii* OHKI	M,I
범꼬리	*Bistorta manshuriensis* KOM.	I
산여뀌	*Persicaria nepalensis* MIYABE et KUDO	M
참범꼬리	*Bistorta pacifica* KOM.	M
동자꽃	*Lychnis cognata* MAX.	M
점나도나물	*Cerastium holosteoides* var. *hallaisanense* MIZUSHIMA	M
제비동자꽃	*Lychnis wilfordii* MAX.	M
미나리아재비과	**Ranunculaceae**	
노루삼	*Actaea asiatica* HARA	M
눈개승마	*Aruncus dioicus* var. *kamtschaticus* HARA	M
눈빛승마	*Cimicifuga davurica* MAX.	M
선투구꽃	*Aconitum umbrosum* KOM.	M
그늘돌쩌귀	*Aconitum triphyllum* NAKAI	M
동의나물	*Caltha palustris* var. *membranacea* TURCZ.	M
자주종덩굴	*Clematis ochotensis* (PALL.) POIR.	M
지리바꽃	*Aconitum chiisanense* NAKAI	M
진범	*Aconitum pseudo-laeve* var. *erectum* NAKAI	M
촛대승마	*Cimicifuga simplex* WORMSK.	M
외대으아리	*Clematis brachyura* MAX.	M

국명	학 명	비 고
목련과	**Magnoliaceae**	
함박꽃나무	*Magnolia sieboldii* K. KOCH	M
십자화과	**Cruciferae**	
미나리냉이	*Cardamine leucantha* O. E. SCHULZ	M
끈끈이귀개과	**Droseraceae**	
끈끈이주걱	*Drosera rotundifolia* L.	I
범의귀과	**Saxifragaceae**	
고광나무	*Philadephus schrenckii* RUPR.	M
노루오줌	*Astilbe chinensis* var. *davidii* FR.	M
물매화	*Parnassia palustris* L.	I
숙은노루오줌	*Astilbe koreana* NAKAI	M
장미과	**Rosaceae**	
꼬리조팝나무	*Spiraea salicifolia* L.	I
나도양지꽃	*Waldsteinia ternata* (STEPHAN.) FRITSCH	M
단풍터리풀	*Filipendula multijuga* MAX.	M
물양지꽃	*Potentilla cryptotaeniae* MAX.	M
민둥인가목	*Rosa acicularis* LINDL.	I
산딸기	*Rubus crataegifolius* BUNGE	M
가는오이풀	*Sanguisorba tenuifolia* var. *alba* TRAUTV et MEYER	I
자주가는오이풀	*Sanguisorba tenuifolia* var. *purpurea* TRAUTV et MEYER	I
쉬땅나무	*Sorbaria sorbifolia* var. *stellipila* MAX.	I
짚신나물	*Arimonia pilosa* LEDEB.	M

국명	학 명	비 고
참조팝나무	*Spiraea fritschiana* SCHNEID.	M
좀양지꽃	*Potentilla matsumurae* WOLF	M
큰뱀무	*Geum aleppicum* JACQ.	M
터리풀	*Filipendula glaberrima* NAKAI	M
콩과	**Leguminosae**	
네잎갈퀴나물	*Vicia nipponica* MATSUMURA	I
쥐손이풀과	**Geraniaceae**	
꽃쥐손이	*Geranium eriostemon* var. *megalanthum* NAK.	M
부전쥐손이	*Geranium eriostemon* var. *glabrescens* NAK.	M
노박덩굴과	**Celastraceae**	
미역줄나무	*Tripterygium regelii* SPRAGUE et TAGEDA	M
단풍나무과	**Aceraceae**	
당단풍	*Acer pseudo-sieboldianum* (PAXTON) KOM.	M
시닥나무	*Acer tschonoskii* var. *rubripes* KOM.	M
고로쇠나무	*Acer mono* MAX.	M
봉선화과	**Balsaminaceae**	
노랑물봉선	*Impatiens noli-tangere* L.	M
물봉선	*Impatiens textori* MIQ.	M
다래나무과	**Actinidiaceae**	
쥐다래	*Actinidia kolomikta* (MAX. et RUPR.) MAX.	M
물레나물과	**Hypericaceae**	
고추나물	*Hypericum erectum* THUNB.	I

국명	학 명	비 고
물레나물	*Hypericum ascyron* L.	I
제비꽃과	**Violaceae**	
졸방제비꽃	*Viola acuminata* LEDEB.	I
왜제비꽃	*Viola japonica* LANGSD.	M
콩제비꽃	*Viola verecunda* A. GRAY	I
박쥐나무과	**Alangiaceae**	
박쥐나무	*Alangium platanifoliun* var. *macrophylum* (S. et Z.) VA	M
바늘꽃과	**Onagraceae**	
달맞이꽃	*Oenothera odorata* JACQ.	M
산형과	**Umbelliferae**	
구릿대	*Angelica dahurica* (FISCH.) BENTH. et HOOKERF.	M
왜당귀	*Ligusticum acntilobum* S. et Z.	M
신감채	*Ostericum grosseserrata* (MAX.) KITAGAWA	M
묏미나리	*Ostericum sieboldii* (MIQUEL) NAKAI	M
참나물	*Pternopetalum brachycarpa* (KOM.) NAKAI	M
왜방풍	*Aegopodium alpestre* LEDEB.	M
흰바디나물	*Angelica cartilagino-marginata* var. *distans* (NAK.) KITAGAWA	M
참당귀	*Angelica gigas* NAKAI	M
지리강활	*Angelica purpuraefolia* CHUNG	M
왜천궁	*Angelica genuflexa* NUTT.	M
개시호	*Bupleurum longiradiatum* TURCZ.	M
벌사상자	*Cnicium monnieri* (L.) CUSSON	I

국명	학 명	비 고
어수리	*Heracleum moellendorffii* HANCE	M
강활	*Ostericum koreanum* (MAX.) KITAGAWA	M
큰참나물	*Ostericum melanotilingia* (H.D.BOISS.) KITAGAWA	M
노루참나물	*Pternopetalum gustavohegiana* KOIDZ.	M
붉은참반디	*Sanicula rubriflora* FR. SCHM.	M
감자개발나물	*Sium ninsi* L.	I
진달래과	**Ericaceae**	
산앵도나무	*Vaccinium koreanum* NAKAI	M
철쭉꽃	*Rhododendron schlippenbachii* MAX.	M,I
흰철쭉	*Rhododendron schlippenbachii* for. *albiflorum* T. LEE	I
앵초과	**Primulaceae**	
기생꽃	*Trientalis europaea* L.	I
참좁쌀풀	*Lysimachia coreana* NAKAI	I
큰까치수영	*Lysimachia clethroides* DUBY	M
물푸레나무과	**Oleaceae**	
꽃개회나무	*Syringa wolfi* SCHNEID.	M
물푸레나무	*Fraxinus rhynchophylla* HANCE	M
들메나무	*Fraxinus mandshurica* RUPR.	M
용담과	**Gentianaceae**	
과남풀	*Gentiana triflora* PALL.	I
닻꽃	*Halenia corniculata* (L.) CORNAZ	M
비로용담	*Gentiana jamesii* HEMSL.	I

국명	학 명	비 고
조름나물	*Menyanthes trifoliata* L.	I
꿀풀과	**Labiatae**	
광대수염	*Lamium album* var. *barbatum* (S. et Z.) FR. et SAV.	M
꿀풀	*Prunella vulgaris* var. *lilacina* NAKAI	M
쉽사리	*Lycopus ramosissimus* var. *japonicus* KITAMURA	M
현삼과	**Scrophulariaceae**	
송이풀	*Pedicularis resupinata* L.	M
큰산꼬리풀	*Veronica rotunda* var. *coreana* YAMAZAKI	M
통발과	**Lentibulariaceae**	
통발	*Utricularia japonica* MAKINO	I
질경이과	**Plantaginaceae**	
질경이	*Plantago asiatica* L.	I
꼭두서니과	**Rubiaceae**	
가는네잎갈퀴	*Galum trifidum* L.	I
인동과	**Caprifoliaceae**	
딱총나무	*Sambucus williamsii* var. *coreana* NAKAI	M
백당나무	*Viburnum sargentii* KOEHNE	M
병꽃나무	*Weigela subsessilis* L. H. BAILEY	M
숫명다래나무	*Lonicera coreana* NAKAI	M,I
마타리과	**Valerianaceae**	
뚝갈	Patrinia villosa (THUNB.) JUSS.	M
마타리	*Patrinia scabiosaefolia* FISCH.	M

국명	학 명	비 고
쥐오줌풀	*Valeriana fauriei* BRIQ.	M
산토끼꽃과	**Dipsacaceae**	
체꽃	*Scabiosa mansensis* NAKAI	M,I
초롱꽃과	**Campanulaceae**	
금강초롱	*Hanabusaya asiatica* NAKAI	M
모시대	*Adenophora remotiflora* (S. et Z.) MIQ.	M
숫잔대과	**Lobeliaceae**	
숫잔대	*Lobelia sessilifolia* LAMB.	I
국화과	***Compositae***	
각시서덜취	*Saussurea macrolepis* (NAK.) KITAMURA	M
각시취	*Saussurea pulchella* FISCH.	M
곤달비	*Ligularia stenocephala* (MAX.) MATSUMURA	M
곰취	*Ligularia fischeri* (LEDEB.) TURCZ.	M
귀박쥐나물	*Cacalia auriculata* DC.	M
그늘쑥	*Artemisia sylvatica* MAX.	M
나래미역취	*Solidago virga-aurea* var. *coreana* NAK.	M
나래박쥐나물	*Cacalia auriculata* var. *kamtschatica* MATSUM	M
단풍취	*Ainsliaea acerifolia* SCH. -BIP.	M
두메고들빼기	*Lactuca triangulata* MAX.	M
미역취	*Solidago virga-aurea* var. *asiatic* NAKAI	M
불꽃씀바귀	*Emilia flammea* CASS.	M
산각시취	*Saussurea umbrosa* KOM.	M

국명	학 명	비 고
산씀바귀	*Lactuca raddeana* MAX.	M
정영엉겅퀴	*Cirsium setidens chanroenicum* NAKAI	M
참취	*Aster scaber* THUNB.	M
고려엉겅퀴	*Cirsium setidens* NAKAI	M
골등골나물	*Eupatorium lindleyanum* DC.	M
도깨비엉겅퀴	*Cirsium schantarense* TRAUTV.	M
멸가치	*Adenocaulon himalaicum* EDGEW.	M
산골취	*Saussurea neoserrata* NAKAI	M
서덜취	*Saussurea grandifolia* MAX.	M
쇠서나물	*Picris hieracioides* var. *glabrescens* OHWI.	M
수리취	*Synurus deltoides* (AIT.) NAKAI	M
쑥부쟁이	*Aster yomena* MAKINO	M
양지꽃	*Potentilla fragarioides* var. *major* MAX.	M
흰바위취	*Saxifraga octopetala* NAKAI	M

그림 87. 동의나물군락과 꽃(*Caltha palustris* var. *membranacea* community and flowers)

봄이 되어 파랗게 돋아난 잎은 동그란 부채를 모아 놓은 듯 옹기종기 모여서 난다. 둥글고 큰 잎사귀를 접으면 물 한 모금을 담을 수 있을 정도의 작은 <동이>모양과 같다고 해서 또는 꽃이 피어날 때 봉오리 진 모습이 물동이 같다 하여 <동이나물>로도 불린다고 한다. 어떤 시인은 동이나물을 두고 "방긋방긋 눈웃음 지으며 가득한 햇살을 머금은 듯 행복한 표정을 하고서 우리 앞에 나타난다"고 하였다. 마제초(馬蹄草), 여제초(驢蹄草)의 한자명(漢字名)이고 생약명은 입금초(立金草)이다. <알가지>라고도 하는데 강원도에서는 <얼갱이>라고도 한다. 낮은 산에서부터 높은 산에 이르기 까지 분포하며 햇빛이 잘 드는 습지나 물가에 많다.

그림 88. 동자꽃(왼쪽)과 제비동자꽃(오른쪽)(Left: *Lychnis cognata*, and Right: *Lychnis wilfordii*)

동자꽃을 볼 때 마다 어린 동자승의 슬픈 이야기가 생각난다. 강원도 어느 산골 암자에 노승(老僧)과 어린 동자(童子)가 살고 있었다고 한다. 추운 겨울날 노승은 월동 준비 차 아랫마을로 내려가면서 "무슨 일이 있더라도 암자(庵子)를 떠나서는 아니 된다. 일을 빨리 끝내고 곧 돌아올 터이니 기다리고 있어라" 다짐하고 노승은 하산했다.

깊은 산골의 암자에서 혼자 무서워 할 어린 동자를 생각하면서 노승은 일을 끝내고 부리나케 산을 오르는데, 갑자기 폭설이 내려 노승은 산을 올라갈 수 없었다. 암자에서 홀로 있던 어린 동자승(童子僧)은 아무리 기다려도 노스님이 오시지 않자 오리려 걱정이 되었다.

노스님이 내려간 길이 훤히 보이는 큰 바위 위에 앉아서 기다렸지만 노스님은 돌아오지 않았고 먹을 곡식은 바닥이 나고…, 폭설은 이른 봄이 되어서야 녹기 시작했다. 노승은 황급히 암자로 오르다가 바위 위에 앉아있는 어린 동자승을 발견하고는 반가워 달려갔다.

그러나 동자승은 이미 얼어 죽고 말았다. 노승은 어린 동자의 시신(屍身)을 바위 옆에 곱게 묻어 작은 무덤을 만들어 주었는데 그 해 여름 동자의 무덤에서 이름 모를 꽃들이 붉게 피어 그 모습이 꼭 죽은 동자의 얼굴을 보는 듯 했다. 사람들은 동자의 영혼(靈魂)이 피어난 듯한 꽃이라 하여 이 꽃을 동자꽃 이라고 불렀다 한다.

그림 89. 가는오이풀(*Sanguisorba tenuifolia* var. *alba*)

그림 90. 체꽃(*Scabiosa mansensis*)

그림 91. 백색 꽃의 어수리군락(*Heracleum moellendorffii* community, white flowers)

그림 92. 꽃창포(*Iris ensata* var. *spontanea*)

그림 93. 꽃쥐손이(*Geranium eriostemon* var. *megalanthum*)

그림 94. 용늪의 우점식물인 삿갓사초(*Carex dispalata*, dominant plant at Yongnup bog)

그림 95. 물이끼 매트위의 처녀치마(*Heloniopsis orientalis* on *Sphagnum* mosses mat)

그림 96. 박새(*Veratrum patulum*)

그림 97. 참당귀(*Angelica gigas*)

그림 98. 노루오줌(*Astilbe chinensis* var. *davidii*)

그림 99. 여로(*Veratrum maackii* var. *japonicum*)

그림 100. 이질풀(*Geranium nepalense* subsp. *thunbergii*)

그림 101. 곰취(*Ligularia fischeri*, yellow flower)

그림 102. 왕미꾸리광이(*Glyceria leptolepsis*)

그림 103. 금강초롱(*Hanabusaya asiatica*)

1909년 일본인 나까이(Nakai, 中井)박사가 금강산에서 처음 발견한 우리나라 특산식물로 꽃 모양이 마치 청사초롱처럼 생겨서 붙여진 이름이다. 은은한 보랏빛의 화관(花冠)이 아래로 다소곳이 향해 숙인 모습이 깨끗하고 순수한 아름다움을 느끼게 한다.

숲속에서 간간히 들어오는 햇빛을 받으며 자라고 강한 햇빛이나 더위에 약해서 늦여름에 꽃이 피었다가 미쳐 열매도 맺히기 전에 서리를 맞아 죽는 경우도 있다. 꽃의 색은 사는 장소에 따라 흰색, 분홍색, 진보라 색을 나타낸다. 북한에서는 천연기념물 제233호로 지정되었다.

그림 104. 습원 안의 교란된 지역인 스케이트 링크에 침입, 정착한 분비나무.(*Abies nephrolepsis* invaded in disturbed area of Yongnup moor.)
2008년 8월 8일 목책을 제거하는 인부들이 보인다(Workers removing the boards and wooden fences established in 2001 are seen. Aug. 8, 2008.).

그림 105. 습원 안에 침입, 정착한 큰 규모의 꼬리조팝나무군락(*Spiraea salicifolia* community invaded and expanded to Yongnup moor)

그림 106. 마가목(*Sorbus commixta*)

그림 107. 덩굴식물인 더덕(*Codonopsis lanceolata* which is one of the climbing plants in adjacent forest of Yongnup bog)

그림 108. 철쭉꽃(*Rhododendron schlippenbachii*, Rose-bay or azalea).
용늪 인근에서는 흰철쭉(*R. schlippenbachii* for. *albiflorum*)도 관찰된다.

3. 용늪의 플랑크톤

1) 함경북도의 고층습원 대택(大澤)의 플랑크톤

육수학적(陸水學的, Limnological)인 관점에서 볼 때 고층습원(高層濕原)은 높은 지하수위(地下水位)의 유지, 습원 내를 흐르는 여러 개의 유로(流路, water channel), 물이끼류(*Sphagnum* mosses) 등 식물의 분해과정에서 용출되는 유기산(有機酸)에 의한 산성조건, 강우함양성(降雨涵養性, ombrogeneous)으로 인한 빈영양상태(貧榮養狀態, oligotropic), 잦은 안개 등 강이나, 하천 및 호수와는 다른 수계생태계(水系生態系, Aquatic ecosystem)라고 할 수 있다.

이러한 조건은 고층습원의 독특한 식생조성 뿐 아니라 현미경적인 플랑크톤, 특히 조류(藻類, Algae)도 비교적 풍부한 곳으로 알려졌다(조규송 1988).

우리나라에서 고층습원의 플랑크톤 연구는 일본인 학자 우에노(上野, Ueno 1941)와 야마구찌(山口, Yamaguchi 1941)가 북한의 백무고원(白茂高原)에 위치하고 있는 대택(大澤)과 간장늪(장지, 醬池)의 물이끼 습원에서 보고한 것이 처음이다.

백무고원이란 함경북도 길주군(吉州郡)과 무산군(茂山郡)의 경계인 소위, 개마고원(蓋馬高原)의 1,700m 지역에 펼쳐진 광대한 고원으로, 백무고원의 남쪽에 대택(大澤)과 간장늪(醬池)이란 습지가 있다.

대택(大澤)은 둘레가 1,150m이고 그 동쪽에 있는 또 다른 소택(小澤)은 둘레가 650m라고 알려져 있으나, 지형도 분석에 의하면 대택은 남북 700m, 동서 400m의 타원형인 물이끼 습원이며(上野, Ueno, 1941), 간장늪은 대택과의 거리가 약 4km이고 면적이 0.15㎢이며 둘레는 3.5km, 물의 평균 깊이는 2m 정도로 역시 두꺼운 이탄층이 깔려 있으며 물이끼 외에 끈끈이주걱과 벌레잡이제비꽃(*Pinguicula vulgaris* var. *macroceras*)이 자란다고 하며 봄과 여름에 물빛이 간장(醬) 빛을 띤다고 해서 붙여진 이름이다.

특히 간장늪은 1980년 1월에 북한 천연기념물 제 365호로 지정 관리되고 있다(리성대·리금철 1996). 대암산 용늪이 장경 320m, 단경 180m, 면적 7,490㎡인 것을 고려하면 큰용늪 보다는 대택과 간장늪이 큰 습원이라고 볼 수 있다.

대택의 물빛은 암적갈색을 나타내는 부식영양계(腐植榮養系, dystropic system) 습지이고 호저(湖底)에는 죽은 식물유체가 퇴적되어 있으며, 물가에는 물속새(*Equisetum limosum*)가 번성하고 있다고 한다. 1941년 7월 15일 측정한 pH는 6.3으로(上野, Ueno, 1941) 용늪의 훼손지역과는 비슷하지만 훼손되지 않는 원래상태의 지역보다는 높은 값을 나타내었다. 남북통일이 된다면 이곳 대택, 소택, 장지 및 용늪의 생태를 서로 비교 연구하는 것이 바람직하다.

야마구찌(山口, 1941)는 "조선 함경북도 대택의 Desmids(장구말, 鼓藻類)"에서 요각류(橈脚類) 54종, 16변종, 1품종을 포함하여 총 71종의 출현목록을 작성한 바 있고, 이 중 *Cosmarium* 속이 23종으로 가장 많았으며, 극지역(極地域) 또는 북방계종(北方系種)인 *Cosmarium* 속은 6종으로 이들의 분포상태를 고려한 유럽 대륙 및 미주지역과 연관시켜 북한지역의 생물지리학적 특성에 관하여도 언급하였다.

Cosmarium bioculatum Brebisson-시베리아, 그린랜드에 분포

C. crenatum Rales-극지에 분포

C. nasutum Nordstedt-극지, 북유럽, 북아메리카에 분포

C. nasutum forma *granulata* Nordstedt-극지에 분포

C. quadratum Ralfs-극지, 북유럽, 북아메리카에 분포

C. regnesi Reinsche-시베리아에 분포

대암산 용늪에서도 북방계의 *Cosmarium*속 2종이 출현하는 것을 보면 함경북도 대택과 강원도 용늪은 고산지대에 만들어진 습원이라는 공통점이 있으므로 앞으로 비교조사가 있어야 할 것으로 사료된다.

또한 야마구찌(山口, 1941)가 채집, 동정한 담수산 조류(淡水産 藻類, Desmids flora) 중에서 특히 개체수가 많은 것은 다음과 같다.

Closterium toxon West

Staurastrum anatinum Cooke et Wille

St. brasiliense Nordst. var. *lundelli* W. et G.S. West

St. corniculatum Lund. var. *spinigerum* West

St. ophinura Lundell

Micrasterias denticulata Ereb. var. *angulosa*(Hantz) W. et G.S. West

M. raians Hassell

M. raians Hassell 의 7종은 물속뿐 아니라 물이끼를 쥐어짠 물에도 많이 혼재하고 있었다.

2) 용늪의 플랑크톤

용늪의 플랑크톤 연구는 1974년 서울대학교 정영호 교수가 증발기류(蒸發氣流)에 따라서 비상(飛上)하는 기중규조류(氣中硅藻類, subaerial diatom) 또는 엽상규조류(葉上硅藻類, foliar diatom)만을 동정하여 총 12종 6변종을 보고한 바 있다.

기중규조류(氣中硅藻類, subaerial diatom)는 공중의 수분을 흡수함으로서 대기 중에서 생활사를 되풀이하는 조류로서 때로는 극히 건조한 상태에서도 생존이 가능하나 일반적으로는 토양, 이끼, 바위, 나무껍질 등에 부착되어 생활한다.

용늪의 기중규조류는 다음과 같다.

Melosira granulata Ralfs

M. roeseana Rabenhort var. *epidendron* Grunow

Tabellaria fenestrata(Lyngbye) Kuetzing

T. flocculosa(Roth) Kuetzing

Eunotia arcus Ehrenberf var. *bidens* Grunow

E. bigiba Kuetzing

E. fallax A. Cleve var. *gracillima* Krasske

E. nymanniana Grunow

E. tenella(Grunow) Hustedt

E. veneris(Kruetzing) O. Muller var. *nipponica* Skvortzow

Cocconeis placentula Eherenberg var. *euglypta*(Ehrenberg) Cleve

Pinnularia gentilis Cleve var. *sibirica* Skvortzow

Diplonesis ovalis(Hilse) Cleve

Frustulia vulgaris(Thwaites) De Toni

F. ohomboides(Ehrenberg) De Toni

Navicula lagerheimii Cleve var. *intermedia* Hustedt

Gomphonema angustatum(Kuetzing) Rabenhorst

Rhopalodia gibberula(Ehrenberg) O. Muller var. *protracta* Grunow

출현빈도가 많은 종은 *Eunotia* 속(屬)이 6종으로 가장 많고, *Melosira*속(屬), *Tabellaria*속(屬) 및 *Frustulia*속(屬)도 2종씩 출현하였다. 기중규조는 용늪의 습원수(濕原水)가 증발하여 수량이 감소하게 되면 물이끼에 부착하여 생활하던 수중규조(水中硅藻)가 대기 중에 노출되나 일조시간이 짧고 대기의 습도가 높은 환경임으로 계속 생존하면서 생활사(生活史, life history)를 되풀이 하는 것이다.

조규송 교수(1985, 1986, 1988)는 대암산 용늪의 플랑크톤에 관하여 중앙에 형성된 웅덩이(water pool)와 이탄층(peat layer)에서 조사한 결과를 보고한 바 있다.

웅덩이(water pool)의 물속에서 남조류(藍藻類, blue green algae) 9속 9종, 규조류(硅藻類, diatom) 8속 14종, 녹조류(綠藻類, green algae) 12속 19종으로 총 29속 42종이 출현하였으며, 높은 출현을 보이는 속(屬, Genus)은 규조류인 *Tabellaria*속(屬), *Stauroneis*속(屬), *Sinnularia*속(屬), *Navicula*속(屬), *Nitzschia*속(屬)이, 녹조류인 *Closterium*속(屬), *Euastrum*속(屬), *Xanthidium* 속(屬)이 출현하였으나 이들 속(屬)은 평지의 수역에서 출혈되는 일반적인 부유성 종(浮遊性種)이다. 습원의 고유종(固有種, endemic species)으로 녹조류인 *Closterium leibleinii, Euastrum oblongum, Xanthidium antilopaeum* 의 3종을 제시하였다.

야마구찌(山口, 1941)는 대택 습원(大澤 濕原)의 생물지리학적 구계(biogeographical region)를 설정하는데 중요한 지표종(指標種, indicator species)으로 고조류(鼓藻類, Desmids)를 제시하고 있는데(그림 109), 앞으로 대암산 고층습원의 녹조류를 정밀 조사한다면 고조류(장구말)는 고층습원의 특징을 결정짓는데 큰 도움이 될 것으로 사료된다. <장구말>이란 우리나라의 대표적 타악기인 장구와 그 형태와 모양이 비슷하다고 하여 붙여진 이름이다.

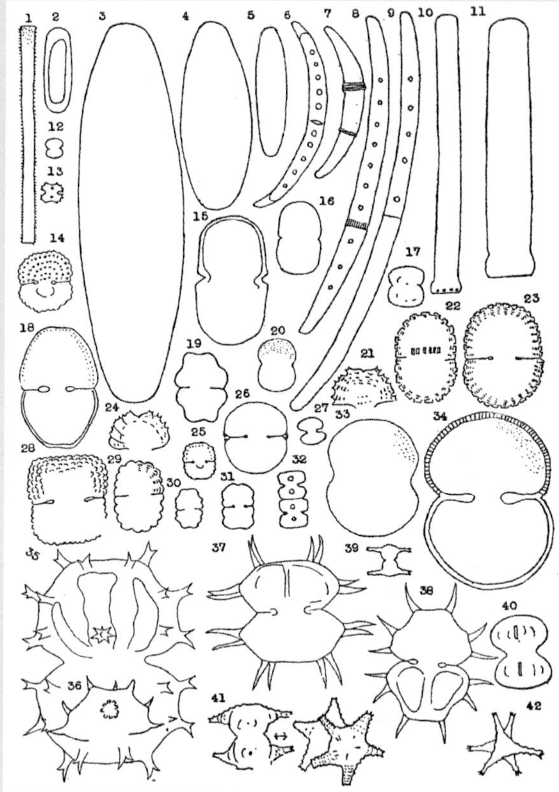

1) *Gonatozygon monotaenium*	2) *Cylindrocystis brebissoni*	3) *Netrium digitus*	4) *N. nageli*
5) *N. oblongum* var. *cylindricum*	6) *Closterium cornu*	7) *Cl. cynthia*	8) *Cl. intermedium*
9) *Cl. toxon*	10) *Docidium baculum*	11) *Pleurotaenium trabecula*	12) *Cosmarium tinctum*
13) *Cos. regnesi*	14) *Cos. monomazum*	15) *Cos. quadratum*	16) *Cos. cucurbita*
17) *Cos. jenisejenise*	18) *Cos. pseudopyramidatum*	19) *Cos. hammeri*	20) *Cos. globosum*
21) *Cos. nasutum forma granulata*	22) *Cos. speciosismum*	23) *Cos. subspeciosum* var. *valididus*	24) *Cos. nasutum*
25) *Cos. blytii*	26) *Cos. taxicondrum*	27) *Cos. tenue*	28) *Cos. quadrum*
29) *Cos. crenatum*	30) *Cos. venustum* var. *minor*	31) *Cos. difficile*	*32) Cos. bioculatum*
33) *Cos. connatum*	34) *Cos. pachydermum*	35) *Xanthidium armatum*	36) *X. cristatum* var. *unicinatum*
37) *X. antilopaeum*	38) *X. cristatum*	39) *Staurastum gracile* var. *tenuissima*	
40) *St. muticum*	41) *St. margaritaccum* var. *robustum*		42) *St. gracile*

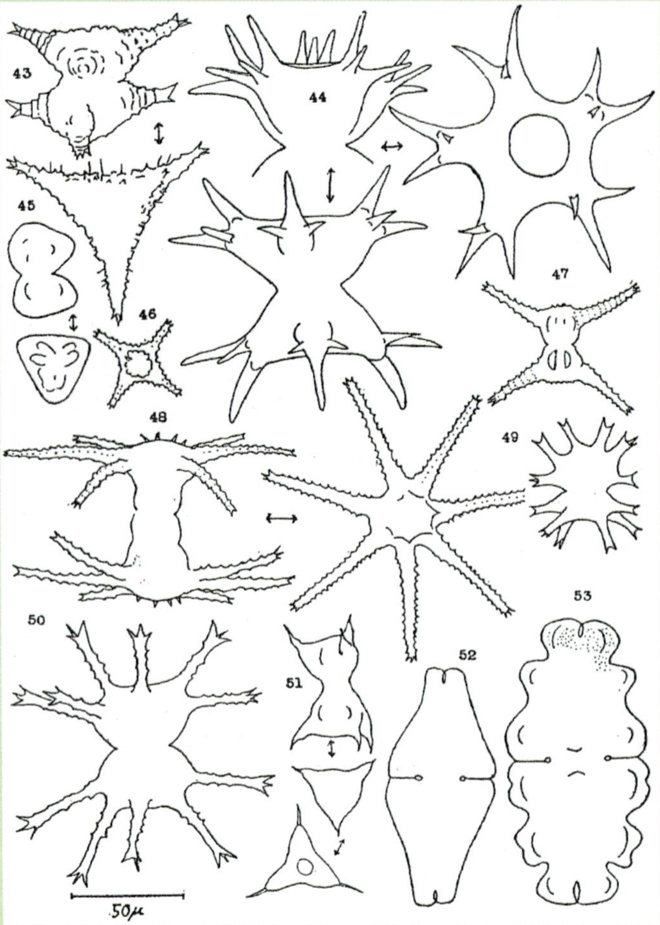

43) *St. anatinum* var. *trancatum*

44) *St. brasiliense* var. *lundelii*

45) *St. orbiculare* var. *hibernicum*

46) *St. gracile* var. *nanum*

47) *St. paradoxum*

48) *St. ophiura*

49) *St. tohopekaligense* var. *trifurcatum*

50) *St. tohopekaligense*

51) *St. corniculatum* var. *spinigerum*

52) *Euastrum obesum*

53) *E. oblongam*

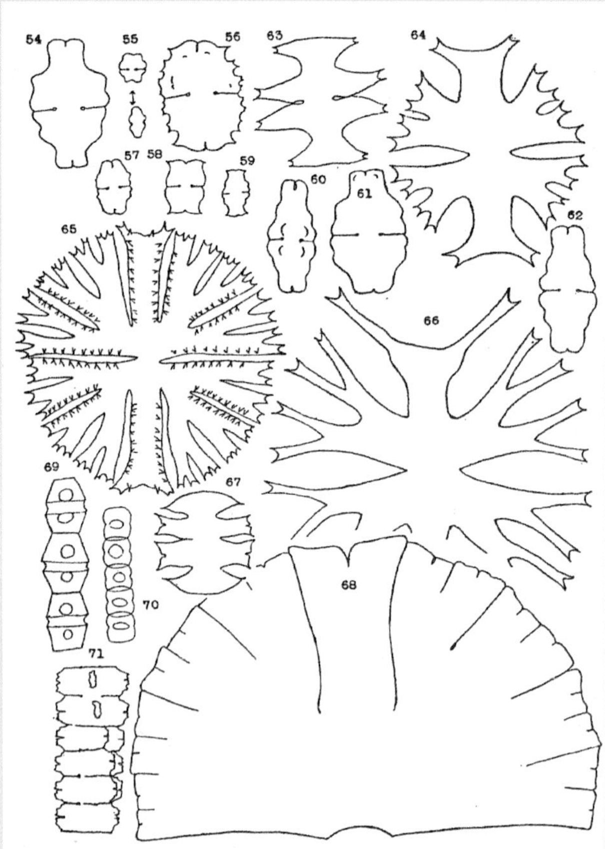

54) *E. sinuosum* var. *reductum*	55) *E. insulare*	56) *E. bidentatum*
57) *E. elegans*	58) *E. binale*	59) *E. binale* var. *unicorne*
60) *E.* sp.	61) *E. sinuosum*	62) *E. anasatum* var. *pyxidatum*
63) *Mirasterias pinnatifida*	64) *M. crux-melitensis*	65) *M. sol.* var. *ornata*
66) *M. radians*	67) *M. decendentata*	68) *M. denticulata* var. *angulosa*
69) *Gymnozyga moniliformis*	70) *Hyalothera dissiliens*	71) *Desmidium swartzii*

그림 109. 북한 함경북도 대택 습원에서 관찰된 고조류(鼓藻類, 장구말)(야마구찌 1941)(Sketchy figures of Desmids observed in Daitaek bog-lake of Hamkyungbuk-do Province, North Korea)

용늪의 웅덩이(water pool) 물속에서 관찰된 플랑크톤은 다음과 같다.

원생동물(原生動物, Protozoa):

Dinobrion cylindricum
Trachelomonas hispida

지각류(枝脚類, Brachioda):

Pleuroxus sp.

남조류(藍藻類, Blue green algae):

Oscillatoria kawamurae
Lyngbya limnetica
Phormidium tenne
Anabaena macrospola var. *crassa*
Nostoc linckia

규조류(硅藻類, Diatom):

Tabellaria fenestrata
T. fenestrata var. *asterionelloides*
T. fenestrata var. *intermedia*
Stauroneis anceps
S. anceps var. *orientalis*
S. phoenicentron
Frustulia rhomboides
Pinnularia major
P. gibba
P. gibba var. *parva*
Navicula sp.
Denticula sp.
Nitzschia obtusa
Surirella robusta var. *splenideda*

녹조류(綠藻類, Green algae):

Characium limneticum
Selenastrum bibrainanum
Ulothrix zonata
U. aeqalis
Oeogonium franklinianum
O. suecicum
Spirogyra sp.
Closterium leibleinii var. *boergesenii*
Euastrum crassum
E. oblongum
E. dubium
Cosmarium lundellii var. *javanicum*
Cosmarium botrytis
Xanthidium hastiferum var. *javanicum*
X. antilopaeum
Xanthidium sp.
Xanrhidium spp.
Gonatozyra miniliformis
Hormidium subtile

한편 규조류(硅藻類, Bacilariophyta)는 세포막이 규산(silica)으로 구성된 피각(被殼, frustle)을 갖고 있어서 이탄 속에서도 부식되지 않으므로 꽃가루(花粉, pollen)나 홀씨(胞子, spore)처럼 오랫동안 잔존함으로 고환경(古環境, paleoenvironment)을 연구하는데 이용된다.

이탄 속에 들어있는 규조류는 총 57종으로 표층(0-5cm)과 저층(19-25cm)에서 뚜렷한 종조성(種組成)의 차이가 보인다(표 21). *Achnanthes japonicua, Pinnularia virdis, P. islandica, P. microstauron, Eunotia gracilis, E. robusta, Tabellaria fenestrata, Navicula cryptocephala* 등은 거의 모든 이탄층에서 출현하는데 이들 중 *Pinnularia*와 *Eunotia*로 고환경 추정의 지표가 될 것으로 사료되나 이들의 변종에 대한 정확한 동정은 금후의 과제이다. 특히 *Eunotia*속(屬)은 평지에서는 석회질이 부족한 호소(湖沼)에서 나타나거나 빈영양 상태의 이탄지에서 흔히 출현하는 종이다.

그리고 동물성플랑크톤 중 요각류(橈脚類, Copepoda)는 *Acanthodiaptomys pacificus* 한 종만이 확인된다. 이 종(種)은 주로 냉수성(冷水性)의 높은 지대인 지소(池沼)에 서식하는데 용늪에 이 종(種)이 출현한다는 것은 고산성(高山性, alpine)임을 의미하는 것이다. 지각류(枝脚類, Cladocera)는 *Daphnia pulex, D. ambigua, Sinocephalus serrulata, Ceriodaphnia rigaudi* 4종이 관찰되었다. 그림 110, 그림 111 및 그림 112는 용늪에서 관찰된 녹조류(綠藻類), 지각류(枝角類) 및 규조류(硅藻類)이다.

표 21. 용늪 이탄층의 층별 규조류 분포(조규송 1988)(Diatom distribution according to peat layers)

분류군(Taxa)	깊이(Depth, cm)					
	0-1	4-5	9-10	14-15	19-20	24-25
***Synedra*속**						
Synedra ulna	cc	c				
S. inaequalis		c				
S. rumpens		c				
S. rumpens var. *rumpens*		c				
***Achnanthes*속**						

분류군(Taxa)	깊이(Depth, cm)					
	0-1	4-5	9-10	14-15	19-20	24-25
Achnanthes convergens	cc			c		
A. japonica	cc	c	c			c
A. leaneariformis			c			
***Coconeis*속**						
Coconeis placentula var. *euglypta*		c	c			
***Diplonesis*속**						
Diplonesis ovalis		c	c			
Diplonesis sp.					c	c
***Frustulia*속**						
Frustulia frengelli				c		
***Gyrosigma*속**						
Gyrosigma attenuatum		c				
***Pinnularia*속**						
Pinnularia gibba var. *parva*	c	c				
P. major	cc				c	
P. microstauron	c	c	c	c		
P. viridis	ccc	ccc	c	c	c	c
P. vorealis		c				
P. viridis var. *sudetica*			c			
***Navicula*속**						
Navicula crystocephala	c	c				
N. salinarum var. *intermedia*			c			
N. viridula var. *slesvicensis*				c		
Navicula sp.			c	c		
***Gomphonema*속**						
Gomphonema quadripunctatum var. *hastata*		c				
G. tetrastigmatum			c			
***Cymbella*속**						
Cymbella tugidula				c		
C. ventricosa	ccc					

분류군(Taxa)	깊이(Depth, cm)					
	0-1	4-5	9-10	14-15	19-20	24-25
***Denticula*속**						
Denticula sp.		c				
***Eunotia*속**						
Eunotia lunalis var. *capitata*		c				
E. fallax	ccc		c	c		
E. robusta	c		c			
E. pectinalis var. *minor*	ccc		c	c		
E. gracilis	c	cc		cc	c	c
E. nymanniana				c		
E. pectinalis				c		
E. arcus var. *fallx*					c	
Eunotica sp.				c		

ccc: 높은 출현율　cc: 보통 출현율　c: 낮은 출현율

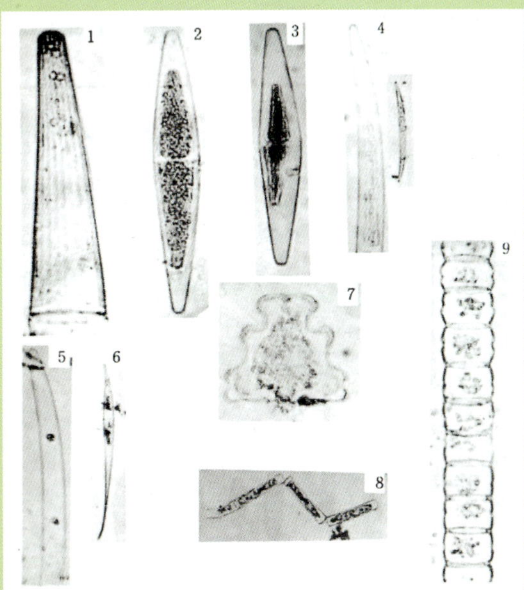

그림 110. 용늪에서 출현한 녹조류(조규송 1988)(Green algae observed in Yongnup bog)

1: *Closterium striolatum*　2: *Closterium libellura* var. *intermedium*
3: *Closterium moniliferum*　4: *Closterium lineatum*
5: *Closterium intermedium*　6: *Closterium rosstratum*
7: *Euastum pinnatum*　8: *Spirogyra* sp.
9: *Hyalotheca dissiliens*

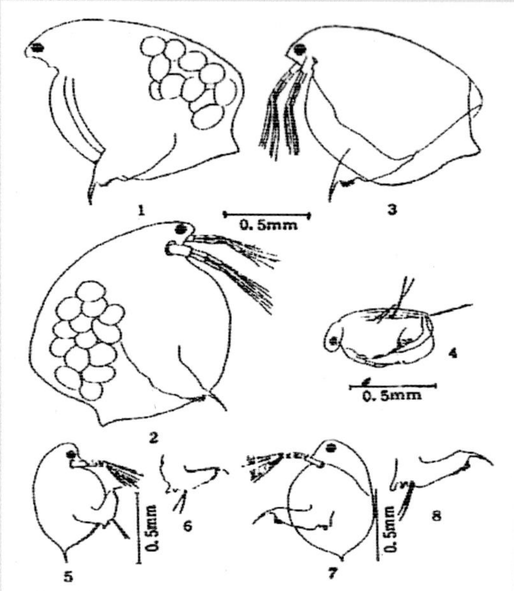

그림 111. 용늪에서 관찰된 지각류(조규송 1988)(Cladocera observed in Yongnup bog)

1-2 : *Simocephalus serrulatus*(Adult female)
3: *Simocephalus serrulatus*(Adult Male)
4: *Ceriodaphinia rigaudi*
5: *Daphnia pulex*
6: Postabdomen of *Daphnia pulex*
7: *Daphnia ambigna*
8: Postabdomen of *Daphnia ambigna*

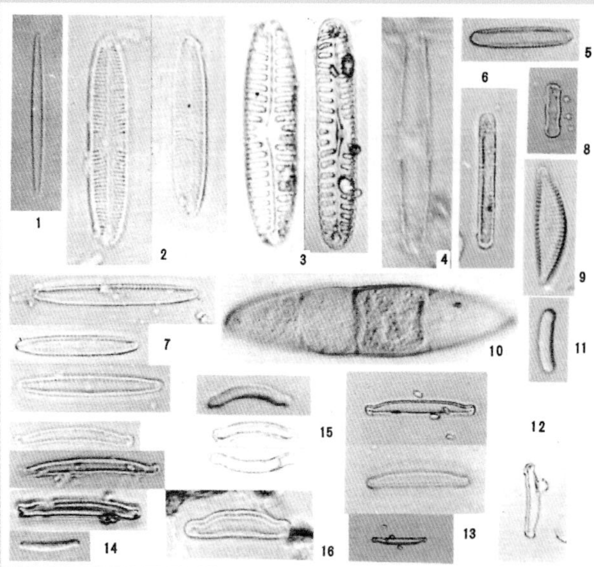

그림 112. 1988년 7월 채취한 이탄층에 출현한 규조류(조규송 1988)(Diatom observed in peat layers of Yongnup bog collected in 1988)

1: *Synedra ulna* 2: *Pinnularia molaris*
3: *Pinnularia borealis* sp. 4: *Pinnularia gibba*
5: *Pinnularia microstaumron* 6: *Pinnularia* sp.
7: *Naricula graciloides* 8: *Naricula contenta*
9: *Cymbella turgidula* 10: *Denticula* sp.
11: *Eunotia arcus* 12: *Eunotia arcus* var. *fallax*
13: *Eunotia pectinalis* 14: *Eunotia fallax*
15: *Eunotia* spp. 16: *Eunotia pectinalis* var. *minor*

4. 용늪의 동물

대암산 용늪의 동물상(動物相, fauna)에 대한 조사는 식생(植生, vegetation)이나 식물상(植物相, flora)에 비하여 조사가 덜 이루어졌다. 한 지역에 고착된 식물과 달리 동물, 특히 포유류(哺乳類)나 조류(鳥類) 등은 이동성이 크고 출현시기가 동물에 따라 다르며, 곤충 역시 종마다 출현시기가 상이하므로 계속적인 조사가 행해지지 않으면 정확히 서식 여부를 알기 어렵다.

<민통선 북방지역 자원조사 보고서(강원도 1987)>에 보면, 비무장지대의 동물상이 주로 보고되었으나 대암산과 관련된 결과가 일부 들어있다. 즉 포유류(백남극·김철수 1987), 양서파충류(백남극 1987) 및 곤충상(박규택·박 웅 1987) 등이 그것이다.

그러나 지금까지 조사된 몇몇 문헌을 참고하여 용늪 및 그 주변 삼림지역의 동물상을 살펴보면 다음과 같다.

1) 포유류

토끼과(Family Leporidae)
- 멧토기(*Lepus sinensis coreanus*)

다람쥐과(Family Sciuridae)
- 다람쥐(*Tamias sibiricus aisaticus*)
- 청설모(*Sciurus vulgaris vulgaris*)

두더지과(Family Talpidae)
- 두더지(*Mogera wogura*)

사슴과(Family Cerridae)
- 노루(*Caproelus carproelus bedfordi*)
- 고라니(*Hydropotes inermis argyropus*)

멧돼지과(Family Suidae)
- 멧돼지(*Sus sirfa coreanus*)

족재비과(Family Mustelidae)
- 오소리(*Meles meles melanogenys*)
- 족제비(*Musteria sibirica coreana*)

개과(Family Canidae)

너구리(*Nyctereutes procyonoides*)

고양이과(Family Feludae)

삵(*Felis bengalensis manchueica*)

이들 포유류 중 노루, 고라니, 멧돼지는 물을 마시거나 먹이를 찾아 용늪을 자주 드나들고 있음이 관찰되고, 특히 멧돼지는 이탄이 노출된 지역에서 흙 목욕을 하느라고 이탄을 뒤집은 흔적이 곳곳에서 보인다. 삵(*Felis bengalensis manchueica*)은 멸종위기종 II급으로 비무장지대(非武裝地帶)에서 가끔 관찰되는 것으로 알려지고 있다.

기타 포유류는 용늪에 인접된 삼림지역이나 초지 등을 그들의 세력권(Territory) 또는 생활권(生活圈, home range)으로 삼아 살아가는 것 같다. 그림 113은 노루, 그림 114는 다람쥐 그리고 그림 115는 기타 포유동물들의 족적이나 배설물이다.

그림 113. 노루(*Caproelus carproelus bedfordi*, Roe deer)

그림 114. 다람쥐(*Tamias sibiricus aisaticus*, Squirrel)

고라니 족적(Footprint of *Hydropotes inermis argyropus*)

너구리 족적(Footprint of *Nyctereutes procyonoides*, Raccoon dog)

두더쥐 터널(Tunnel of *Mogera wogura*, Mole)

멧돼지 배설물(Feces of *Sus sirfa coreanus*, Wild boar)

족제비 족적(Footprint of *Musteria sibirica coreana*, Siberian mink)

멧토끼 배설물(Feces of *Lepus sinensis coreanus*, Wild rabbit)

그림 115. 포유류의 족적 및 배설물(사진 제공: 한국양서파충류연구소 심재한 박사)(Footprints and feces of Mammals. The photographs were offered by Dr. Jae-Han Shim)

2) 양서류 및 파충류

용늪의 중앙부위에 형성된 물웅덩이(water pool)에는 주로 무당개구리(*Bombina orientalis*)가 집단적으로 서식하고 있으며, 특히 산란기(産卵期)에는 그 수를 헤아릴 수 없을 정도로 많다.

물이 유입되는 수로 등 습한 곳에는 청개구리(*Hyla japonica*), 한국산개구리(*Rana dybowskii*), 물두꺼비(*Bufo stejnegeri*) 및 도롱뇽(*Hynobius leechii*)이 가끔 발견된다(백남극 1987). 파충류는 유혈목이(*Rhabdophis tigrinus* var. *tigrinus*)와 줄장지뱀(*Takydromus wolteri*)이 관찰되었다(원주지방환경청 2007). 그림 116은 대표적인 양서류 및 파충류이다.

무당개구리(*Bombina orientalis*, Red-bellied frog)

청개구리(*Hyla japonica*, Tree frog)

한국산개구리(*Rana dybowskii*, Korean brown frog)

도롱뇽(*Hynobius leechii*, Salamander)

유혈목이(*Rhabdophis tigrinus* var. *tigrinus*)

줄장지뱀(*Takydromus wolteri*, Korean lizard)

그림 116. 양서·파충류(사진 제공 한국양서파충류연구소 심재한 박사)(Amphibians and reptiles. The photographs were offered by Dr. Jae-Han Shim)

3) 거미류

남궁 준(1998)은 대암산 지역의 거미류를 조사한 결과 총 23속 34종을 채집, 동정하였으며 목록은 다음과 같다(personal communication).

별무늬꼬마거미(*Steatoda triangulosa* Walckenaer 1802)
가시접시거미(*Neriene japonica* Oi 1960)
백금갈거미(*Tetragnatha pinicola* L. Koch 1870)
비늘갈거미(*Tetragnatha squamata* Karsch 1879)
가랑잎왕거미(*Acusilas coccineus* Simon 1895)
집왕거미(*Neoscona nautica* L. Koch 1875)
각시어리왕거미(*Neoscona adianta* Walckenaer 1802)
검은테연두어리왕거미(*Neoscona melloteei* Simon 1895)
각시꽃왕거미(*Araniella displicata* Hentz 1847)
부리꽃왕거미(*Araniella yaginumai* Tanikawa 1995)
산짜애왕거미(*Hypsosinga sanguinea* C. L. Koch 1844)
콩왕거미(*Pronous minutus* Saito 1939)
북왕거미(*Eriophora sachalinensis* Saito 1934)

별늑대거미(*Pardosa astrigera* L. Koch 1878)

흰표늑대거미(*Pardosa lugubris* Walckenaer 1802)

아기스라소니거미(*Oxyopes licenti* Schenkel 1953)

갈대잎거미(*Dictyna arundinacea* Linnaeus 1758)

팔공거미(*Anyphaena pugil* Karsch 1879)

노랑염낭거미(*Clubiona japonicola* Bosenberg et Strand. 1906)

각시염낭거미(*Clubiona kurilensis* Bosenberg et Strand. 1906)

이리나염낭거미(*Clubiona irinae* Mikhaolov 1991)

황금새우게거미(*Philodromus aureolus* Clerck 1757)

꽃게거미(*Misumenopus tricuspidatus* Fabricius 1775)

털게거미(*Heriaeus melloteei* Simon 1886)

불짜게거미(*Synema globosum* Fabricius 1775)

대륙게거미(*Xysticus ephippiatus* Simon 180)

콩팥게거미(*Xysticus insulicola* Bosenberg et Strand. 1906)

쌍지게거미(*Xysticus concretus* Urochkin 1968)

쌍창게거미(*Xysticus hedini* Schenkel 1936)

흰눈섭깡충거미(*Evarcha albaria* L. Koch 1878)

흰빰깡충거미(*Evarcha proszynskii* Marusik et Logunov 1998)

우수이햇님깡충거미(*Heliophanus ussuricus* Kulcztnski 1895)

눈깡충거미(*Phintella arenicolor* Grube 1861)

대암산집가게거미(*Tegenaria daiamsanensis* Kim 1998)

특히 대암산집가게거미(*Tegenaria daiamsanensis* Kim 1970)라는 신종을 발표하였다. 그리고 큰용늪에 서식하는 거미류는 6속 8종, 작은용늪에서 1속 1종을 기록하였다. 인접지역에서는 기타 몇 종의 거미가 관찰되었다(그림 117).

불짜개거미 ♀(*Synema globosom*, ♀)

산짜애왕거미 ♀(*Hypsosinga sanguinea*, ♀)

콩왕거미 ♀(*Pronous minutus*, ♀)

북왕거미 ♀(*Zilla sachalinensis*, ♀)

흰줄늑대거미 ♀(*Xerdycosa nemoralis*, ♀)

흰줄깡충거미 ♂(*Yaginumaella medvedevi*, ♂)

그림 117. 대암산 용늪 및 주변지역에서 관찰된 거미류(사진 제공: 남 궁준)(Arachnid observed at interior and adjacent Yongnup bog. The photographs were offered by Goongjoon Nam, Spider Expert)

(1) 큰 용늪

꼬마백금거미(*Leucauge celebesiana* Walckenaer 1841)

산짜애왕거미(*Hypsosinga sanguinea* C. L. Koch 1844)

뫼가시늑대거미(*Pardosa brevivulva* Tanaka 1975)

흰표늑대거미(*Pardosa lugubris* Walckenaer 1802)

민자가게거미(*Iwogumoa songminjae* Paik et Yaginuma 1969)

이리나염낭거미(*Clubiona irinae* Mikhailov 1991)

흰눈섭깡충거미(*Evarcha albaria* L. Koch 1878)

흰빰깡충거미(*Evarcha proszynskii* Marusik et Logunov 1998)

(2) 작은 용늪

꼬마굴아기거미(*Nesticella brevipes* Yaginuma 1970)

4) 곤충류

대암산의 곤충상(昆虫相, Insect fauna)에 대한 조사는 고려대학교 김창환 교수 등(1975)에 의하여 실시된 "비무장지대 인접지역 종합학술조사" 때 발표한 것이 처음으로서 대암산에서 채집된 곤충은 8목 32과 45종으로 보고하였다.

그 후 23과 57종(박규택 등 1987) 및 10목 77과 224종(박규택 1988)을 그리고 원주지방환경청에서 실시한 2006년~2007년의 모니터링에서는 6목 16과 82종으로 보고되었다. 그러나 중복 기록된 종이 있어 이들을 제외하고 또 새로 알려진 종을 합하면 10목 26과 62속 76종의 곤충이 서식하고 있다. 그림 118은 대암산에서 관찰된 곤충의 일부이다.

가시노린재 약충 (*Carbula putoni* Jakovlev)

질경이잎벌레 성충 (*Lochmaea capreae* Linné)

수풀알락팔랑나비 (*Carterocephalus silvicola* Meigen)

모시나비(*Parnassius stubbendorfii* Ménétriès)

린네잎벌 성충 (*Tenthredo viridis* Linnaeus)

팥중이 약충 (*Oedaleus infernalis* Saussure)

그림 118. 용늪에서 관찰된 곤충류(동정: 충북대학교 조수원 교수)(Insects observed at Yongnup bog in 2008. The insects were identified by Dr. Cho, Soo-Won, Prof. Chungbuk National University)

나비목(Lepidoptera)

팔랑나비과(Hesperiidae)

- 왕자팔랑나비(*Daimio tethys* Menetries)
- 황알락팔랑나비(*Potanthus flavum* Murray)
- 줄정팔랑나비(*Pamara guttata* (Bremer et Grey)
- 수풀알락팔랑나비(*Carterocephallus sivicola* (Meigen)

호랑나비과(Papilionidae)

- 산제비나비(*Papilio maackii*Menetries)
- 제비나비(*P. bianor* Cramer)
- 산호랑나비(*P. machaon* Linnaeus)
- 긴꼬리제비나비(*P. macilentus* Janson)
- 모시나비(*Parnassius stubbendorfii* (Menetries)
- 사향제비나비(*Atrophaneura alcinous* (Klug)

흰나비과(Pieridae)

- 북방기생나비(*Leptidea morsei* Fenton)
- 큰줄흰나비(*Artogenia melete* (Menetries)
- 줄흰나비(*A. napi* Linnaeus)
- 배추흰나비(*A. rapae* Linnaeus)
- 노랑나비(*Colias erate* (Esper)
- 각시멧노랑나비(*Gonepteryx aspasia* (Linnaeus)
- 멧노랑나비(*G. rhamni* Linnaeus)

부전나비과(Lycaenidae)

- 참나무부전나비(*Wagimo signata* (Butler)
- 큰주홍부전나비(*Lycaena dispar* (Haworth)
- 작은주홍부전나비(*L. phlaeas* (Linnaeus)
- 범부전나비(*Rapala caerulea* (Bremer et Grey)
- 푸른부전나비(*Celastrina argiolus* (Linnaeus)
- 귤빛부전나비(*Japonica lutea* (H.)

네발나비과(Nymphalidae)

- 은줄표범나비(*Argynnis paphia* (Linnaeus)
- 흰줄표범나비(*Argyronome laodice* (Pallas)
- 큰흰줄표범나비(*A. rusiana* (Motschulsky)
- 은판나비(*Mimathyma schrenckii* (Menetries)
- 산네발나비(*Polygonia calbum* (Linnaeus)
- 중국황세줄나비(*Neptis yunnana* Oberthor)
- 별박이세줄나비(*N. pryeri* (Butler)
- 왕세줄나비(*N. alwina* (Bremer et Grey)
- 큰표범나비(*Brenthis daphne* (Denis et Schiffermuller)
- 작은표범나비(*B. ino* (Rottemburgh)
- 청띠신선나비(*Kaniska canace* (Linnaeus)
- 황오색나비(*Apatura metis* Freyer)
- 작은멋쟁이나비(*Cyntia cardui* (Linnaeus)
- 큰멋쟁이나비(*Vanessa indica* (Herbest)
- 긴은점표범나비(*Fabriciana adippe* (Linnaeus)
- 은점표범나비(*F. pallescens* (Butler)
- 줄나비(*Limenitis camilla* (Linnaeus)
- 부처사촌나비(*Mycalesis francisca* (Cramer)

딱정벌레목(Coleoptera)

거저귀과(Tenebrionidae)

- 산맴돌이거저귀(*Plesiophthalmus davidis* Fairmaire)

길앞잡이과(Cicindelidae)

- 산길앞잡이(*Cicindela sachalinensis radei* Morawitz)

무당벌레과(Coccinellidae)

- 칠성무당벌레(*Coccinella septempunctat* Linne)

바구미과(Curculionidae)

- 황초록바구미(*Chlorophanus grandis* Roelofs)

풍뎅이과(Rutelidae)

- 청동풍뎅이(*Anomala albopilosa* Hope)
- 긴다색풍뎅이(*Heptophylla picea* Motschulsky)
- 별줄풍뎅이(*Mimela testaceipes* Motschulsky)

하늘소과(Cerambycidae)

- 수검은산꽃하늘소(*Anastrangalia scotodes* (Bates)
- 두줄범하늘소(*Clytus fulvohirsutus* Pic)
- 열두점박이하늘소(*Leptura duedecimguttata* Fabricius)
- 우리범하늘소(*Chlorophorus motschulskyi* (Ganglbauer)
- 측범하늘소(*Hayashiclytus acutivittist* (Kraatz)
- 남색초원하늘소*(Agapanthia pilicornis* (Fabricius)
- 꽃하늘소*(Leptura aethiops* Poda)

잎벌레과(Chrysomelidae)

- 질경이잎벌레(*Lochmaea capreae* (Linne)

노린재목(Hemiptera)

노린제과(Pentatomidae)

- 홍줄노린재(*Graphosoma rubrolineatum* (Westwood)
- 왕노린재(*Pentatoma metallifera* (Motschulsky)
- 가시노린재(*Carbula putoni* (Jakovlev))

참나무노린재과(Urostylidae)

- 두쌍무늬노린재(*Urochela*(*Urochela*) *quadrinotata* (Reuter)

소금쟁이과(Gerridae)

- 북방소금쟁이(*Gerris*(*Gerris*) *odontogaster* (Zetterstedt)

매미목(Homoptera)

매미과(Cicadidae)

- 털매미(*Platypleura kaempferi* (Fabricus)

잠자리목(Odonata)

청실잠자리과(Letidae)

- 묵은실잠자리(*Sympecma paedisca* (Brauer)

잠자리과(Libellulidae)

- 된장잠자리(*Pantala flavescens* (Fabricus)
- 고추좀잠자리(*Sympetrum depressiusculum* (Selys)
- 날개띠좀잠자리(*S. pedemontanum elatum* (Selys)

메뚜기목(Orthoptera)

메뚜기과(Acrididae)

- 원산밀들이메뚜기(*Ognervia sergii lkonnikovi* Rehn et Rehn)
- 팥중이(*Oedaleus infernalis* Saussure)

귀뚜라미과(Gryllidae)

- 왕귀뚜라미(*Teleogryllus emma* (Ohmachi et Matsumura)

긴꼬리과(Oecanthidae)

- 긴꼬리(*Oecanthus indicus* Saussure)

여치과(Tettigoniidae)

- 북방실베짱이(*Ducetia chinensis* (Brunner)

사마귀목(Mantodea)

사마귀과(Mantidae)

- 왕사마귀(*Tenodera aridifolia* (Stoll)

벌목(Hymenoptera)

잎벌과(Tenthredinidae)

- 린네잎벌레(*Tenthredo viridis* Linnaeus)

파리목(Diptera)

등애과(Tabanidae)

• 등애류(*Tabanus*) 1 sp.

강도래목(Plecoptera)

강도래과(Perlidae)

• 강도래류(*Kamimuria*) 2 sp.

5) 기타(가재와 산골조개)

대암산 기슭에서 용늪으로 흘러드는 수로(水路)와 헬기장 쪽에서 물이 유입되면서 만나는 와류(渦流)지역인 자갈(礫)과 모래(砂)로 되어있는 바닥에서 1988년에 두 마리의 가재(*Cambaroides similis*)가 관찰되었는데, 이는 대암산 산록 숲속 낙엽과 물기가 있는 곳에 서식하고 있던 개체가 강우 때 급류에 씻겨 수로를 따라 이곳까지 내려 온 것으로 보인다.

그림 119. 용늪에서 발견된 산골조개 (*Sphaerium* sp.) 사진: 국립환경과학원

2008년 국립환경과학원의 학술조사팀은 대암산 용늪에서 한국특산종인 산골조개(*Sphaerium* sp.)를 발견하였다고 한다(그림 119). 산골조개는 성체(成體)의 크기가 녹두알만한 6.6mm~3mm 정도로서 1908년 일본인 학자 구로다(黑田, Kuroda)씨가 한라산 백록담(白鹿潭)에서 채집한

바 있고 그 후 관찰되지 않아 한라산에서는 멸종된 것으로 생각되었는데, 2008년 산림청 국립산림과학원 난대산림연구소(제주도)가 한라산 삼림지대의 습지에서 집단 서식하고 있는 것을 확인한 바 있다.

산골조개는 지리산 왕등재 늪이나 충북 소백산 등지의 계곡이나 숲속 웅덩이에서도 가끔 발견되는 것으로 알려져 있으며, 특히 강원도 사람들은 뼈가 부러지거나 골절상(骨折傷)을 입었을 때 조개껍질의 가루를 내어서 민간요법으로 사용하는데 지금은 상품으로도 판매하고 있다고 한다.

이와 같이 산골조개는 전국의 계곡에 드물게 서식하는 연체동물(軟體動物)의 하나이나, 고층습원인 용늪에서 발견되었다는 것은 특기할만한 일이지만 산골조개가 용늪이 고층습원임을 특징 지워주는 생물이 아님을 유의해야 할 것이다.

용늪을 조사하는 사람마다 오래전 1960년대 후반에서 1970년대 초반에 결처 용늪에 서식하는 희귀식물의 종 목록(種 目錄, species list)까지 이미 밝혀진 내용을 마치 처음 찾아낸 것처럼 발표하거나 오도(誤導)하는 것은 바람직한 일이 아니라고 생각된다. 용늪을 탐방하면서 생물상(Fauna 및 Flora)을 조사하는 전문가도 문제려니와 이를 대서특필로 보도하는 행태 역시 달라져야 하겠다.

8장 용늪의 훼손 그리고 복원 노력

용늪이 학계에 처음으로 알려진 1960년대 후반만하여도 큰용늪(大龍湳)은 고층습원(高層濕原, high moor, bog)의 모습과 특성이 비교적 잘 보존되고 있었으나 대중매체를 통하여 사회에 노출되어 그 특이함과 희소성이 알려지면서 방문자의 수가 해마다 증가하게 되었고, 미서식지(微棲息地, microhabitat)인 물이끼 매트(*Sphagnum* mat)와 사초기둥(tussock)은 방문자들의 답압(踏壓, trampling)으로 훼손이 되면서 서식조건이 변화되기 시작하였다.

습원, 특히 고층습원의 식생이나 식물은 과습(過濕)한 입지에 성립하여 그 환경이 안정되어있는 동안은 군락조성이나 분포가 크게 변하지 않고 안정되지만, 어떤 요인에 의하여 평형이 붕괴되면 식물은 민감하게 반응하여 습원 특유의 성질이 변하게 되는 것이다(Hukushima 등 1991).

그런데 1977년경 용늪 한 가운데 소위 스케이트장(skating rink) 조성이라는 상식 이하의 공사가 행해진 후 용늪의 훼손 및 파괴는 불에 기름을 부은 격이 되었다.

더욱이 1994년~1995년 2년간의 전국적인 극심한 가뭄은 대암산 지역에도 영향이 미쳐서 예년 강우량의 60%~70%인 800~900mm의 강우가 내렸을 뿐이었고, 그 이후의 계속된 한발(旱魃)은 이 지역의 강우량은 물론 안개일수까지도 부족하게 됨으로서 강우와 안개비에 의

존하는 강우함양성(降雨涵養性)인 용늪은 지하수위가 급격히 그리고 꾸준히 저하되었고, 이탄을 생성하는 물이끼(*Sphagnum*)까지도 번식의 어려움은 물론 생육부진이라는 치명적인 상황에 이르게 되었다.

가뭄이 극심했던 1995년 8월 어느 날. KBS 자연다큐 촬영을 위해서 용늪을 찾았을 때 용늪의 저수(貯水) 역할을 하고 양서류의 산란장(産卵場)인 중앙의 물웅덩이(water pool, 독 blaenke)까지도 완전히 마르고 경질토양(硬質土壤, hardpan)이 되어 거북이 등처럼 갈라져 있었으며 무당개구리(*Bombina orientalis*)는 산란조차 못한 채 수 백마리가 웅덩이에 모여 하늘만 쳐다보고 있었다.

위와 같은 여러 가지 원인으로 용늪 전 지역에 산지성(山地性) 초본식물이나 건조한 곳에서 자라는 목본식물이 침입하면서 서서히 육화(陸化, landization, 독 verlandung) 되기 시작하였다. 늪이나 습원은 시간이 지남에 따라 유역으로부터 토양과 유기물이 유입, 퇴적되면서 초지식생을 거쳐 삼림군락으로 발전해 가는 것을 습성천이(濕性遷移, hydrarch succession)라 하고 이러한 자연의 흐름인 천이과정을 용늪도 피할 수는 없다.

그러나 이러한 육화 혹은 산지식생의 침입과 정착은 탐방자의 답압(踏壓, 밟힘), 도로로부터의 토사 유입, 군부대 생활하수의 유입, 스케이트장 조성과 같은 특정한 인위적 원인이 계기가 되었으므로 토사 유입을 차단 또는 최소화하거나, 토사의 양 및 유입속도를 줄이거나, 유로를 변경시키거나 하는 등 건조화 내지는 천이의 발전을 방해하도록 하는 어떤 대책이 있어야 할 것이다.

이것은 용늪이 가지고 있는 학술적인 중요성과 희귀성으로서의 가치 등을 고려할 때 더 이상의 훼손 또는 건조가 진행되기 전에 자연적 천이 속도를 지연시키거나 훼손된 곳을 복원하는 것이 최상의 방법이 될 수 있을 것이다.

1. 지하수 유지 및 이탄 유실 방지용 목책(木柵)의 설치

1977년경 용늪 중앙지역에 바닥이 드러나도록 이탄층을 제거하여 만들어진 스케이트장은 수 천년 동안 안정을 유지해 오던 용늪이 몸살을 앓는 계기가 되었다. 스케이트장의 면적은 용늪 전체 면적 3.15ha의 10.5%인 0.33ha로(전근우, 1988), 스케이트장 조성 후 용늪 지표면과 바닥이 노출된 스케이트장과의 평면구조(平面構造)는 마치 요(凹)자 또는 U자 모양으로 파이어서 이탄 표면과 바닥 간의 높이에 차이가 생겼다.

10여년이 지난 1988년도 조사에서도 그 차이는 40cm-60cm나 되었다. 이렇게 습지표면과 바닥사이에 고저(高低) 차이가 생겨서 이탄층의 붕괴 혹은 슬라이드(slide)가 예상되고 또 출입구 방향에서 북쪽의 유출구 방향으로 이탄 속을 흐르던 지하수는 이 절단면에서 바닥으로 직접 유하(流下)하므로 표면의 이탄층은 자연히 건조하게 된다(그림 120, 그림 121).

그림 120. 목책으로 공사하기 전 모습(1997년 5월 3일)(Aspect before the establishment of wooden fence. Photo: May 3, 1997)

지하수 이동이 끊기거나 지하수의 양(量)이 줄어들게 되면 이탄은 쉽게 건조되면서 세립화(細粒化, fine grain) 또는 단립화(單粒化, single grain)되기 때문에 소량의 강우에도 쉽게 유실되거나 침식이 일어난다.

그림 121. 목책으로 공사하기 전 모습(1997년 5월 3일)(Aspect before the establishment of wooden fence. Photo: May 3, 1997)

목책을 설치하기 전에는 이탄지 표면과 나출된 토양 사이의 깊이 차 때문에 쉽게 이탄의 슬라이드(peat slide)와 식생이 무너지고 있음을 볼 수 있다. 특히 이 지역은 대암산 산록에서 지표수 또는 지하수로 유입되는 물과 헬기장 아래쪽의 군사도로에서 유입되는 물이 만나면서 와류가 생김으로 해마다 침입했던 식생 패치(patch)가 유실되기 때문에 토양이 항상 나출되는 곳이다.(Before the establishment of wooden fence, peat and vegetation were eroded owing to the differences of depth between peat surface and bared soil. This area is always disturbed every year by whirlpool of two water routes from water channel of the foot of Mt. Dae-am san and waterway along the heliport direction. The vegetation patches invaded in bared soil were destroyed and lost by the whirlpool every year.)

그림 122. 영국 스코틀랜드의 습원에 설치한 왼쪽의 목책과 오른쪽의 봇둑(Wooden fence, left, and weir, right, for increasing water table in bogs of Scotland, Great Britain)

그러므로 1997년 대암산 용늪 복원 타당성 조사(1차년도)에서 다음과 같이 제안한 바 있다. 즉 「스케이트장과 접하는 이탄면(泥炭面)의 지하수 저하로 말미암아 이탄이 건조되고 부스러지면서 붕괴되어 깊이(상하 높이)가 낮아지고 있는데, 이미 거의 평탄화된 지역을 제외한 다른 지역은 지주목(支柱木)과 나무판자(木板)를 이용하여 촘촘히 목책(木柵), 즉 차수벽(遮水壁)을 만들어 줌으로서 지하수의 유속 완화, 유출 저감 또는 유출을 최소화해야 한다. 이 때 재생중인 습원식생은 훼손이나 교란이 일어나지 않도록 세심한 주의가 요구 된다」고 제안하였다 (강상준·최기룡 1997, 강상준 1999).

이 제안은 습원의 복원에 관한 많은 노하우(Know-How)를 가지고 있는 외국의 예를 참조하였다. 즉 영국 스코틀랜드의 습원(그림 122)과 아일랜드의 습원, 일본의 대표적인 습지인 북해도 사로베쓰(Sarobetsu)습원, 나까노현(長野縣)의 시가고우겐(Shigakougen, 志賀高原)에 있는 고층습원인 다노하라시쓰겐(Tanoharashitsugen, 田の原濕原)과 욘주하찌지시쓰겐(Yonjuhatsizishitsugen, 四十八池濕原)의 보전대책에서 실시한 목책설치방법(예 지수제:止水堤, 차수벽:遮水壁 등)을 참고하여(總合環境硏究所 1998, 1999), 2001년 이탄면 134m에 걸쳐서 목책공사가 이루어졌고 플라스틱 봇둑(plastic weir)도 설치되었다(그림 123, 그림 124, 그림 125, 그림 126).

그림 123. 지하수위 유지를 위하여 2001년 설치된 목책(사진: 2003년 7월)(Establishment of wooden fence for supporting water table and for protecting peat erosion or loss in 2001. Photo: July 2003)

그림 124. 지하수위 유지를 위하여 2001년 설치된 목책(사진:2003년 7월)(Establishment of wooden fence for supporting water table and for protecting peat erosion or loss in 2001. Photo: July, 2003)

그림 125. 지하수위 유지를 위하여 2001년 설치된 목책(사진:2003년 7월)(Establishment of wooden fence for supporting water table and for protecting peat erosion or loss in 2001. Photo: July 2003)

그림 126. 이탄 유실과 물길의 확대를 막기 위해 2001년 설치된 플라스틱 봇둑(Plastic weir)(Plastic weir constructed in water channel for protection of peat erosion in 2001)

그동안 이 목책시설은 직간접적으로 용늪 훼손지 상부 지역의 지하수위 흐름을 저속(低速)으로 유지시키는데, 그리고 이탄층의 슬라이드(slide) 및 이탄의 유실(流失)을 최소화하는데 기여한 것으로 판단되었지만, 2008년 8월 8일 이 지주목(支柱木)과 나무판자(木板)는 일시에 제거되었다(그림 127, 그림 128, 그림 129, 그림 130).

지주목과 판재(板材)의 제거로 지금까지 유지되어오고 있었던 이탄 깊이는 분명히 그 깊이가 낮아지거나 두께가 줄어들 것으로 예상이 된다.

1988년 및 1998년 2회에 걸쳐 힐러형 이탄 채취기구(Hiller type borer)를 이용, 이탄의 깊이를 측정하여 단면도(斷面圖)를 작성해 본 결과, 1988년에 가장 깊은 지점은 180cm였으나 2008년 8월 8일 같은 지점에서 다시 시도했을 때에는 가장 깊은 이탄층이 160cm였다. 이는 지난 10년 동안에 이탄층이 20cm 정도 낮아졌음을 의미한다. 지주목(支柱木)과 나무판자(木板)를 설치했는데도 이탄층의 깊이가 낮아졌음을 고려하면 이번에 목책이 제거된 이후에 어떤 결과가 있을지 충분히 예상할 수 있다.

다시 말하면 용늪의 이탄층은 서서히 깊이가 낮아지게 될 것이고 따라서 희귀식물의 서식을 가능하게 하고 산성조건을 유지시켜주는 물이끼의 생장과 분해속도에 영향을 미침으로서 용늪의 학술적인 가치가 하락되거나 희귀성이 상실될 수 도 있을 것이며, 특히 물이끼, 끈끈이주걱, 통발과 같이 극단적인 산성조건에서만 주로 자라는 식물의 서식 범위가 줄어들거나 한정될 수밖에 없다.

이런 중요한 문제는 습지 전문가, 특히 용늪과 같은 고층습원을 오랫동안 연구한 전문가의 의견을 도외시한 결과로서 다시는 이런 우(愚)를 범하지 않도록 해야 한다. 아마추어 습지 전문가(amateur wetland experts)들의 의견 제시가 이런 과오를 낳게 한 것이 안타까울 뿐이다.

그림 127. 2008년 8월 8일 제거된 목책(2008년 8월 8일)(Wooden fences were removed on Aug. 8, 2008)

그림 128. 2008년 8월 8일 제거된 목책(2008년 8월 8일)(Wooden fences were removed on Aug. 8, 2008)

그림 129. 제거된 목판과 목책(2008년 8월 8일)(Removed boards and wooden fences. Photo: Aug. 8, 2008)

그림 130. 목책 제거 후 나출된 이탄층(2008년 8월 8일). 이탄층의 붕괴 혹은 슬라이드가 예상된다.(Exposed peat layers after removal of wooden fences. Photo: Aug. 8, 2008. It suspects a collapse and slide of pear layer by drained water)

2. 습원 내 침입한 나무의 제거

증산(蒸散, transpiration)이란 식물체내의 수분이 수증기로 대기 중에 배출되는 현상이다. 식물의 수분상태는 뿌리로 부터의 흡수량과 잎의 증산량의 균형에 의하여 유지되는데, 토양수분이 충분하더라도 증산량이 흡수량보다 많아지게 되면 식물체내 함수량이 낮아지게 된다.

또한 식물체의 수분함량이 감소하게 되면, 따라서 수분포텐셜(water potential)이 낮아지기 때문에 식물은 수분 스트레스(water stress)가 발생하게 되고 증산량을 최소로 하기 위하여 기공(stomata)을 닫는다.

그러나 수분 스트레스가 계속이 되면 잎이 조위(凋萎, wilting)현상을 보이고, 장기간의 심한 수분 스트레스를 받게 되면 식물은 결국 고사하게 되는 것이다. (Hsiao 1973, Fitter & Hay 1987, Kramer 1983)

용늪의 경우 지표수나 지하수에 의하여 식물체에 계속적인 수분 공급이 이루어지고 있어 극심한 가뭄이 계속되지 않는 한, 식물체의 고사현상은 예상할 수 없겠다. 그러나 토양이나 이탄이 노출되고 또 이러한 조건의 서식지에 어떤 원인으로 말미암아 건조가 진행된다면 이런 곳에 자라는 식물체는 수분 스트레스를 줄이기 위하여 증산량과 흡수량 사이에 평형이 이루어져야 한다.

이러한 원리를 이용하여 용늪에 침입, 정착하고 있는 두 종의 목본식물을 대상으로 증산량을 측정해 봄으로써 용늪이 건조화 되고 있는지 또는 재생 및 복원이 되고 있는지를 알아볼 수가 있다.

즉 습원에 침입한 나무는 뿌리에서 흡수한 물을 기공을 통하여 증산(蒸散)하는데, 수목의 높은 증산율(transpiration rate)은 이탄 표면을 건조시켜 결과적으로 수위(water level)의 하강을 유도하게 된다. 수위가 이탄 표면에서부터 50㎝ 이하로 내려가면 증발산에 이용될 이탄 속을 흐르던 지하수가 멈추게 되어서 이탄 표층의 수분이 고갈되고(Price et al 2003), 더욱이 이탄 표면이 건조하게 되면 이탄은 압축이 되어 토양수분압(soil water pressure)이 증가하게 된다(Schouwenaars 1993, Price & Schlotzhauer 1999).

이런 열악한 조건은 습원식물의 생장과 번식에는 부적하지만 생태적 내성(ecological tolerance)이 강한 몇몇 식물은 침입하여 성장, 번식을 할 수 있다. 그 중 대표적인 식물이 진달래과(Ericaceae)의 목본 및 자작나무(*Betula* spp.)이다(Fay & Lavoie (2009).

Fay & Lavoie (2009)는 물이끼와 진달래과 관목(ericaceous shrubs)이 우점하고 있었으나 근년에 자작나무가 침입하여 colony를 이루고 있는 카나다 Quebec의 한 습원에서, 2005년 여름 자작나무 유식물(birch seedling, *Betula* spp.)을 물이끼로 채운 plastic 화분에 심은 것과 물이끼만을 채운 화분을 자연 상태의 습원 내에 설치하여 자작나무 유식물의 증산율과 물이끼 이탄의 증발율을 비교 측정하여 증발산율(evapotranspiration rates)을 다음과 같은 식으로 측정하였다.

$$T=\Delta p/t\times S$$

T = 증산율(transpiration rate)(mm day^{-1})

Δp = 실험용 화분의 무게 차이
(the difference between the initial and final weights of container(1 g of water=1,000㎣ of water)

t = 실험 기간(일)(the duration of the experiment(days)

S = 자작나무의 잎 면적(the leaf area of birch individual(㎟)

이 식에서 증발율의 계산은 잎 면적 대신에 화분의 노출된 이탄 표면적(12,270 ㎟)을 사용하였다.

자작나무 유식물의 증산량은 0.29~2.89 ㎜ day^{-1}, 증발량은 1.65~5.26 ㎜ day^{-1}로 이탄 표면으로 부터의 증발량이 자작나무 증산량 보다 평균 2.5배 많았지만, 습지에서 자라는 자작나무의 총 증산량은 이탄 표면에서 증발에 의해 소실되는 양 보다 높을 것이라고 하였다. 왜냐하면, 습지에 서식하는 자작나무 유식물(seedlings), 치수(saplings) 및 성숙목(mature trees)의 총 잎면적(total leaf area)이 무려 이탄 표면의 약 4~5배인 48,000㎡·ha^{-1}이기 때문이다. 이것은 고층습원에 침입한 나무들의 증산작용으로 다량의 수분이 소실되고 있으므로(평균 1.4g~116.3g·㎠·day^{-1}) 습원 내 나무의 제거가 필요함을 의미하고 이런 결과를 토대로 습원에 침입한 자작나무를 제거하고 있다.

용늪 안에 반상(斑狀, patch)이나 집괴상(集塊狀, colonization)으로 침입, 서식하고 있는 목본식물은 사스레나무, 철쭉, 쉬땅나무 등이다. 특히 개체수가 많고 성장이 양호한 사스레나무와 철쭉의 증산량을 1998년 6월 12일~15일, 8월 6일~9일 2회에 걸쳐 LI-1600 Steady State Porometer를 사용하여 측정한 바 있다(표 22).

습원 안, 습원 가, 재생지역, 답압지역 어느 곳에서든 침입한 나무들의 증산율은 오전 11:00 전후, 오후 15:00 전후에 높은 치를 보이고, 정오(midday)에서 14:00시 사이에는 증산량이 거의 0에 가까웠다

주목할 것은 오후의 증산량이 오전 증산량보다 약 2배나 많다는 사실이다. 증산율에 영향을 미치는 요인은 잎의 온도, 상대습도, 광자의 양(햇빛), 기온, 바람 등으로, 특히 햇빛이 비치게 되면 기공이 열려서 증산작용이 활발히 이루어지게 된다. 그러므로 오전의 증산량이 오후보다 낮은 것은 용늪이 산악지형으로 연중 오전 중에는 짙은 안개가 끼어있어 상대습도가 높고 광자의 양(햇빛)이 적은 것과 밀접한 관련이 있을 것으로 판단된다.

바꾸어 말하면, 대기의 상대습도가 높으면 증산량이 적고, 상대습도가 낮으면 증산량이 많은 것으로 보아 용늪의 건조 진행은 식물체와 이탄으로 부터의 증발산량이 많아짐에 따라 건조화의 진행이 빨라졌을 가능성을 예상할 수 있었다.

용늪의 경우 이탄위에 침입한 수목은 주로 사스레나무와 철쭉이다. 이들 수목의 증산량을 보면, 습원 내의 사스레나무는 오전 11시 26.10~39.93μg $s^{-1}cm^{-2}$, 오후 3시 39.36~40.99μg $s^{-1}cm^{-2}$로 하루 동안 총 67.22μg $s^{-1}cm^{-2}\cdot day^{-1}$을, 철쭉은 오전 11시 27.37~29.30μg $s^{-1}cm^{-2}$, 오후 3시 38.64~40.37μg $s^{-1}cm^{-2}$로 총 66.04μg $s^{-1}cm^{-2}\cdot day^{-1}$을 증산하고 있어 두 종의 수목 간에 큰 차이가 없었으나(1.18μg $s^{-1}cm^{-2}\cdot day^{-1}$의 차이), 습원 가에서는 사스레나무 총 38.607μg $s^{-1}cm^{-2}\cdot day^{-1}$, 철쭉 총 71.80μg $s^{-1}cm^{-2}\cdot day^{-1}$로 철쭉이 사스레나무 보다 많은 33.20μg $s^{-1}cm^{-2}\cdot day^{-1}$의 수분을 증산하고 있음을 알 수 있다.(강상준 등 1998).

따라서 용늪에 침입한 사스레나무와 철쭉에 의해 이탄 속의 수분이 다량 증산, 소실되고 있으므로 주기적으로 제거하도록 건의하였는데 이 <나무 제거 사업>은 해마다 실시되고 있어 바람직하고 타당한 일이다.

표 22. 용늪 안에 침입한 사스레나무와 철쭉의 증산율(μg $s^{-1}cm^{-2}$, 강상준 등 1998)(Diurnal transpiration rate, μg $s^{-1}cm^{-2}$, of *Betula ermanii*, birch, and *Rhododendron schlippenbachii* , azalea, invaded into Yongnup bog)

나무 종류	지역	시 간					
		11:00	12:00	13:00	14:00	15:00	16:00
사스레나무	습원 내	26.10	0.003	0.006	0.003	40.99	0.12
	습원 가	26.53	0.345	0.006	0.006	11.24	0.48
	재생지역	39.93	0.005	0.003	0.003	40.56	0.008
	답압지역	30.88	0.003	0.005	0.003	39.36	0.008
철 쭉	습원 내	27.37	0.003	0.006	0.003	38.64	0.013
	습원 가	27.5	0.105	0.005	0.003	40.37	3.82
	재생지역	28.62	0.003	0.006	0.003	38.95	0.005
	답압지역	29.30	0.003	0.005	0.005	39.05	0.005

3. 탐방객을 위한 목도(木道)의 설치

1999년 환경부는 "생태계 보전지역 관리 기본계획 수립을 위한 연구(대암산 용늪, 창녕 우포늪, 지리산 심원계곡, 낙동강 하구)"의 일환으로 <용늪 관리계획>을 수립하였고, 용늪의 보전·복원 사업 추진 방안에서, 특히 목도(木道, boardwalk, wood pass)의 설치가 우선되어야 한다고 권고하면서 다음과 같은 제안을 하였다(강상준 1999).

① 방문객의 답압에 의하여 이탄의 경도(硬度, hardness)가 높아지므로(다져지므로), 탐방객의 출입을 전면 금지시키되, 특히 습원식물의 발아기인 봄(5-6월)에 더욱 출입을 통제해야 한다.

② 탐방자나 학술조사를 위한 전문가들의 출입을 대비하여 목도(木道)를 설치해야 하고 설치장소는 출입구와 습원이 접하는 경계로부터 스케이트장 둑에 이르는 구간으로 직선적인 루트(route)가 아니고 답압 흔적이 있는 곳을 따라가며 설치한다.

③ 또한 "습지보전지역 지정 안내판"이 세워진 입구에서부터 습원 경계에 이르는 출입로에도 목도(boardwalk)를 설치함으로서 토사 침식을 차단한다.

④ 목도(木道)의 재료는 주변의 삼림으로부터 채취하여 이용하는 것은 바람직하지 않으므로 습지보전지역외의 다른 지역의 나무를 사용하도록 한다. 즉 전나무, 가문비나무, 소나무, 낙엽송 등의 침엽수가 수지(樹脂)가 많아서 최적한 재료인데, 그 가운데에서도 경제적인 가치가 낮은 낙엽송(일명 일본잎갈나무)를 이용하는 것이 좋다. 왜냐하면 재질이 단단하고 또 부식이 잘 되지 않기 때문이다. 자작나무 등의 활엽수의 재질은 습원위에서 부패가 빨라 3-4년밖에 사용할 수 없기 때문이다.

⑤ 목도 재료의 운반은 반드시 겨울철 적설기(積雪期)에 하도록 하며 썰매를 이용하여 운반한다. 적설기에는 용늪 이탄이 꽁꽁 얼어 있으므로 작업을 하더라도 이탄 구조에 아무런 영향이 없기 때문이다.

⑥ 목도의 재료는 통나무로 하고 폭은 두 사람이 교행이 가능할 정도이며 중간에 2m × 2m 또는 3m × 3m 크기의 terrace를 한 개 내지 두 개 정도 만들어줌으로써 습원식물을 monitoring하거나 조사할 때 머물 수 있는 공간을 마련해 준다. 통나무로 만든 목도 밑에는 역시 통나무를 옆으로 나란히 뉘이도록 하거나 또는 장소에 따라 통나무를 깊게 박아 지주(支柱) 역할을 하도록 한다. 목도 만드는 일은 공사로 보아서는 아니 되고 <현장 실습>이라는 과학성과 정밀성을 염두에 두고 실시되어야 한다.

⑦ 주의해야 할 것은 콘크리트제 판(板)을 절대로 사용해서는 아니 된다. 알칼리성인 콘크리트 재료는 습원의 산성토양을 중화(中和)시키게 되고 그 결과 용늪에 서식하는 희귀식물이 절멸되기 때문이다.

⑧ 목도의 설치에는 탐방객의 수를 반드시 고려해야 한다. 소수의 탐방자의 경우에는 목도의 넓이가 두 사람이 교행이 가능하도록 해도 좋으나, 다수인 경우는 목도의 수용력(受容力, capacity)을 초과하게 되므로 설계 및 설치 때 유의하도록 한다.

이러한 의견에 따라서 2000년 7월 총 262m에 걸쳐 목도를 설치하는 사업을 실시하였으나(그림 131, 그림 132, 그림 133, 그림 134, 그림 135), 최적한 목도 설치가 되지 않았다.

목도 아래는 햇빛이 차단되기 때문에 무식생(無植生)이 되며 또 목도 아래 및 옆은 침식되어 수로가 형성되므로 물이 집중된다. 그러므로 목도는 지상보다 높은 위치에 있어야 하는데 그러하지 못했다(그림 131, 그림 132, 그림 135). 일본에 분포하고 있는 유수의 고층습원에서 볼 수 있는 것과 같은 훌륭한 목도가 아니어서 안타깝다. 앞으로 용늪에 목도를 다시 설치할 때에는 일본 유수의 습지에 설치한 목도의 예들을 참조했으면 한다.

그림 131. 용늪 안에 설치한 목도(2008년 8월 8일)
(Boardwalk setup in Yongnup bog in summer, Aug. 8, 2008)

그림 132. 불성실하고 부적한 목도설치로 인한 이탄의 훼손 상태
(Aspect of peat disturbances by the establishment of unfaithful and unfit boardwalk)

그림 133. 목도를 만들기 위한 자재 (2000년 7월 13일)(Preparation of materials for boardwalk. July 13, 2000)

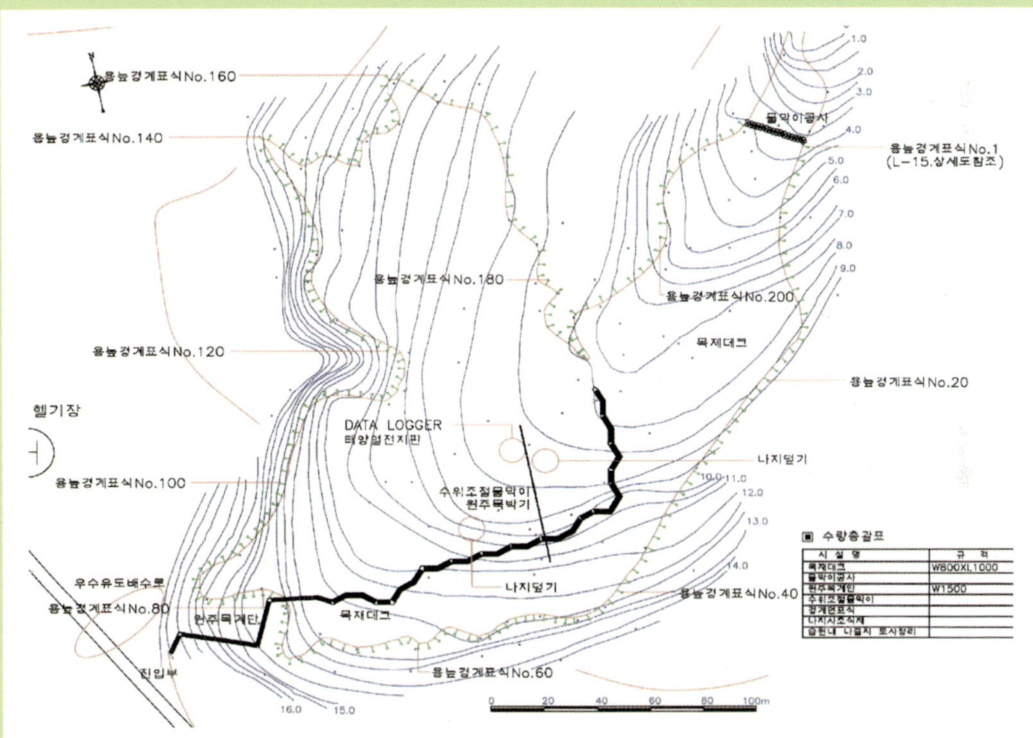

그림 134. 검고 굵은 선으로 표시된 목도 설치 계획도(Scheme drawing for boardwalk section indicated by thick black line)

그림 135. 용늪 가를 따라 설치한 목도(2000년 7월 13일)(Boardwalk set up along the edge of Yongnup bog in summer. July 13, 2000)

4. 일본 습지의 목도 설치

일본의 습원에서는 목도를 설치할 때, 다음과 같이 목도에 의한 습지생태계에 미치는 영향까지 고려하여 설치한다.

즉 목도를 설치했을 때

(1) 목도 바로 밑은 햇빛이 차단되어 무식생(無植生)이 된다.

(2) 목도 바로 아래쪽은 침식되는 경향이 있고 물길(水路)이 형성됨으로 물이 집중된다.

그러므로

(1) 목도의 폭은 가능한 좁게 하고 목도와 목도 사이는 넓게 한다.

(2) 목도는 지표면에서 부터 가능한 높게 위치하도록 한다.

(3) 습원의 경사방향에 목도의 설치를 적극 피한다(總合環境硏究所 1998).

그들의 목도 제작과 설치 방법을 요약하면 다음과 같다.

(1) 가장 바람직한 목도는 통나무를 반으로 쪼갠 뒤, 두 쪽을 이어 붙여서 500mm 넓이로 하여 한쪽 통로로 하고, 다른 한쪽에도 같은 넓이의 통나무로 통로를 만들어줌으로서 방문객이 서로 교행(交行)할 수 있도록 하며, 이 두 목도 통로 사이의 간격은 400mm 정도 떨어지도록 한다.

(2) 목도를 지지해주는 통나무 지주목(支柱木)은 굵기 100mm로 하고 목도와 이탄 표면과의 간격은 300mm로 한다.

(3) 목도로부터 500mm 바깥에는 굵기 100mm의 로오프(rope)로 로오프책(rope柵)을 설치하여 방문객이 습원으로 직접 접근을 하지 못하도록 한다.

(4) 탐방 도중 사진을 촬영하거나 동식물 관찰이 필요하다고 생각되는 곳에 목제 데크(木製 deck)를 설치하여 자연을 관찰하거나 쉬도록 한다(그림 136, 그림 137, 그림 138, 그림 139, 그림 140, 그림 141, 그림 142).

이렇게 설치된 목도는 방부제(防腐劑)를 전연 처리하지 않은 목재를 사용함으로 대략 5~10년이 지나게 되면 부식된다. 그래서 주기적으로 교체하고 있다.

일본의 많은 습원은 이러한 제안이나 권고에 따라 자생 수목을 이용하여 목도를 설치하며 방문자들 역시 아무런 불편 없이 이런 뜻을 잘 따르고 있고, 습원을 그들의 후세에 까지 물려주어야 하는 귀중한 자연유산(Nature heritage)으로 인식하고 있다. 우리나라의 습원관리에 있어서 타산지석(他山之石)으로 해야 할 것이다.

그림 136. 일본 오제가하라(尾瀬ヶ原)습원의 목도(Wooden pass of Ozegahara bog in Japan)

그림 137. 일본 오꾸니꼬(奥日光) 습원의 목도(Wooden pass of Oku-Nikko wetland in Japan)

그림 138. 일본 아오모리현(青森縣) 하꼬다산(八甲田山)의 가미게나시다이(上毛無岱) 습원 전망대(濕原展望臺)(사진:강상준 1980)(Observation deck in Hakkodasan bog, Aomori Prefecture, Japan. Dr. Sang-Joon Kang, Professor of Chungbuk National University, 1980)

그림 139. 일본 아오모리현(青森縣) 하꼬다산(八甲田山) 습원의 가미게나시다이(上毛無岱) 안내판(사진: 강상준 1980)(Information board of Kamikenashitai moor in Hakkodasan of Aomori Prefecture, Japan)

<설명문> 하꼬다산 습원(八甲田山濕原)은 오제가하라(尾瀬ヶ原)와 나란히 일본에서 몇 개 안되는 고층습원입니다. 이곳에는 300종 가까운 고산(高山)·수생식물(水生植物)이 혹독한 자연환경 속에서 자라고 있으며 융설(融雪)과 함께 그 아름다움은 목도를 걷는 우리들의 눈을 마음껏 즐겁게 해 줍니다. -아오모리현(青森縣)-

그림 140. 일본 나가노현(長野縣) 기리가미네(霧ヶ峰) 야시마가하라 습원(八島ヶ原 濕原)을 탐방하여 목도(木道)를 따라서 걷고 있는 방문자들(사진: 강상준 1996. 8.)(Visitors walking on wooden pass in Yashimagahara moor on Kirigamine mountain, Nagano Prefecture, Japan)

그림 141. 일본 나가노현(長野縣) 기리가미네(霧ヶ峰) 야시마가하라 습원(八島ヶ原 濕原)을 탐방하여 목도(木道)를 따라서 걷고 있는 방문자들(사진:강상준 1999. 8.)(Visitors walking on wooden pass in Yashimagahara moor on Kirigamine mountain, Nagano Prefecture, Japan)

그림 142. 일본 후꾸시마현(福島縣) 반다이산(磐梯山) 습원의 목도(사진: 강상준 1985. 7.)(Wooden pass in moor of Mt. Bandai, Fukushima Prefecture, Japan)

5. 복원 노력

복원(復元, Restoration)이란 훼손된 생태계를 원래의 자연 상태에 근접하도록 되돌리는 것(the return of a degraded ecosystem to a close approximation of its remaining natural potential)으로, 생태복원(生態復元, Ecological restoration)이란 훼손되거나 파괴된 생태계의 회복을 도와주는 과정(the process of assisting a recovery of an ecosystem that has been degraded, damaged, or destroyed)이라고 정의한다(USEPA 2000, Society for Ecological Restoration International Science & Policy Working Group 2004, 강상준 2009)

용늪 복원의 목적은 가능한 한 습원 표면 가까이에 지하수위를 유지하도록 하여 이탄의 건조를 방지하고 이탄의 분해속도를 저감하는 일인데, 용늪 이탄의 경우에 이상적인 조건은 지표면 10cm 내외로 지하수위를 유지할 필요가 있다. 다시 말하면 이탄의 수위를 높여주어 물이끼의 생육과 번식을 도와 물이끼 매트(*Sphagnum* mat)를 형성하도록 하며 기생꽃, 비로용담, 끈끈이주걱 등 희귀식물의 서식을 도와주는 것이다. 또한 유역으로부터 토사 및 무기염류의 유입을 차단해야 하는 것이다.

외국에서도 고층습원(raised bog)의 지하수위를 높여주기 위한 여러 가지 프로젝트가 있는데 영국의 "아일랜드 고층습원의 복원 프로젝트(The restoring raised bog in Ireland Project)"를 보면,

1) 침입한 나무를 제거하고 물의 유출을 차단한다.

2) 유로(流路)에 Plastic으로 dam이나 봇둑(weir)을 만들어 기계적으로 차단시킨다.

이 방법은 습원으로 부터 물의 유출을 줄이거나 느리게 함으로서 훼손된 이탄지역을 습하게 하는 (re-wetting) 두 가지 효과가 있다.

3) 이렇게 해 줌으로서 습원의 재생(regeneration)을 돕는 것이다.

실제로 1977년 스케이트장 조성으로 크게 훼손되었던 대부분의 지역은 자연재생이 일어나고 있으며, 용늪에서도 2001년 목책(wooden fence) 및 봇둑(plastic weir)을 설치한 바 있고 습원 안에 침입한 철쭉 등을 해마다 제거하고 있다.

교란되지 않은 이탄지는 대기로부터 0.7 $t \cdot ha^{-1} \cdot y^{-1}$의 탄소를 흡수, 축적하지만 이탄지가 훼손되어 배수(drainage)가 급속하게 일어나게 되면 대기 중 이산화탄소(CO_2)의 흡수 및 축적 과정에 큰 혼란을 야기시켜서 오히려 훼손된 이탄지로부터 8t $C \cdot ha^{-1} \cdot yr^{-1}$의 CO_2가 방출된다는 보고도 있다(Pearce 1994). 그러므로 용늪의 훼손된 지역을 복원하여 희귀생물의 서식은 물론 습원으로서의 기능과 탄소 저장고의 역할을 하도록 노력 할 필요가 있다.

1) 훼손 원인

용늪의 훼손 원인은 다음과 같은 몇 가지로 요약할 수 있겠다.

① 3년 이상 계속되었던 한국전쟁(6·25전쟁)은 1953년 7월 27일 군사정전협정의 체결로 휴전에 들어갔다. 휴전상태에서 우리는 군사작전상 군부대의 주둔과 군사 시설물 구축이 필요했던 것이다. 지형적으로 비교적 평탄하고 습기가 적은 작은 용늪에는 포진지(砲陣地)를 구축했는데, 이 과정에서 작은 용늪은 그 자태가 멸실되어버렸으며 막사와 포진지 공사 도중 또는 공사 후 발생한 토사는 급작스럽게, 그 후에는 서서히 큰 용늪으로 유입되기 시작하였다. 지금은 볼 수 없으나 1980년대 후반까지만 해도 작은 용늪에 구축된 위장망(僞裝網)을 씌운 포진지를 쉽게 볼 수 있었다. 이후 포진지의 이동 및 정지작업에서도 토사가 발생하여 큰 용늪으로의 유입은 계속되었다. 1969~1970년대 초의 학술조사 때 확인한 바에 의하면 스케이트장에 바로 인접하는 다소 건조한 지역에는 각개전투용 영점조준 훈련장이 있었으나 대암산 사면 쪽의 전형적인 고층습원 지역에 미치는 영향은 거의 혹은 전연 없는 상태였다(그림 3. 하늘에서 본 대암산 용늪 참조).

② 1960년 후반 까지만 해도 산상(山上) 부대의 병력은 매우 소규모였으나 그 후 주둔 부대의 병력 규모가 늘어나면서 군사훈련을 위한 연병장(운동장) 조성이 필요하였다. 이 때 넓은 면적에 걸쳐 산허리를 잘라내고 토사를 굵어내는 평토작업(平土作業)이 실시되었는데, 노년기(老年期)의 화강암(花崗岩)으로 되어있는 마사토(磨

砂土) 바닥이 드러난 운동장의 토사는 겨울의 동결과 해빙의 과정을 반복하면서 토양구조가 연약해져 빗물로 쉽게 침식되면서 유로(流路)를 따라 흘러 작은 용늪을 거쳐 큰 용늪으로 유입, 습지식물이나 이탄층을 가는 모래(fine sand)와 미사(微砂, silt)로 피복하기 시작하였다.

③ 1970년대 중반 용늪 중앙부위에 만들어진 인위적인 스케이트장 조성은 지하수위의 저하를 일으키는 주요 원인이 되어 고층습원인 큰 용늪의 건조화 및 훼손의 결정적인 계기가 되었다.

④ 산악 능선 부위의 열악한 군사도로는 강우나 강설에 쉽게 침식되고 파괴되므로 작전 수행을 위해서는 끊임없이 그리고 건실하게 도로가 복구되어야 했다. 도로 복구 작업을 위한 흙 공급이 어려우므로 쉬운 방법은 인접 사면의 흙을 파내어 이용하는 것이다. 그러므로 인접 사면의 흙은 해마다 도로 복구 작업에 이용이 되었고, 그 결과 사면 자체는 물론 사면 식생의 훼손과 토사 유출 및 유실이 반복적으로 일어났던 것이다.

⑤ 지금은 통제되었지만 과거에는 인접지역 산촌마을 주민들은 소(牛)를 자연 방목하였었다. 이렇게 방목된 소들은 스스럼없이 용늪까지 올라와 먹이와 물이 풍부한 용늪을 마음대로 돌아다니면서 그 육중한 무게로 이탄지를 훼손시킨 것도 또 다른 원인이 될 수 있었다. 그리고 멧돼지, 고라니, 노루 등 포유동물이 물을 마시기 위하여 용늪을 찾는데, 특히 멧돼지는 용늪의 이탄 나출지역에서 흙 목욕을 하거나 땅속의 먹이를 찾는다고 파헤쳐지기도 하였다.

⑥ 용늪이 세상에 알려지게 되면서 습지 전문가는 물론 아마추어 습지전문가, 각종 매체, 시민단체 등등 지금까지 수백~수천 명 이상의 탐방객 또는 방문자들의 부주의하고 적절치 못한 행보(行步)에 의한 답압의 영향과 희귀식물의 채집 또한 용늪을 괴롭혀 왔다.

⑦ 상류지역의 주둔부대에서 사용되었던 생활오수는 빈영양상태인 용늪에 영양분을 공급하는 원천이 되었으며 강우 때 군사도로로 부터 다량으로 유입되는 토사는 용늪을 건조화 시키는 또 다른 원인이 되었다. 2000년 환경부에서는 생활오수가 다량 방류되고 있는 현실에서 주둔부대의 생활오수 방류에 촛점을 맞추어 "합병 정화조와 수초 처리시설"을 이용하여 30톤/일 처리한 후 용늪 수계로 방류하는 계획을 세우고 <오수처리시설 방류수 지점>을 어떻게 할 것인가에 대한 검토가 있었다. 그러나 생활오수의 방류는 용늪 유로와는 별개의 다른 유로를 만들어서 물길을 돌려야 했었는데 그러지 못함으로서 영양염이 풍부한 오수가 용늪으로 계속 유입되는 결과가 초래되어, 유입지역은 소위 갈대, 달뿌리풀 등이 서식하는 저층습원의 특징을 보이고 있다.

⑧ 복원공사의 기초자료 수집 및 공사의 미숙이다. 산악지대의 복원공사, 특히 용늪과 같은 고층습원의 복원공사는 일반 토목공사와는 다르다. 부대의 연병장과 작전도로는 토양과 지반이 노출되어 있고, 이렇게 토양이 나출된 곳은 식생으로 피복되어있는 곳 보다 주야간의 지온차(地溫差)가 크다. 한라산 윗새오름에서 초지로 피복된 식피지(植被地)와 토양이 노출된 곳에 자동지온측정 장치(Data Logger LI-1000, LI-COR, INC)를 설치하여 주야간 기온 및 지온을 측정한 자료에 의하면 (강상준 2000), 나지에서 주야간 지온의 차이는 4.82~5.05℃로 식피지보다 변화폭이 컸다(그림 143). 나지에서 주야간 지온의 큰 차이는 낮 동안의 지온 상승에 의해 단립상태(團粒狀態, aggregated phase)인 토양을 단립상태(單粒狀態, singular phase)로 변화시키고 야간의 지온저하에 의해 또 다시 얼어붙는 과정이 반복되는데, 이러한 과정이 되풀이 되면서 토양이 세립화(細粒化)되어 토양 유실이 일어나게 되며, 특히 고산지대의 나지에서는 이른 봄 잔설이 녹은 후 더욱 심하게 일어난다. 이런 과정을 도외시한 공사는 성공할 수 없다(飯泉 등 1975). 산악지대에서 식생의 존재는 지표 토양의 지온변화를 완충시켜주는 역할을 하고 또 지온의 주야간

일교차(日較差)를 최소화해 주기 때문에 나지와는 달리 토양의 동결(凍結)과 융해(融解)의 반복작용을 완만하게 해 주는 카페트와 같은 역할을 하는 것이다. 그런 까닭에 용늪 주변의 훼손된 산지 사면은 생태학적인 지식을 기반으로 한 세심한 설계와 녹화법이 필요한 것이다.

그러므로 주야간 지온변화에 따른 토양의 세립화와 그에 대한 충분한 자료의 수집, 강우 때 작전도로로 부터 유실되는 토양 유실양의 조사 등의 기초자료의 수집과 분석이 없는 상태에서 공사를 했던 것이다. 2008년도에 실시된 육화방지 사업 역시 이런 기본 지식을 도외시한 공사가 아닌지 걱정스럽다. 한국일보(2008년 9월 17일 수요일)의 사설 <용늪의 숨 막히는 비명" 토사가 싫어요">를 아래에 소개한다.

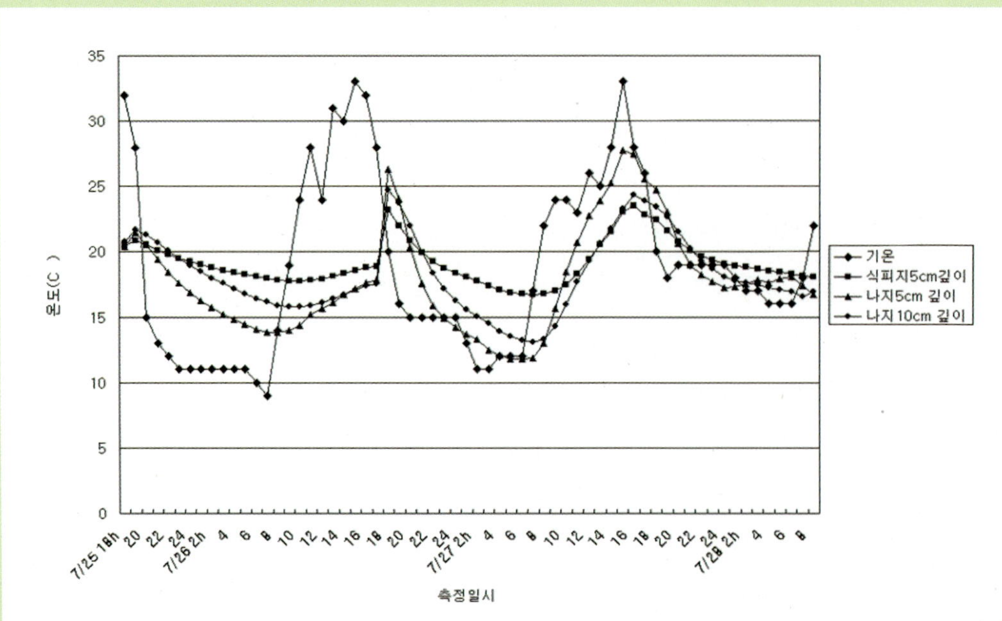

그림 143. 한라산의 나지와 식생 피복지의 주야간 기온 및 지온변화(강상준 2000)
(Variations of air and soil temperatures in day and night at vegetated and bare lands in Mt. Hallasan)
◆: air temperature ■: vegetated land(5cm depth) ▲: bare land(5cm depth) ▶: bare land(10cm depth)

용늪의 숨막히는 비명 "토사가 싫어요"

강원도 인제의 대암산 용늪이 죽어가고 있다. 1994년 생태계 보전지역으로 지정된 데 이어 습지 보호를 위한 람사르협약에 따라 1997년 국내 제1호로 등록된 곳이다. 내달 28일 경남 창원에서 개막될 람사르협약 총회를 앞두고 국내 등록 습지 8곳을 점검하다 이런 사실이 드러났다니 남세스럽고 부끄럽기 짝이 없다.

대암산 용늪이 경남 창녕우포늪이나 전남 무안개펄 등 다른 7곳의 '람사르 습지'와 차원이 다른 곳임은 전 세계가 다 알고 있다. 비가 많고 온도가 낮은 해발 1,280m 산기슭의 습지는 세계적 희귀식물의 소중한 군락지다. 특히 대암산 정상이 민통선 안에 있어 수십년간 일반인의 접근이 금지돼 4,500년 전의 '태고의 신비'가 그대로 보전된 곳이기도 하다.

습지의 많은 부분이 맨땅처럼 변했다는데, 주된 원인이 인근 군부대 때문이라니 더욱 기가 막힌다. 군부대 연병장과 스케이트장, 작전도로와 헬기장을 만드느라 생겨난 경사지에서 습지에 최대 위협물인 토사가 마구 흘러나왔다는 것이다. 마른 먼지가 풀풀 날리는 맨땅 주변에는 물매화나 개통발 등등 보전해야 할 생태계 생명 대신 여느 산에서 볼 수 있는 육상식물이 번져 가고 있다.

국방부와 환경부가 군부대 이전을 재촉하지만 그 비용을 누가 댈지 결론을 못 내리고 있다고 한다. 또 도로와 맨땅을 자연석으로 대체하고 토사가 쌓인 경사면에 떼를 입히겠다는데, 불과 10억원의 예산마저 제대로 집행되지 않는 모양이다. 시간과 돈을 어떻게 쓰는지, 뒤늦게나마 정부 대응을 지켜볼 것이다.

2) 스케이트장의 식생 회복

1970년대 중반 인위적인 훼손이 가해졌던 스케이트장 조성 지역은 그 당시 이탄을 전부 걷어내어 둑을 쌓았고 바닥의 무기토양을 그대로 노출시켰었다. 습원의 식생은 다습, 한랭, 빈영양 등 열악한 조건에서 성장하는 취약한 초원식물(草原植物) 집단으로 이러한 인위적인 훼손에 저항력이 약하기 때문에 서식조건이 변하게 되면 소멸되기도 하고 반대로 재생(再生, regeneration)되기도 하는 특성을 갖고 있다.

인위적인 훼손이 있었던 스케이트장에 자연적인 재생이 활발히 이루어지고 있으며 습원 특유의 사초기둥(tussock)이나 조그마한 물웅덩이(water pools)들이 만들어 졌거나, 만들어지고 있어 훼손되지 않은 지역의 그것들과 외형적으로는 비슷한 모습을 보이고 있다(그림 144).

그림 144. 스케이트장(둑으로 둘러싸인 장방형 모양)에 식생이 재생되고 있다.(Bog vegetation is regenerating in the previous disturbed skating rink surrounded by rectangular bank)

그림 145. 스케이트장에 식생이 재생되고 물웅덩이가 새로 만들어진 모습(Regenerated bog vegetation and water pool formed in the previous disturbed skating rink)

그림 146. 와류(渦流)에 의해 자연적 재생이 어려운 토양 나출지역(Bared soil area for difficult to regenerate owing to the whirl of inflowed water every year)

그러나 지하수위의 변동과 1994년~1995년의 연속된 가뭄으로 인한 이탄층의 건조 및 산화층(酸化層)의 발달로 이탄의 급속한 분해(decomposition) 때문에 이탄 퇴적층의 깊이가 얕아진 지역이 확대되었다. 뿐만 아니라 건조 세립화(細粒化)된 이탄 입자는 안개나 소량의 강우로 인한 유수에 의해서도 쉽게 유실되고, 심한 강우 때에는 부유성(浮遊性) 유기물 형태로 일시에 다량으로 유출되고 있다.

유기물 생산에 의한 이탄의 퇴적량(堆積量) 보다 유수(流水)에 의한 유실량(流失量)이 높아지게 되기 때문에 용늪의 이탄구조가 서서히 얕아져 그 결과 식생조성에도 변화가 일어나게 되었다. 이러한 이탄입자 중 부니질(腐泥質, detritus)의 다량 유실은 미분해 상태인 섬유상의 유기물(예, 섬유소, 리그닌 등)만 남게 되는데, 이런 이탄구조는 수분 저수능력(水分 貯水能力)의 저하를 가져오게 됨으로서 건조하기 쉽게 되는 것이다.

다행히 그 후, 예년과 같은 강우량과 안개일수가 회복됨으로써 지반(地盤)이 노출되거나 물의 와류(渦流)에 의해 식생이 정착할 수 없는 일부 지역을 제외한 거의 대부분의 지역은 서서히 자연적 재생이 이루어져 거의 전면이 회복상태에 있는 것으로 판단되었다(그림 145).

그러나 심한 강우 시 다량의 물이 흘러드는 유로(流路) 부근은 바닥이 나출되고 모래와 미사로 피복되어 자연적 재생이 방해를 받고 있다(그림 146).

1977년에 만들어진 스케이트장의 거의 전 지역은 물웅덩이(water pool)가 형성되면서 이미 진퍼리새(*Molinia japonica*)로 피복된 자연적 재생이 일어나 중간 습원(中間濕原, intermediate moor)의 특성을 나타내고 있고 지역에 따라서는 삿갓사초(*Carex dispalata*)가 침입, 정착하면서 서서히 고층습원의 특성을 나타내고 있으므로 인위적으로 다시 손을 대지 말도록 하여야 한다.

다만 다량의 강우가 내릴 경우 물이 흘러가는 유로(water channel)는 재생이 일어났더라도 많은 양의 물과 강한 유속 및 와류(whirl of water)때문에 소규모의 재생 patch(그림 146의 줄자(卷尺)로 둘러싸인 안쪽)가 유실이 되어 버리는 재생(再生, regeneration)→토양유실(土壤流失, soil erosion)→재생(再生, regeneration) 과정이 반복되는 지역이다.

이곳은 오랜 시간이 지나도 재생되기 어려울 것이 예상되므로 습원내의 장초형 식물(예, 삿갓사초, 진퍼리새 등)을 베어다 깔고 그 위에 길고 큰 나무도막을 지그재그(zigzag) 형태로 얹어 놓아 가능한 한 유실이 되지 않도록 해준다.

이러한 작업이 계속된다면 유실되는 이탄이나 식물유체 또는 작은 자갈이나 모래가 서서히 쌓이게 되고, 이렇게 형성된 구조물은 수분을 흡수, 저장하는 재료가 될 것이므로 진퍼리새, 삿갓사초 등 습지식물이나 물이끼와 같은 저수조직(貯水組織)이 발달한 식물의 서식공간으로 이용된다. 이 과정이 계속될 것이므로 노출지는 서서히 습원식물군락으로 대체될 것이다.

3) 복원 원칙

국제복원학회(Society for Ecological Restoration International)와 미국 환경보호국(U.S. Environment Protection Agency)에서 제시한 습지를 복원하는데 필요한 "복원 원칙(Restoration Guiding Principles)"의 몇 가지를 제시하면 다음과 같다.

첫째, 수계자원(Aquatic Resources, 수자원, 동·식물)을 보존, 보호하는 것을 제1 목표로 한다. 훼손은 되었지만 아직 온전히 남아있는 생태계는 생물다양성의 중요한 부분(keystone)임으로 복원의 모델, 즉 참고 지역(reference site)으로 삼는다.

둘째, 생태적 통합성(ecological integrity)을 반드시 염두에 두어야 한다. 영양염류의 순환, 수위, 천이, 물의 흐름, 이탄의 침식 동태 등과 같은 기능적 특성을 고려하면서 미래의 변화를 예측해야 한다.

셋째, 습지의 자연적 구조와 기능(natural structure and function)을 복원하는 데 주안점을 둔다. 즉 지속가능성(self-sustainability)을 디자인한다. 습원에서는 인위적인 수로 형태의 변화(alternation of channel form)나 기타 물리적인 특성 변화는 오히려 서식지를 훼손할 우려가 있으므로 철저한 주의가 필요하다.

넷째, 습지만이 아니라 유역 전체 상황(watershed and landscape context)을 고려한다. 경우에 따라서는 자연적 복원이 되도록 하거나 또는 소극적인 복원(passive restoration)을 실시한다.

다섯째, 수계생태계의 변화(future changes of aquatic ecosystem)를 예견하면서 복원하도록 한다.

여섯째, 복원식물로서 자생종(native species)만을 사용하고 외래종(exotic species)은 절대 사용을 하지 않는다.

일곱째, 생태학자, 토목공학자, 관리자 등으로 공동연구팀(multi-disciplinary team)을 구성하여 자문을 받되 요식행위가 되어서는 아니 되며 복원사업이 끝날 때 까지 관여하도록 한다.

4) 복원 노력

(1) 과거 육화방지 사업의 개관

1970년대 말 중앙 부위에 소위 스케이트장 조성에 의한 육화, 그리고 1994년~1995년 2년에 걸친 극심한 가뭄은 빗물에 의해서 유지되는 고층습원인 용늪의 건조(乾燥)를 가속화시켰다. 이를 간파한 환경부는 1997년~1998년 2년 동안 "대암산 용늪 복원 타당성 조사"를 실시하여 복원의 타당성을 검토한 바, 다음과 같은 의견을 제시하였다(강상준 등 1997, 1998).

① 스케이트장 내의 훼손된 지역은 이미 20여년 간 자연적 재생이 일어나서 천이(遷移)가 진행되면서 복원되고 있으므로 재생중인 이 지역을 인위적으로 복원한다는

것은 또 다른 훼손을 야기하는 일이므로 그대로 방치한다.

② 스케이트장의 가장 긴 제방(이탄을 쌓아 만든 둑) 반대 쪽, 즉 군부대 초소가 있는 방향의 이탄면(泥炭面)은 해마다 붕괴되어 상하 높이가 축소되고 있는데 거의 평지화된 지역을 제외한 다른 지역의 이탄면은 나무판자나 목책을 이용하여 차수벽(遮水壁)을 만들어 줌으로서 지하수의 유출(seepage)을 줄여주거나 최소화 한다.

③ 용늪의 여러 수로를 따라 흐르는 물이 모여 늪 밖으로 유출되는 마지막 유출지역에는 거석(巨石, Boulder)을 이용하여 댐 모양의 차수벽을 만들어 주게 되면 용늪 외로 빠져 나가는 물의 양을 최소화 할 수 있을 것이고 지하수위를 높여줄 수 있다.

④ 혹자는 제방(둑)의 이탄(흙)을 파내어 스케이트장을 메우면 되지 않나 하는 의견도 있을 수 있겠으나 이런 일은 또 다른 훼손을 일으키는 요인이 됨으로 절대로 해서는 아니 되고 제방은 현재 상태로 그대로 두도록 한다.

⑤ 스케이트장 나출지에 식물을 이식하는 방법도 고려 대상이었으나 외국의 선행적인 예에서 보면 고층습원 내의 식생복원은 성공한 예가 없어 식물의 이식(移植)은 부적한 방법임이 판명되었다. 따라서 대암산 용늪의 훼손된 스케이트장 지역은 그대로 방치함으로서 자연적 재생이 일어나 복원되도록 유도해야 한다.

⑥ 습원 내에 비교적 커다란 철쭉과 사스레나무가 침입하여 생장하고 있다. 이들 나무들이 증산작용(transpiration)에 의해 소실하는 물의 양도 무시할 수 없다. 이들의 증산량(蒸散量)을 측정해 본 결과, 시간대에 따라 다르지만 최대 증산이 일어나는 시간대인 11시경에 습원 내의 철쭉 28.53μg/s/㎠, 사스레나무 30.93μg/s/㎠로 습원 가장자리에 서식하는 같은 종의 나무들에 비해 많았으므로(표 22) 이들 나무의 제거를 제안하였다. 그래서 해마다 습원에서 자라고 있는 사스레나무와 철쭉을 제거하는 것이다.

⑦ 훼손이 심했던 스케이트장은 재생이 일어나서 중간습원의 대표식물인 진퍼리새의 침입을 시작으로 삿갓사초, 물이끼, 끈끈이주걱 등 습원식물이 침입, 정착하였다.

또한 여러 곳에 물웅덩이까지 형성됨으로서 외형적으로는 습원의 모습을 보이고 있으며 이탄이 퇴적되기 시작했고 유기퇴적물이나 흐르는 물도 산성을 띄고 있어 훼손되지 않은 지역의 식생조성으로 변화되고 있다.

그림 147. 용늪에 설치된 자동기상관측시스템(Auto-meteorological observation system established at Yongnup bog)

그러나 심한 강우 때에 다량의 물이 여러 수로를 따라 일시에 유입되어 많은 양의 물이 합수(合水)되는 지점, 즉 자동기상관측시스템(그림 147)이 설치된 부근 하단지역은 바닥이 아직도 그대로 나출되어 있다. 이는 비가 많이 올 때 서로 다른 수체(水體)가 만나게 됨으로 이곳에서 와류(渦流)현상이 나타나게 되고 비록 식생이 침입하였다 해도 그 와류에 의해서 침입했던 식물의 뿌리가 쉽게 뽑히게 되어 식생의 침입, 정착을 어렵게 하기 때문이다.

그러므로 식물의 최성장기인 늦여름에 습원내의 장초형식물(長草形植物), 즉 삿갓사초, 진퍼리새, 가는오이풀 등을 예취하여 바닥이 노출된 곳에 볏단처럼 묶어서 촘촘하게 깔거나 덮어 줌으로서 자연적으로 재생된 식물이 와류에 견딜 수 있도록 해주는 것이 바람직하다.

(2) 2008년도 육화방지 사업 개요

용늪의 관리가 환경부로 부터 원주지방환경청으로 이관된 후, 원주지방환경청에서는 여러 가지 관리방안을 시도하였다. 2005년에는 용늪 육화방지를 위해 토사 유입방지 시설 설치를 위한 모니터링, 대암산 용늪 훼손 방지 및 계획의 수립, 2006년에는 침사지 등 토사 유입 방지시설 타당성 조사, 2008년에는 대암산 용늪주변 훼손지에 대한 식생복원을 통하여 용늪의 육지화를 방지하기 위한 목적으로 복원공사를 실시하였다.

이런 과업들의 내용은

1) 자연친화적 소재를 이용한 다단계 침사지(沈砂池) 설치
2) 큰용늪 진입 군사작전도로의 투수성 포장
3) 도로변, 군부대 주변의 훼손사면 식생복원
4) 우수 배수공 설치
5) 도로 및 등산로와 접한 큰 용늪의 경계 울타리 설치 등이다.

특히 2008년도 <용늪 육화방지사업>에서 포장 공사는

1) 원목박기 포장
2) 쇄석 포장
3) 통나무 경계목
4) 원주목 박기 및 5) 자연석 포장(654.2㎡)

으로 공사를 하게 되었으나, 앞의 4개 공종(工種)은 다른 공법으로 변경되어 실시되지 않았고, 도로의 자연석 포장은 처음의 계획보다 4.5배나 넓은 2,910.0㎡로 포장되어 있어 원래의 계획과는 다르게 실시되어 안타깝다.

변경할만한 사유는 있었다고 보지만 한마디로 고산지대의 특성을 고려하지 않은, 그리고 공사를 쉽게 하기 위한 공사라고 볼 수밖에 없다. 도로의 구배나 상태에 따라 포장 방법(원목박기 포장, 쇄석포장, 자연석 포장)을 다르게 하는 것이 바람직하다는 전문가 의견이 있었기에 더욱 그러하다.

또한 도로 포장지역 양안에는 주변에서 자라는 키 작은 관목(灌木)을 이용하여 식생대(植生帶)를 조성했으나, 관목과 함께 고산성 초본식물을 50cm×50cm 크기의 박스(box, 박스의 바닥면은 뚫린 채로 빈 공간으로 함) 안에 식재하여 토사 유출을 최소화하도록 함이 바람직한 식재방안이나 그러하지 못했다. 지표식물(地表植物)들이 침입하여 나출된 토양이 피복되기까지는 고산지대 토양의 결빙(結氷) 및 해빙(解氷)에 따른 토양의 세립화(細粒化) 및 집중호우에 의해 토양 유실이 일어날 수 있는데 이런 점을 고려하여 공사를 했다면 좋았을 것이다.

그림 148. 훼손된 사면의 식생조성공법(Man-made restoring method for regenerating plants on damaged slope)

그림 148은 2008년 이전에 사면을 복원하기 위하여 실시되었던 식생공법의 하나이다. 그림에서 보는바와 같이 이 공법은 겨울 북풍이 직접 풍충(風衝)하는 사면에 X자형으로 식생을 식재한 공법인데, 첫째 토양이 너무 노출되어 있어 바람이나 약한 강우에도 쉽게 침식되고 유실될 수 있으며, 둘째 나출된 사면 토양은 얼었다 녹았다가 반복되면서 부스러지기 쉽기 때문에 다량의 토양침식과 유실이 일어날 수 있는 부적절한 공법이다. 현재 이런 공법을 실시했던 식생사면은 이미 멸실되어 흔적도 찾아보기 어렵다. 이런 공법은 고산지대에는 부적합하다.

외국의 예를 보면 노출된 사면에 분해성이며 식물성인 부직포(不織布, non-woven fabric)를 덮고 고정한 후 그 위에 식생을 피복시키는 방법을 사용하고 있으므로 참고해야 할 것이다(그림 149). 사용될 부직포에는 일정 크기의 빈 공간이나 구멍이 배열되어 있어야 하고 이들 공간에 인근의 산지식물을 식재하여야 한다.

그림 150은 2008년 가을에 실시한 대암산 용늪 육화방지사업 실시설계 종합분석도, 그림 151~그림 155은 실제 공사 도중 또는 공사후의 모습이다. 자연석으로 포장한 도로는 자연석과 자연석 사이를 흙으로 채워 넣었는데 이들 흙은 이른 봄에 얼었다 녹았다 하면서 토양입자의 세립화(細粒化)를 초래하고, 강우 시 쉽게 유실되어 용늪으로 흘러들어갈 수밖에

그림 149. 훼손된 사면에 부직포를 덮고 그 위에 식생을 조성한 모습(Restoring method by spreading a non-woven fabric on damaged slope)

없으므로 이에 대한 대책이 요구되는 바, 그 방법의 하나로 포장된 도로위에 부직포(不織布)를 덮는 일이다.

사면의 공사는 전술한 바와 같이 식물성 부직포를 깔아 식물을 이식하거나 또는 식생마대(green bag)를 사용하고 또 계단 모양으로 방부처리가 안된 원주목을 박아서 토양의 유실을 방지하고 자연성도 비교적 좋은 결과를 얻은 외국의 습지복원에서 사용되는 공법을 원용하는 것이 바른 공법이지만, 마치 사면에 성벽을 쌓아놓은 모양새여서 전연 자연성이 보이지 않는다(그림 153).

또 이들 원주목이 분해되면서 생성된 유기물 입자는 토양형성에 일조를 하게 되고 분해, 용출된 영양염류는 침입한 식생이 이용함으로서 그들의 생장에 도움을 주게 되는데 이런 점을 고려하지 않았다.

대암산 용늪은 우리나라의 귀중한 자연유산(natural heritage)이다. 용늪을 보전하기 위하여 지난 2007년 7월 6일 육군 제21보병사단, 원주지방황경청, 인제군 및 양구군이 지역 녹색협약을 맺었다(그림 156).

2008년 9월 22일자로 <대암산 용늪 습지보호지역>이 민간인 출입 통제지역에서 제외됨에 따라 출입자를 통제할 근거가 없어졌기 때문에 앞으로 방문자 수가 급격히 증가할 것으로 예상된다.

양구군(楊口郡)에서는 대암통문(大岩通門)으로 부터 군부대 전파 송수신기가 있는 지역까지 시멘트 포장이 끝나게 되면 도솔산지구 전투 위령비→용늪→광치 휴양림을 묶어 관광자원으로 활용할 것이고, 인제군 역시 행정적으로 관내이기 때문에 용늪을 관광 자원화 시킬 것이며, 이미 서화면 서흥 1리에 폐교를 이용한 <인제 대암산 용늪 자연생태학교>를 개교하였다(그림 157). 따라서 용늪 탐방객의 관리 필요성이 더욱 요구된다 하겠다.

원주환경청과 보병 21사단과 협의된 사항에 한하여 현행대로 출입이 허용되고 용늪 입구는 주민 감시단을 구성하여 감시를 한다고는 하지만 어려움이 있을 것으로 예상된다. 특히 위에 기술한바와 같이 인제군과 양구군에서는 지역의 관광 사업을 활성화시키기 위하여 용늪의 희귀성으로 그 상품성을 극대화하려고 하고 있는 마당에 이 협약은 성실히 그리고 철저히 이행되어야 한다.

그림 150. 대암산 용늪 육화방지사업 실시설계 종합분석도(원주지방황경청 2008)(All-out plan for prevention of landization of Yongnup bog. 2008)

그림 151. 공사시행 전의 도로와 침식 사면. 사진: 원주지방환경청(Military road, left, and eroded slope, right, before executing construction work)

그림 152. 공사 진행 중인 불도저와 완성된 우배수로 모습(2008. 10. 23) 사진 제공: 류새한(Bulldozer in progressing the construction work, left, and drainage ditch, right)

그림 153. 공사 완료 후의 도로와 사면(2008. 11. 24). 사진: 원주지방환경청(Military road, left, and reconstructed slope using rocks, right, after construction work)

그림 154. 용늪 안내판(왼쪽)과 조성된 침사지(오른쪽). 사진 제공: 류새한 박사(Signboard for "Information map of Yongnup bog", left, and sand filtering bed, right)

그림 155. 전망대(왼쪽) 및 초소(오른쪽). 2008년 11월 24일. 사진: 원주지방환경청(Observation platform, left, and sentry post, right)

대암산 생태계 보전과 회복을 위한 지역 녹색협약서

육군 제21보병사단 · 원주지방환경청 · 인제군 · 양구군은 대암산의 우수한 생태계를 보전하고 동 지역의 환경현안에 대하여 공동대처하기 위하여 다음과 같이 「대암산 생태계 보전과 회복을 위한 지역 녹색협약」 을 체결한다.

Ⅰ. **육군 제21보병사단**은 **환경부 원주지방환경청**의 자연환경 보전 시책에 적극적으로 참여하며, 특히 부대 관리지역 내 소재한 대암산 용늪의 보전 및 관리를 위한 학술조사, 생태계 회복사업 추진에 있어 공동 협력한다.

Ⅰ. **환경부 원주지방환경청**은 **육군 제21보병사단**의 환경보전 활동에 적극 협력하며, 이를 위한 정보제공, 기술지원, 포상 등 기술적 · 행정적 지원방안을 적극 강구한다.

Ⅰ. **인제군**과 **양구군**은 **환경부 원주지방환경청**의 환경보전 시책에 적극 동참하며, 특히 대암산의 우수한 생태계의 보호와 회복을 위한 사업에 공동 협력하고, 이를 위한 행정적 지원방안을 적극 강구한다.

Ⅰ. **환경부 원주지방환경청**은 **인제군**과 **양구군**의 환경보전 시책이 원활히 추진될 수 있도록 다각적인 행정적 지원 방안을 적극 강구한다.

Ⅰ. **환경부 원주지방환경청**은 대암산의 생태계 보호와 회복을 위해 **협약기관**과 협의체를 구성 · 운영한다.

본 협약서는 상호 서명을 통하여 효력을 발생하고, 당사자는 신의를 바탕으로 협약사항을 성실히 이행하여야 하며, 상호 합의에 의해 수정되지 않는 한 지속적으로 효력을 발휘한다.

2007년 7월 6일

육군 제21보병사단장	원주지방환경청장
강 한 석	신 동 원
인 제 군 수	양 구 군 수
박 삼 래	전 창 범

그림 156. 대암산 생태계 보전과 회복을 위한 육군 제21보병사단장, 원주지방환경청장, 인제군수 및 양구군수간의 지역 녹색협약서(2007년 7월 6일. 자료: 원주지방환경청)(Local green convention for conservation and restoration of Yongnup bog among Division Commander of 21 Infantry Corps, Director General of Wonju Regional Environmental Office, Counties Headmen of Injae County and Yanggu County in July 6, 2007)

그림 157. 인제군 서화면 서흥리에 2008년 개교한 <인제 대암산 용늪 자연생태학교> 체험장(Experience hall of "Injae Eco-School of Yongnup" established at Seohung-ri, Injae County)

에필로그 : 용늪과의 인연

나는 강원도와 인연이 깊은가 보다. 1964년 대학 졸업과 동시에 ROTC(2기) 소위로 임관된 후 강원도 인제군 서화면 산머리곡산 어느 계곡의 육군 552포병부대로 배치되었다. 내가 군 복무를 하던 이곳 서화면을 둘러싸고 있는 높은 봉우리들 중 하나인 대암산(1,316m)에 우리 나라에서는 좀처럼 보기 드문 고층습원인 용늪(大龍湳)이 자리하고 있었던 것이다.

국토방위를 위한 교육과 훈련으로 포(砲)를 이끌고 서화면 일대와 양구군 해안면을 들락날락 하면서 바라보았던, 구름에 가려졌던 그 대암산(大岩山)이, 그 정상에 숨어있던 용늪이 내가 가장 가까운 거리에서 볼 수 있었던 나와의 최초 인연(因緣)이었다.

서화면 서화리 계곡에서 1년 남짓 복무하다가 1965년 우리 포병부대는 동해안의 고성군 간성읍 광산리 어느 지역으로 이동 배치되었다. 광산리에서 멀지않은 곳, 태백산맥을 동서로 가로지르는 분수령인 건봉산(911m)에는 신라 법흥왕 7년인 520년에 아도화상(我道, 阿道, 阿度和尙)이 창건하였다는 우리나라 최북단에 위치한 "금강산 건봉사(金剛山 乾鳳寺)"가 자리하고 있다. 건봉사는 임진왜란 때 서산대사(西山大師)가 6,000여명의 승병(僧兵)을 이끌고 왜군을 무찌른 호국불교(護國佛敎)의 중심지이기도 하다.

1989년 이전에는 민간인 출입 통제구역이었던 관계로 아무나 들어갈 수 없었으나, 내가 소속되었던 부대가 건봉사와 아주 인접한 곳에 있었고 또 나는 20대의 젊은 장교였던 관계로 큰 불편 없이 건봉사에 자주 들어 갈 수 있었다. 그 당시만 해도 766칸의 가람(伽藍)과 보물(寶物)이 한국전쟁으로 다 소실되어버리고 오직 참화(慘禍)를 견디어 낸 불이문(不二門)만이 옛 절터에서 찬바람을 맞고 있었다.

나는 관측장교(觀測將校, FO, Forward observer)라는 '주특기' 때문에 비무장지대 인근에서 전방 관측소 근무를 한 적이 있다. 그 곳은 건봉산(911m)의 전방관측소(OP, Observation Post)

로 내가 1965년 가을부터 1966년 봄까지 5명의 사병과 함께 생활했었던 잊지 못할 추억이 깃든 곳이다.

이곳 전방관측소에서 나는 그 해 겨울 내내 하얀 눈으로 뒤덮인 북한지역의 군사동향을 예의 관측하면서 틈틈이 대학원(大學院) 시험 준비를 했다. 내가 사용했던 책상머리에 "ROTC 2기 소위 강상준 서울대학교 교육대학원 합격"이라는 자랑스러운 글씨를 남기고 1966년 봄, 나는 전역했다.

제 16대 故노무현 전 대통령(1946년 9월 1일~2009년 5월 23일)께서 사병으로 국방임무를 수행할 당시에 잠시 근무하셨다는 "건봉산 전방 관측소"가 내가 43년 전 근무하던 바로 그 OP라는 사실을 안게 된 것은 그리 오래되지 않았다.

함광복 기자의 "DMZ 편지-건봉산엔 노무현 벙커가 있다네."라는 글을 읽으며 옛 추억과 그 시절을 그리워해 본다. 그의 글에 보면 35년 전 이곳 12사단 52연대 2대대장을 지내시다 육군 소장으로 전역한 노무식 장군과 취재 당시 현역 대대장인 최경순 중령과의 대화가 들어있다. 중령이 "어떻게 사병교육을 하셨으면 전역 후 고졸 출신이 사법고시 합격생이 되고 대통령까지 되었습니까?"하고 묻자, 장군은 "최 중령, 건봉산 지킴이가 보통 아닐세. 이 산이 최상(最上)은 대통령, 최하(最下)는 육군 소장, 나 같은 사람을 낳았네." 장군은 웃으면서 "내가 무슨 수로 대통령을 만든단 말인가?" 라고 대답했다는 일화가 들어있다. 나는 이 말에 더하여 "건봉산 지킴이는 대통령, 장군은 물론 박사도 낳고 대학교수도 낳았다"고 덧붙이고 싶다.

1966년 2월 초. 마지막 휴가를 얻은 나는 군복을 입은 채 서울로 올라와서 대학원 시험을 치렀으며 4월 초 전역과 동시에 나는 서울대학교 교육대학원 학생이 되어 식물생태학의 대가이셨던 하담(夏潭) 김준민(金遵敏) 교수님을 만나면서 식물생태학 분야에 눈을 뜨기 시작하였다.

한국전쟁(6·25전란) 이후 20여년 가까운 세월동안 사람의 발길이 미치지 않았던 휴전선 지역이 휴전 후 생태학적으로 어떤 변화가 일어났을까? 생태학자들이 몹시 궁금해 하고 있던 그 때, 미국 스미소니언 연구소(Smithsonian Institution)의 지원으로 1966년-1968년 3년 동안 휴전선 인접지역 생태학적 연구와 현지답사를 할 기회가 있었고 나는 애송이 연구보조원으로서 지도교수님을 따라 다니게 되었다.

1967년 여름 양구지역 조사 때 어느 촌노(村老)께서 "예로부터 저 대암산 꼭대기에는 깊은 연못(池)이 있다고 전해지고 있는데 올라가 본적은 없다."는 말을 듣고 당시 식물플랑크톤(Phytoplankton)을 연구하시던 서울대학교 문리과대학 식물학과 정영호(鄭英昊) 교수님께서는 "연못"이라는 말에 귀가 번쩍하셨는지 민간인 출입이 철저히 통제된 그곳을 군부대의 협조를 어렵사리 얻어 올라가게 되었다. 그 때 찾아 낸 것이 대암산 용늪이었고 내가 처음으로 용늪과 얼굴을 맞대는 순간으로 두 번째 인연이었다. 이렇게 용늪은 학자들에 의해 세상에 처음으로 알려지게 된 것이다.

1968년 2월 대학원 졸업과 동시에 공동저자인 당시 춘천교육대학 조규송(曺圭松) 교수님의 후의(厚意)와 강력한 천거(薦擧)로 나는 춘천교육대학에서 1년 간 시간강사를 하다가 이듬해인 1969년 내 나이 28세 때 말단자리인 전임강사(專任講師) 발령을 받아 조그마한 연구실과 실험실이 생겼고 새내기 교수로서 학문연구의 첫발을 디디게 되었다.

당시 국방부 소속의 춘천 제1고등학교(현 강원대학교 사범대학 부설고등학교) 생물 선생님이셨던 김두영 선생께서 전국과학전람회(全國科學展覽會)에 과학 작품을 하나 출품해야 하는데 적당한 주제가 없겠느냐고 상의해 오셨다. 이 때 "대암산 용늪"에 대한 조사를 하는 것이 어떻겠느냐고 권유했다.

1969년 이른 봄 김두영 교사, 한상화 교사, 당시 춘천교육대학 조규송 교수(전 강원대학교 대학원장) 그리고 나. 우리 넷이 연구팀을 만들어 용늪에 대한 조사연구를 시작한 것이 용늪과 나의 세 번째 인연이다. 그러므로 나와 용늪이 학술적 접근으로 인연을 맺은 것은 무려 40여년의 세월이 흐른 셈이다.

10년이면 강산이 변한다고 했던가. 40여년이 흘렀으니 무려 강산이 네 번이나 변한 셈이다. 강산도 많이 변했지만 용늪도 그 때의 상태와 비교하면 너무나 크게 변하였다. 내가 용늪을 연구하기 시작한 1969년~1970년대 초 까지만 해도 용늪은 거의 온전한 상태의 고층습원의 모습을 간직하고 있었으나, 2008년 8월 다시 찾았을 때의 용늪은 늪의 피부라고 할 수 있는 이탄(泥炭)은 물론이고 바닥의 속살까지 심하게 훼손된 지역이 있어 예전의 원생적(原生的)인 모습은 찾아보기 힘들 지경이었다. 그동안의 상처를 자연적으로 치유(治癒)하기 위하여 용늪은 얼마나 많은 고통의 시간을 보내야 했을까?

나는 용늪이 발견된 이후 수십 번에 걸쳐 용늪을 찾으면서 조사와 연구를 하였으므로 용늪에 관한 한 스스로 살아있는 증인(證人)임을 자부한다. 용늪이 만들어지기 시작한 것은 지금부터 5,000년 전이고, 어떤 과정에 의해 형성되었는지, 식생조성과 이탄의 화학적 분석으로 용늪이 고층습원이라는 과학적 자료 제시, 꽃가루 분석(花粉分析, pollen analysis)이나 안정동위원소(安定同位元素, stable isotope)에 의한 과거의 기후변화 등에 대한 연구를 하였다. 내가 얻은 여러 결과는 오늘날 용늪에 대한 기본정보(基本情報)로 널리 이용되고 있는 것이다.

그러나 시간이 흘러 나는 교수직을 떠나야만 했고 더 이상 용늪을 연구할 기회가 점점 줄어들고 있다. 다행이 용늪을 계속 연구하면서 훌륭한 학술논문으로 발표하고 계시는 후학들 -공동저자인 울산대학교 최기룡 교수를 비롯하여 충남대학교 김성덕 교수, 건국대학교 박종관 교수, 서원대학교 류새한 교수, 대진대학교 곽애경 교수-등이 있어 마음 든든하다. 후학들이 보다 많은 그리고 정밀한 연구를 해서 내가 얻지 못했던 새로운 결과를 얻기 바란다.

그리고 측정기기(測定機器)의 개발과 발전 그리고 정밀성으로 내가 과거에 얻었거나 분석한 자료의 해석에 한계(限界)도 있을 수 있었다. 한계의 발견과 새로운 해석은 또 다른 과학의 진보가 아니던가?

독일의 철학자 쇼펜하우어(Schopenhauer)는 진리도 변한다고 했다. 16세기까지의 진리였던 천동설(天動說, ptolemaic theory, geocentricism)이 폴란드의 천문학자 코페르니쿠스(Copernicus)와 이태리의 과학혁명의 지도자 갈릴레오 갈릴레이(Galileo Galilei)에 의해 지동설(地動說, heliocentric theory, heliocentricism, Copernican theory)로 바뀌듯이 말이다.

이 책의 집필을 구상하면서 걱정거리 하나가 있었다. 용늪의 학술적 가치, 의미, 중요성 등을 모두 담아내고 싶은데, 이 책자를 접하게 될 독자들마다 지적 배경이 다를 수 있으므로 어느 수준의 내용까지 포함시켜야 할까? 얼마만한 분량이면 충분할까? 그리고 단순히 용늪에서 얻은 자료에만 국한할 것인가? 아니면 용늪의 중요성을 부각시키기 위하여 외국의 습지에서 얻은 자료들과 비교하면서 서술할 것인가? 하는 것이었다. 후자를 선택하였다.

그리스의 철학자 아리스토텔레스(Aristoteles)는 "모든 작품은 그 작품 자체가 요구하는 나름대로의 적당한 길이가 있다"고 하였다. 다른 말로 풀어보면 "큰 책자는 그렇게 길어야 할 필연적인 이유가 있고 소책자는 작은 대로 그만큼의 길이가 아니면 안 되는 이유가 있는 것이다."라고. 이 책을 쓰면서 용늪에 대한 전체상을 함축적으로 쓰려고 했으나 천학비재인 탓에 만족할만한 큰 책자가 되지 못했음이 안타깝고 부끄러울 뿐이다.

많은 후학들이 용늪에 대한 깊이 있는 연구를 하여 더 많은 새로운 결과를 찾아내고, 덜 다듬어진 필자를 비롯한 선배들의 연구결과를 보완하면서 수준 높은 내용의 책자 간행을 부탁하며 또 우리나라에서 하나뿐인 고층습원 용늪의 가치와 중요성을 고양시키는데 노력해 주었으면 하는 것이 노학자(老學者)의 바램이다.

맑은 고을 청주 일우에서

栢潭　康 祥 俊

참고문헌

강상준. 1970. 대암산 고층습원의 생태학적 연구. 1.식물과 토양과의 관계. 식물학회지. 13:96-102

강상준. 1987a. 자연사의 비밀을 간직한 용늪. 과학 동아. 5월호. 동아일보사.

강상준. 1987b. 대암산 고층습원의 식물생태학적 연구. 휴전선 일대의 자연 연구. 강원대학교 출판부. pp.169-201.

강상준. 1988. 대암산 고층습원의 이탄구조와 화분분석. 대암산 자연생태계 조사보고서. 환경청. pp. 101-146.

강상준. 1989. 대암산 정상은 5,000년 전 원시림의 분지. 월간 太白. 10월호. 강원일보사. pp.126-128

강상준. 1994. 선사고고학에 있어서 고환경 복원. 선사문화. 충북대학교 선사문화연구소. p.23-38

강상준. 1999. 대암산 용늪 관리계획. 생태계보전지역 관리 기본계획 수립을 위한 연구. 환경부. pp.16-37

강상준. 2000. 등산로 주연부 식생구조 및 천이계열. 한라산 기초조사 및 보호관리계획 수립. 제주도. p.268

강상준. 2002. 내륙습지의 특성과 생태적 기능. 한국생태학회 2002년 심포지엄 "습지보전을 위한 생태학적 접근". 한국생태학회. pp. 5-18

강상준. 2003. 자연사의 비밀을 간직한 용늪. 과학소년 3월호. 교원.

강상준. 2009. 습지복원에서 생태학적 고려사항. 복원생태학회 창립총회 및 기념 심포지움. "녹색성장의 바탕으로서 복원생태학의 역할". 복원생태학회 준비위원회. 서울여자대학교 3-27

강상준· 최기룡. 1997. 용늪의 훼손지 복원 타당성. 대암산 용늪 복원 타당성 조사연구(1차년도). 환경부. pp. 53-80

강상준· 최기룡·곽애경. 1998. 대암산 용늪 훼손지의 식생 동태와 생리생태학적 특성. 대암산 용늪 복원 타당성 조사연구(2차년도). 환경부. pp. 28-66

강상준· 곽애경. 2000. 대암산 고층습원의 식물상과 식생. 한국습지학회지. 2(2): 117-131

강상준· Yoshioka T. 2005. 대암산 고층습원의 환경변천. 한국육수학회지. 38(1):45-53

강원도. 1987. 민통선 북방지역 자원조사 보고서. 강원도. p.694

고재기. 최기룡·1997. 용늪의 식생과 환경요인의 변화. 대암산 용늪 복원 타당성 조사. 환경부. pp.25-52

곽애경. 1995. 고로쇠나무군락의 수액 출수에 관한 생태학적 연구. 목포대학교 박사학위 논문. p. 115

김덕진. 2008. 대기근(大饑饉)-조선을 뒤덮다-우리가 몰랐던 17세기의 또 다른 역사. 도서출판 푸른역사. p.351

김두영· 한상화. 1969. 대암산 고층습원의 종합조사. 춘천 제1고등학교. p. 55

김재수. 1998. 용늪의 지형지수와 지하수위 변동. 대암산 용늪 복원 타당성 조사연구(2차년도). 환경부.

pp. 21-27.
김주용, 양동윤, 이동영, 최한성. 1997. 울산 정족산 무제치늪의 성인과 자연환경조사. 정족산 무제치늪 조사결과 보고서(1차년도). 환경부. p.21-39
김창환 등. 1975. 비무장지대 인접지역의 곤충상. 문화공보부. pp.162-257
남궁 준. 1998. 대암산 큰 용늪과 작은 용늪의 거미류.(Personal communication, 강원대학교 조규송 교수)
리성대· 리금철. 1996. 북한천연기념물편람. 해외우리어문학연구총서 139. 한국문화사. p.195
류새한. 2004. 한국 산악습원의 식생 및 천이에 관한 연구. 충남대학교 박사학위논문. pp.18-49
류새한· 강상준. 2008. 대암산 용늪의 pH와 식생분포(미발표)
박규택. 1987. 민통선 북방지역의 곤충상 조사. 휴전선 일대의 자연 연구. 강원대학교 출판부. pp.77-115
박규택. 1988. 대암산 고층습원의 곤충 및 거미류. 대암산 자연생태계 조사보고서. pp.149-178
박규택· 박 웅. 1987. 강원 접경 민북지역 곤충상. 민통선 북방지역 자원조사 보고서. 강원도. pp.649-677
박봉규. 1973. 대암산 유사(僞) 고층습원의 식물군락. 이화여자대학교 한국과학연구원 논총. 11:25-31
박종관. 1998. 대암산 용늪의 수문환경 조사보고. 대암산 용늪 복원 타당성 조사연구(2차년도). 환경부. pp.9-20.
박종관. 2001. 양구군 대암산 용늪의 지하수위 변화 연구. 한국지형학회지. 8(2):35-40.
박종관. 2003. 대암산 용늪 지하수의 pH, 전기전도도, 수온 분포 특성. 대한지리학회지. 38(1): 1-15
백남극. 1987. 민통선 북방 강원도지역의 양서파충류상. 민통선 북방지역 자원조사 보고서. 강원도. pp.529-550
백남극. 김철수. 1987. 민통선 북방 강원도지역의 포유류상. 민통선 북방지역 자원조사 보고서. 강원도. pp.507-528
원종관. 1988. 대암산 고층습원의 지형 및 지질. 대암산 자연생태계 조사보고서. 환경청. pp.23-43
원주지방황경청 홈페이지. 2008. 대암산 관련 정보자료(wonju.me.go.kr).
이동영·김주용·양동윤. 1997a. 제주도 오름 물영아리 늪의 지질환경연구. 자연보존연구보고서. 한국자연보전협회.17:1-2
이동영·김주용·양동윤. 1997b. 용늪의 지형과 지질. 대암산 용늪 복원 타당성 조사(1차연도). 환경부. pp. 9-24
이영로. 1969. 대암산의 습원식물. 한국식물분류학회지. 1(1):7-14
이우철. 1988. 대암산 고층습원 식물상. 대암산 자연생태계 조사보고서. 환경청. pp.47-75
이헌호. 2008. 습지 및 생태계 보전을 위한 천성산 생태조사 보고서(2008년 2/4분기). (주)바이텍코리아. p.57-72
임양재·장태경. 1973. 민통선 내 생물상의 변천에 관한 연구(1).중앙대학교 논문집. 18:33-71
장선희. 2008. 책과 세상. 서울경제신문사. 2008년 12월 6일.
전근우, 1988. 대암산 고층습원의 토사유출과 그 방지책. 환경청 "대암산 자연생태계 조사보고서". p. 207-230

정영호. 1969. 비무장지대의 동식물 생태. 특히 식물학적 견지. 서울대학교 대학신문. 701호(1968년 3월 18일자)

정영호. 1974. 한강의 Microflora에 관한 연구(제8보)-남한의 유일한 고층습원인 대암산 용늪의 기중규조에 대하여-. 한국식물학회지. 17(2): 63-68

정종령·홍영준·홍영기·예달수. 1996. 조선민주주의인민공화국 습지목록. 일본야조회·조선대학교. p. 88

조규송. 1986. 대암산 고층습원의 지각류. 한국육수학회지. 19(1.2): 57-61

조규송. 1988. 대암산 고층습원의 육수. 대암산 자연생태계 조사보고서. 환경청. p.181-203

조규송. 2002. 만취일기-자연과 인간의 공생-. 정행사. pp.24-30

조규송· 최종성. 1985. 대암산 고층습원의 식물성 플랑크톤에 관하여. 한강유역조사보고서. R-85-1.

창녕군. 1997. 우포·목포늪 생태계 보전 방향. p.396

최기룡. 1998. 대암산 용늪 복원 타당성 조사연구. 환경부. p. 28-66

최기룡· 고재기.1988. 대암산 자연생태계 보고서. 환경청. pp. 77-98

최기룡· 고재기.1989. 대암산 습원의 식생. 한국생태학회지. 12(4): 237-244

최기룡· 장병오. 2009. 대암산 용늪의 화분분석(미발표)

함광복. 1995. 산문집 DMZ는 국경이 아니다. 도서출판 문학동네. p.256

환경청. 1988. 대암산 자연생태계 조사보고서. p.230

환경부. 1999. 생태계 보전지역 관리 기본계획 수립을 위한 연구. 환경부. p.115

환경부· UNDP/GEP 국가습지보전사업관리단. 2005. 대암산 용늪 토사유입 방지시설 설치를 위한 모니터링. p.103

환경부. 2008. 한국의 람사르 습지와 습지보호지역 안내서. "습지를 찾아서". 환경부. p.144

환경부· UNDP/GEP 국가습지보전사업관리단. 2008. 국가 습지유형 분류체계연구. p.106

北海道濕原硏究 Group. 1997. 北海道の 濕原の 變遷と 現狀の 解釋. -濕原の保護を進めるために-. 財團法人 自然保護助成基金. p. 249

犬伏和之. 1994. 水田の物質循環と微生物の働き. 微生物の生態. 日本微生物學會編. 學會出版Center. p.107-118

飯泉茂, 岩波悠紀, 日比野一郎, 内藤俊彦, 菅原龜悅, 信濃豊子.1975. 藏王山刈田岳山頂近の踏みつけによる裸地化とそこに侵入した植物. 吉岡邦二編. 藏王山の環境破壞による生物群集の動態に關する硏究.仙臺. p.87-96

菊地慶四郎·須藤志成幸. 1996. 永遠の尾瀨. 自然とその保護.上毛新聞社. 前橋市. p.235

陽 捷行. 1995. 農地生態系がら放出されるMethane, 亞酸化窒素および含硫 Gas. 微生物のGas代謝と地球環境. 學會出版Center. p. 107-118

中村 純. 1967. 花粉分析. 古今書院. 東京. p.232

中井猛之進. 1941. 咸鏡北道大澤と醬池との植物. p. 6~16

中井信之·洪思澳. 1989. 韓國 永郎湖堆積物の地球化學的手段による古氣候變遷の硏究.-安定同位元

素比(13C/12C) 及び硫黄物含量による-.文部省 海外學術調査 現地調査中間報告.(404332). pp.57-61

沼田 眞. 1974. 生態學辭典. 築地書館. 東京. p.467

(株)總合環境研究所. 1998. 特殊植物等保全事業(志賀高原田の原濕原·四十八池濕原保全對策調査). 平成 10年 3月. p.80

(株)總合環境研究所. 1999. 平成10年度特殊植物等保全事業(志賀高原田の原濕原·四十八池濕 原保全對策調査). 平成 11年 3月. p.63

阪口 豊. 1974. 泥炭地の地學-環境の變化を探る-東京大學出版會. 東京. p.329

鈴木靜夫(Suzuki Shizuo). 1994: 水邊の科學-湖·川·濕原から環境を考える-. 內田老鶴圃. 東京. p.257

龍井 進(Takii S.). 1995. 水界堆積物におけるCH_4生成とその支配因子. 微生物のGas代謝と地球環境. 學會出版Center. pp. 101-122

塚田松雄. 1974a. 古生態學 Ⅰ-基礎編-. 共立出版株式會社. 東京.p.149

塚田松雄. 1974b. 古生態學 Ⅱ-應用編-. 共立出版株式會社. 東京.p. 231

塚田松雄. 1976. 花粉は語る-人間と植生の歷史-.岩波新書 910. 岩波新書. 東京. p.229

辻井達一. 1987. 濕原. 成長する大地. 中公新書 839. 中央公論社. p.204

上野益三. 1941. 北鮮陸水踏査概報(Introductory account of the biological survey of inland waters of Northern Tyosen(Korea). 陸水學雜誌 11(3):96-107

山口久直. 1941. 朝鮮咸鏡北道大澤の淡水産藻類(The Desmids of the Bog-like Daitaku of Northern Korea). 朝鮮陸水生物研究報告. 第3輯: 117-129

矢野悟道·波田善夫·竹中則夫·大川 徹. 1983. 日本の植生圖鑑.<Ⅱ>人里·草原. 保育社. 東京. pp.85-104.

Bender, M. M. 1968. Mass spectrometric studies of carbon-13 variations in corn and other grasses. Radiocarbon. 10: 468-472

Benner, R., M. L. Fogel, E. K. Sprauque and R. E. Hodson. 1987. Depletion of ^{13}C in lignin and its implication for stable isotope studies. Nature. 329:708-710

Beven, K. J. and Wood, E F, 1983, Catchment geomorphology and the dynamics of runoff contributing area, J. Hydrol. 65, 139-158

Birks, H. H. B. and H. H. Birks. 1980. Quaternary Palaeoecology. Edward Arnold, London. p. 289

Black, C.A. 1957, Soil-Plant Relationships. John Wiley & Sons, New York. p. 332

Bond, W. K., K. W. Cox, T. Heberlein, E. W. Manning, D. R. Witty and D. A. Young. 1992. Wetland Evaluation Guide. Final Report of the Wetlands are not Wastelands Project. North American Wetlands Conservation Council(Canada). p.121

Bowman, S. 1990. Interpreting The Past "Radiocarbon Dating". Trustees of the British Museum. British Museum Pub. London. p.64

Brinson, M. M. 1993a. Changes in the functioning of wetlands along environmental gradients. Wetlands.

13:65-74

Brinson, M. M. 1993b. A hydro-geomorphic classification for wetlands. Technical Report WRP-DE-4. US Army Corps of Engineers. Washington, DC.

Brinson, M. M. 1995c. Functional classifications of wetlands to facilitate watershed planning. In Wetlands and Watershed Management. Science Applications and Public Policy. ed. J. A. Kusler, D. E. Willard and H. C. Hull. pp. 65-71

Canadian Wetland Classification System. 1997. National Wetlands Working Group. edited by B. G. Warmer and C. D. A. Rubec. p. 105

Chapelle, F.H. 2001. Ground-water microbiology and geochemistry. 2nd Ed., John Wiley & Sons. Inc., New York.

Cicerone, R. J. and R. S. Omland. 1988. Biogeochemical aspects of atmospheric methane. Global Biogeochemical Cycles. 2: 299-327

Clymo, R. S. 1987. The ecology of peatlands. Science Progress(Oxford). 71:593-614.

Clymo, R. S. and D. M. E. Pearce. 1995. Methane and carbon dioxide production in, transport through, and efflux from a peatland. Philosophical Transaction of the Royal Society, London, 350A:249-259

Corwardin, L. M., V. Carter, F. C. Golet and E. T. LaRoe. 1979. Classification of Wetlands and Deepwater Habitats of the United States. USDI Fish and Wildlife Service. FWS/OBS-79/31. 103 pp.

Dammon, A.W.H. and T.W. French. 1987. The Ecology of Peat Bogs of the Glaciated Northeastern United States. U. S. Fish and Wildlife Service Biological Report 85(7, 16) Supt. of Documents. Washington D. C.

Daubenmire, R. F. 1974. Plants and Environment. A Textbook of Plant Autecology. 3rd ed. Wiley International Edition. p. 422

Davis, J. H. 1946. The peat deposits of Florida: Thier occurrence, development and uses. Geological Bulletin. No. 3. The Florida Geological Survey, Tallahasses, Florida.

Dobson, M. and C. Frid. 1998. Ecology of Aquatic Systems. Addison Wesley Longman. England. p. 222

Dugan, P. 1993. Wetlands in Danger. New York City: Oxford University Press

Ekono, 1981. Report on energy uses of peat. Contribution to U. N. Conference on new and renewable source of energy. Nairobi.

Eslick, J.C. 2001. Bogs: A Web Presentation. ES767 Quaternary Geology. p.17.

Eswaran, H. E. Van Den Berg and P. Reich. 1993. Organic carbon in soils of the world. Soil Sci. Soc. Am. J. 57:192-194

Farquhar, G. D. and P. A. Richards. 1984. Isotopic composition of plant carbon correlates with water-use efficiency of wheat genotypes. Aust. J. Plant Physio. 11:539-552

Fay, E. and C. Lavoie. 2009. The impact of birch seedling on evapotranspiration from a mined peatland: an experimental study in southern Quebec, Canada. Mires and Peat. 5: 1-7

Finlayson, C. M. and A. G. Spiers. 1999. Global review of wetland sources and priorities for wetland inventory. Supervising Scientist Report, Australia, 144: 19

Fitter, A .H. & R. K. M. Hay. 1987. Emvironmental Physiology of Plants. Academic Press. New York. p. 439

Freeman, C., N. Ostle and H. Kang. 2001. An enzymic 'latch' on a global carbon store. Nature. Vol. 409. p.149

Fritz, P. and J. C. Fontes. 1980. Handbook of Environmental Isotope Chemistry, Elsevier Sci. Pub. Amsterdam. p. 545

Gopal, B., J. Kvet, H. Loffler, V. Masing and B. Pattern. 1990. Definition and classification. In Wetlands and Shallow Continental Water Bodies. Vol. 1. Natural and Human Relationships, ed. B.C. Pattern, pp.9-15. The Hague, The Netherlands: SPB Academic Publishing.

Gorham, E. 1990. Biotic impoverishment in northern peatlands. In The Earth in Transition, ed. G.M. Woodwell. Cambridge: Cambridge University Press.

Hukushima, T, K. Takase and M. Tasumi. 1991. Effects of water frainage channels on the distribution of plant communities at Tamb co moor. Gunma Prefecture. Japan. Shanrinbunka Genkyu. 12:87-107

Hsiao. T. C. 1973. Plant responses to water stress. Ann. Rev. Plant Physiol. 24; 519-570

Ingram, H.A.P. 1983. Soil layers in mires: function and terminology. J. Soil Sci.. 29:224-227

IUCN(International Union for Conservation of Nature and Natural Resources). 1999. Wetland and Climate. Exploring collaboration between the conservation on wetlands (Ramsar, Iran, 1971) and the UN framework convention on climate change. p. 28

Kang, Sang-Joon 1976. Ecological Studies of the Raised Bog in Dae-Am Mountain adjacent DMZ in Korea. J. Sci. Ed., Chuncheon Teacher Coll. 2:81-104

Kang, Sang-Joon. 1980. A Preliminary Pollen Analytical Study of the High Moor in Dae-Am Mountain. Bull. of Chungbuk National Univ. 19:59-66

Kang, Sang. Joon, Takahito Yoshioka, J. Y. Lee and H. A. Takahashi. 2001. Paleoenvironment in Dae-Am San High Moor in the Korean Peninsula. Radiocarbon. Vol. 43. Nr 2B:555-559

Kang, Sang-Joon. 2007. Paleoenvironmental Changes Using Stable Isotope in Yong-nup, High Moor, at Mt. Dae-am of Korea. The Yeoksa and Silhak(歷史와 實學). The Journal of History and Korean Practical Thought Studies(歷史實學會誌). 32:1033-1046

Kivinen, E. 1980. Proposals for general classification of virgin peat. Proceedings of the 6th International Peat Congress, Duluth. 47-51

Kramer, P. J. 1983. Water relations of plants. Academic Press. New York. p. 489

Kulczynski, M. St. 1949. Peat bogs of Polesie. Memories Acad. Pol. Sci. et Let. 15:1-356

Kusler, J. 1999. Climate change in wetland areas. Part Ⅱ. Carbon cycle implications. US Global Change Research Program. www.usgcrp.gov.

Lim, Jong-Hwan, 1998. A forest dynamics model based on topographically induced heterogeneity in solar radiation and soil moisture on the Kwangneung experimental forest, Ph. Thesis, Seoul Natl. Univ.

Manahan, S.E. 1991. Environmental chemistry. 5th Ed., Lewis Publishers. Inc. Chelsea. Michigan.

Mariotti, A., P. D. Pierre, J. C. Vedy and S. Bruckert. 1989. The abundance of natural nitrogen-15 in the organic matter of soils along an altitudinal gradient(Chablais Haute Savoie, France). Catena. 7:293-300

Minomo, K., T. Akagi, S. Yonemura, M. Yoh, H. Turuta and T. Nakamura. 1997. δ^{13} C vertical changes of peats in the Ozegahara wetland. Dating and Materials Res. Center. Nagoya Univ. 3:146-151

Mitsch, S. R. 1996. Managing the world's wetland-preserving and enhancing their ecological functions. Verhandlungen der Internationale Vereinigung fur Theroretische und Angewandte Limnologie. 26:139-147

Moore, P. D. and D. J. Bellamy. 1974. Peatlands. Elek Science. London.

Nadelhoffer, K. J. and B. Fry. 1988. Controls on natural nitrogen-15 and carbon-13 abundances in forest soil organic matter. Soil. Sci. Am. J. 52:1633-1640

Overbeck, F. and Happach. 1956/57. Uber das Wachstum und den Wasserhaushalt einiger Hochmoorsphagnen. Flora 144:335-402

Pearce, D. M. E. and R. S. Clymo. 2001. Oxidation of CH_4 in a peatland core. Global Biogeochemical Cycles. 15:709-720

Price, J.S., A. L. Heathwaite & A. J. Baird. 2003. Hydrological processes in abandoned and retored peatlands: an overview of management approaches. Wetlands Ecology and Management. 11: 65-83

Price, J. S., S. M. Schlotzhauer. 1999. Importance of shrinkage and compression in determining water storage changes in peat: the case of a mined peatland. Hydrological Processes. 13: 2591-2601

Ramsar Convention. 2006. Information Sheet on Ramsar Wetlands(RIS) 2006-2008 Version. Annex Ⅰ. Ramsar Classification System for Wetlands Type. p. 44. http://www.ramsar.org

Schouwenaars, J. M. 1993. Hydrological differences between bogs and bog-relicts and consequences for bog restoration. Hydrobiologia. 265: 217-224

Silpora Jaakko. 2007. Global Team to tackle Carbon Time-Bomb-Greenhouse gas threat from tropical peatland to be investigated. Peatlands International 1:16-17

Skumar, R., T. Ramesh, K. Pant and G. Rajagopalan. 1993. A δ^{13}C record of late Quaternary climate change from tropical peats in southern India. Nature. 364:703-706

Smith, B. N. and S. Epstein. 1971. Two categories of $^{13}C/^{12}C$ ratios for higher plants. Plant Physiol. 46:

380-384

Smith, R. L. and T. M. Smith. 1998. Elements of Ecology. The Benjamin/Cummings Pub. Comp., Menlo Parf ECA. p.555

Society for Ecological Restoration International Science & Policy Working Group. 2004. The SER International Primer on Ecological Restoration. Version 2. p.14(www.ser.org)

Stevenson, N. and S. Frazier. 2001. Review of wetland inventory information in Eastern Europe, Wageningen, The Netherlands. p.59

USEPA. 2000. Principles for the Ecological Restoration of Aquatic Resources. EPA841-F-00-003. p. 5(http://www.epa.gov/owow/wetlands/resore/principles.html)

van Breeman, N, 1995. How *Sphagnum* bogs down other plants. Trends in Ecology and Evolution. 10:270-275

Vitt, D. H. 1994. An overview of factors that influence the development of Canadian peatlands. Memories of the Entomological Society of Canada. 169:7-20

von Post, H. 1862: Studier oefver nutiden koprogena jordbildningan gyttia, dy, torfoch mylla. K. svenska Vetensk Akad. Hadl., 4:1059(cited by 塚田松雄, 1974)

Wada, E., T. Yoneyama, M. Minagawa, T. Ando and B. D. Fry. 1995. Stable Isotopes in the Biosphere. Kyoto University Press. Japan. p. 192

Warmer, B. G. and C. D. A. Rubec. 1997. Canadian Wetland Classification System. National Wetlands Working Group. p. 105

Watson, W. 1918. Sphagna, their habitats, adaptations, and associates. Ann. Bot. 32:535-551

White, J. W. C.,P. Ciais, R. A. Giggs, R.Kenny and V. Markgraf. 1994. A high-resolution record of atmospheric CO_2 content from carbon isotopes in peats. Nature. 367:153-156

Whiting, G. J. and J. P. Chanton. 1993. Primary production control of methane emission from wetlands. Nature.364:793-795

http://www.env.go.jp

http://www.epa.gov/owow/wetlands/restore

http://www.ramsar.org. mannual 4th edition

찾아보기

Index